城 市 规 划 经 典 译 丛

城市形态学
城市物质形态研究导论（原著第二版）

Urban Morphology
An Introduction to the Study of the Physical Form of Cities, Second Edition

［葡］维托·曼努埃尔·阿劳霍·德奥利韦拉　著

（Vítor Manuel Araújo de Oliveira）

刘　翠　华　颖　译

中国建筑工业出版社

著作权合同登记图字：01-2023-0689 号

审图号：GS（2024）1867 号

图书在版编目（CIP）数据

城市形态学：城市物质形态研究导论：原著第二版 /
（葡）维托·曼努埃尔·阿劳霍·德奥利韦拉著；刘翠，
华颖译 .—北京：中国建筑工业出版社，2024.2
（城市规划经典译丛）
书名原文：Urban Morphology：An Introduction to
the Study of the Physical Form of Cities，Second
Edition
ISBN 978-7-112-29477-0

Ⅰ.①城…　Ⅱ.①维…②刘…③华…　Ⅲ.①城市风
貌—研究　Ⅳ.① TU984

中国国家版本馆 CIP 数据核字（2023）第 249485 号

本书的出版得到了浙江大学平衡建筑研究中心课题、浙江大学—运河集团联合研发中心课题、浙江省哲学社会科学规
划课题（23NDJC076YB）资助。

Urban Morphology：An Introduction to the Study of the Physical Form of Cities，Second Edition
By Vítor Manuel Araújo de Oliveira
Copyright © Vítor Manuel Araújo de Oliveira，2022
This edition has been translated and published under licence from Springer Nature Swizerland AG.

本书由Springer Nature正式授权我社翻译、出版、发行本书简体中文版

责任编辑：戚琳琳　吴　尘
责任校对：王　烨

城市规划经典译丛

城市形态学：城市物质形态研究导论（原著第二版）
Urban Morphology：An Introduction to the Study of the Physical Form of Cities，Second Edition
[葡] 维托·曼努埃尔·阿劳霍·德奥利韦拉　著
（Vítor Manuel Araújo de Oliveira）
刘　翠　华　颖　译

*

中国建筑工业出版社出版、发行（北京海淀三里河路 9 号）
各地新华书店、建筑书店经销
北京点击世代文化传媒有限公司制版
北京中科印刷有限公司印刷

*

开本：787 毫米 ×1092 毫米　1/16　印张：15½　插页：14　字数：341 千字
2024 年 7 月第一版　2024 年 7 月第一次印刷
定价：**68.00** 元
ISBN 978-7-112-29477-0
（41994）

中文版序

2010 年 8 月在德国汉堡举行的第 17 届城市形态国际论坛（International Seminar on Urban Form，ISUF）会议期间，我有幸结识了葡萄牙学者维托·德奥利韦拉（Vítor de Oliveira）。此后在我 2010—2018 年任职城市形态国际论坛秘书长期间，我们不断有科研、教育与机构管理相关的密切交流与合作。维托·德奥利韦拉是《城市形态》杂志——葡萄牙文版（*Revista de Morfologia Urbana*）和葡萄牙语言文化区域城市形态联盟（The Portuguese-Language Network of Urban Morphology）的创立人，他近年来出版了一系列重要的关于城市系统理论、实践与教育的著作，在所有科研和其他工作项目中都体现了认真、执着与勤奋。维托·德奥利韦拉是现任城市形态国际论坛主席，也是当代最为出色和活跃的城市形态研究学者之一。

21 世纪以来，由于城市在全球范围的加速变化，与城市形态相关的科研在国内外增长迅速。在 2010 年，为应对新的挑战与机遇，城市形态国际论坛创立了一系列的专题课题。其中之一是关于如何加强城市形态的教学和支持年轻学者快速了解城市形态理论与方法体系。城市形态作为一门跨学科课题，其定义、研究内容及其方法长期以来在学术领域还未有共识，出版城市形态课程的教材极具困难与挑战性。基于多年的科研积累和对相关文献的回顾，维托·德奥利韦拉在 2016 年出版的《城市形态学：城市物质形态研究导论》成功地建立了适用于大学城市形态课程的框架体系。

德奥利韦拉把本著作称作"城市形态手册"，在结构和内容上力求简洁、清晰和全面并达到"手册"之便利效果。著作中首先介绍城市的物质环境由形态基本元素构成，这包括城市肌理单元、自然本底、街道系统、地块系统与建筑系统及它们之间的关系。城市形态及其元素的变化规律与机制是城市形态研究的重要组成部分，作者在第 3 章中不仅就此内容作了系统介绍，同时有理论总结与升华。接下来，结合城市转型的主体动因和转型过程，著作的第 4、5 章介绍历史文化区域与地方城市，内容重点表述城市多样性和风貌的物质形态表现。城市形态方法论是学习和研究中的重点与难题，作者在第 6 章中概述了有关城市形态研究的多部重要理论著作，对城市形态理论与研究方法作了全面系统的介绍，主要包括历史地理视角的形态学方法、建筑类型学、空间句法与空间分析的研究方法，同时以波尔图（Porto）为例讨论了这些理论与研究方法的关系与整合。著作的第 7 章以案例的形式，介绍了城市形态理论在城市规划、建筑设计和城市设计实践中的应用。最后，结尾部分特别讨论了城市形态与可持续发展、气候变化、社会正义、健康城市和城市文化旅游的关系。《城市形态学：城市物质形态研究导论》包含大量精美插图，填补了城市形态教材缺失这一空白。这一著作的完成，回应了多年来由于缺乏城市形态共识研究著作而导致的相关研究和实践受限的问题；对城市形态研究者和学生而言，这本著作将会成为重要的理论手册和值得珍藏的教材。

德奥利韦拉的这本著作包含系统的对历史地理视角的形态学方法的介绍。作为城市形态研究的一个重要分支，在过去 20 年中，历史地理视角的形态学方法在国内得到了持续的关注与讨论。2011 年，北京大学宋锋等国内学者翻译的《城镇平面格局分析：诺森伯兰郡安尼克案例研究》一书向国内同行全面介绍了康泽恩（M. R. G. Conzen）的历史地理视角城市形态学研究体系。然而近年来多数相关学术成果关注单一视角的历史地理形态分析，忽略了这一研究体系与其他学科、领域研究方法之间的关系。德奥利韦拉在其著作中将相关科学研究视角与历史地理视角的形态学方法进行对比并构建了这些研究方法之间的关联。这本著作可以特别帮助中国研究者从比较城市研究的视角中，更深入地了解历史地理视角的形态学方法。

2009 年 9 月，围绕城市形态学和城市转型的主题，来自 26 个国家的约 220 名学者参加了在广州华南理工大学举行的第 16 届城市形态国际论坛，也是城市形态国际论坛第一次在亚洲的国际会议。自广州的国际城市形态会议以来，城市形态学研究在中国有了明显的发展。2013 年 10 月 31 日在南京大学建筑与城市规划学院举行了中国城市形态研究联盟的成立仪式（Chinese Network of Urban Morphology，CNUM）。在丁沃沃教授主持下，来自中国 6 所大学（南京大学、北京大学、华南理工大学、东南大学、同济大学和西安建筑科技大学）的学者以及杰瑞米·怀特汉德（Jeremy Whitehand）和苏珊·怀特汉德（Susan Whitehand）出席了此次成立研讨会。中国城市形态研究联盟的成员一致认为：有必要将城市形态学确立为城市设计的核心理论；城市形态学的研究成果需要在实践中得到更有效的利用；有必要建立一个跨文化、多语言、国际的城市形态学研究和应用的综合框架。中国城市正在持续经历着经济与社会结构的重构，同世界其他国家相比，中国城市形态的变化，从动力机制到实体环境都显示出不同的特点，其复杂性与多样性对城市形态的研究提出了新的挑战。在过去的十几年里，中国城市形态研究联盟已经成为中国城市形态学发展的重要贡献者和推动者。虽然国内阶段性的城市形态研究成果已不断出现，但其研究依然缺乏系统性与全面性。德奥利韦拉的著作《城市形态学：城市物质形态研究导论》中译本的出版将会得到城市形态研究学者和学生的持续关注，并将有助于城市形态研究和实践在中国的进一步发展。

谷凯

奥克兰大学建筑与规划学院

School of Architecture and Planning，University of Auckland

致中国读者

中国卓越的文化与自然景观资源已经获得联合国教科文组织（United Nations Educational，Scientific and Cultural Organization，UNESCO）的广泛认可。实际上，中国在联合国教科文组织世界遗产名录中占比 5%，包括 38 个文化遗产（从长城到丽江、平遥等古城）、14 个自然遗产（从河流、峡谷到动物保护区）和 4 个"双遗产"（峨眉山、黄山、泰山和武夷山）。

与中国的历史和文明一样引人注目的是中国当前的城市发展。目前中国 60% 的人口居住在城市，但在 20 世纪中叶高达 90% 的中国人却居住在农村，当时该比例高于东亚或整个亚洲。中国城市发展的另一个重要特征是特大城市（人口超过 1000 万的城市）的出现。2000 年中国出现了第一个特大城市——上海。此后，特大城市的数量稳步增长，包括北京、重庆、深圳（2010 年）、广州和天津（2020 年）。这 6 个特大城市一共容纳了1 亿多人口。

有许多大学、研究中心和研究人员对过去和现在的中国文化与自然景观开展了研究。从北京（北京大学）到南京（南京大学）再到广州（华南理工大学），从上海（同济大学）到杭州（浙江大学），关于中国城市的形态学研究逐渐增加。大约 10 年前中国城市形态学网络（Chinese Network of Urban Morphology，CNUM）的成立凸显了学者们对中国城市的物质形态进行描述性、解释性和指导性研究的广泛兴趣。中国城市形态学网络最初由丁沃沃（南京大学）协调，现在由田银生（华南理工大学）协调。在过去几年里，中国境内或境外的研究者都在推动发展中国语境下的城市形态学框架，也与西方城市形态学观点进行了一些重要互动。谷凯（Kai Gu）（奥克兰大学）和杰瑞米·怀特汉德（Jeremy Whitehand）（伯明翰大学）的合作研究就是这种跨文化交流的表现，他们将起源于中欧的历史地理学方法扩展应用到了远东地区。

本书的翻译是我与刘翠（浙江大学）在过去 3 年合作的成果。在教学和研究方面，我们一直在寻找一种从街道系统、地块模式和建筑布局入手了解中国城市景观结构的方法，并将其应用于建筑设计、城市设计与城市规划的专业实践。非常感谢刘翠与华颖将这本书翻译成中文。我们希望中译版能够帮助非英语母语的中国学者、学生和专业人士了解城市形态学的基本内容。

维托·曼努埃尔·阿劳霍·德奥利韦拉

葡萄牙波尔图

2023 年 5 月

译者序

我与维托的合作始于 2020 年。那时候，我刚开始参与浙江大学城市形态课程的教学工作，觉得维托这本书非常适合作为教材，于是邀请他来浙江大学开设全英文课程，并以此为契机将本书翻译成中文。第一版中译本交稿之后，原著作为畅销书已发行第二版，我和华颖随即一起对译稿进行增补，完成了第二版的翻译。

本书简洁明了，通俗易懂，勾勒了城市形态学的概貌。全书分为两大部分：前半部分是关于城市形态的基本认知，包括构成要素、影响因素及不同典型城市的形态特征；后半部分则介绍了不同学者的城市形态学研究，既包括不同学派的理论观点和研究方法，还包括实践层面的各种探索，以及城市形态学与其他学科领域的交叉融合。本书适合初学者或对城市形态感兴趣的人快速方便地了解相关知识。

在本书翻译过程中，我和维托的合作也逐步推进。在相关理论课程的基础上，我们又陆续开设了专题设计课，将城市形态学的认知框架与设计实践结合在一起。除了联合教学，我们还一起合作课题研究和发表论文，并吸引许多同学加入我们的研究小组。维托不仅帮我们澄清了许多城市形态学领域的重要概念，也为我们引介了许多有价值的学术视角。与他的合作愉快而充实！

本书的出版得到了浙江大学平衡建筑研究中心课题、浙江大学—运河集团联合研发中心课题、浙江省哲学社会科学规划课题（23NDJC076YB）的资助以及中国建筑出版传媒有限公司戚琳琳、吴尘和施普林格（Springer）出版社陈青等编辑的大力支持和悉心指导，不胜感激！希望本书能为城市形态学在中国的传播添砖加瓦！

刘翠
中国杭州
2023 年 12 月

序

城市形态学这一知识领域在过去二三十年里有了长足发展。这不仅表现在关于该主题的文章数量和期刊范围大幅增加，还表现在以城市形态为主题的会议数量和规模不断扩大。大多数重要会议以及国际期刊《城市形态学》（*Urban Morphology*）的创办，都源于1994年国际城市形态研讨会（International Seminar on Urban Form，ISUF）的成立。这是第一个由城市形态研究学者组成的国际协会，也推动许多国家和地区成立了该研究领域的相关学术组织。

然而，关于城市形态的著作数量并没有相应地增长。事实上，很难找到一本英文著作可以作为城市形态学的教科书。这一学术空白给很多人造成了不便，包括初涉城市形态学领域的学生，以及需要概括了解城市形态学的研究对象、概念和方法的研究人员。维托·德奥利韦拉（Vítor de Oliveira）现在已经弥补了这一空白，他是目前国际上在城市形态学研究、写作和编著方面作出最重要贡献的学者之一，也是在ISUF成立的第二个十年中为ISUF发展贡献最多的学者之一。

在审视近期城市形态研究的蓬勃发展时，不可忽视的一点是研究对象的古老属性——城市地区所有的物质形态表征都可追溯到它在早期文明中的重要地位。虽然这些地球表面最密集的区域有着非常悠久的历史，但是与许多其他知识领域一样，这种类型的研究主题直到19世纪末才出现在学术期刊上。与此同时，被城市覆盖的地表范围急剧扩张，目前有一半以上的世界人口居住在城市。在一本如此精炼的书中对这些城市地区的物质形态及其研究方法进行简明扼要而全面广泛的介绍并不是一个简单的工作。但德奥利韦拉通过精心选择案例、尽量少用技术术语以及有效使用地图、图表和照片做到了这一点。

创造和改变城市形态的作用者，如开发商、建筑师、规划者、建造者和地方政治家等，是城市形态的重要组成部分。这些也在德奥利韦拉的著作中有所介绍。可以说这本书最重要的贡献之一，是将许多关于城市形态学的知识汇集在一起，而梳理这些知识对于普通的城市形态研究学者来说是非常耗时的。其中一个明显的例子是关于不同的城市形态研究方法这一章节。除了介绍该领域的代表性人物及其经典著作之外，本书还概括介绍了历史地理学方法、过程类型学方法、空间句法、空间分析和新兴观点的典型方法，从逻辑上为不同方法之间的比较研究提供了可能。

这本书中有很多地方体现了德奥利韦拉个人对城市形态与各个学科之间关系的敏锐观察——如最为重要的地理学、建筑学和城市规划这 3 个学科。这一点在他讨论城市形态认知与相关实践方式（不限于城市规划）之间的关系时表现得尤为明显。作者将城市形态认知应用于实践的个人经历会使读者有所受益，书中所涉及的尺度从单个地块和建筑到城市内部区域和整座城市。此外，作者还致力于更广泛地阐述社会、经济和环境问题，探索城市形态与公共卫生、社会正义、遗产旅游和能源等领域之间的关系。

作者将这本书描述为一本手册，事实上它不止于此。诚然，它确实对城市形态的基本属性进行了系统梳理。在这方面，它在英语书籍中是独一无二的。然而，它在众多文献中还具有其他方面的重要作用。本书不仅汇集了丰富的信息，也提供了许多深邃的启示。它主张在处理实际问题时采取一种调查性的、广泛适用的、综合性的方法。这种方法不仅对具体的历史和文化有所回应，而且易于系统应用。城市景观的多样化特征被视为研究和实践的核心。就这一点和其他点来说，本书所倡导的愿景与当今世界所展现的规划实践现实之间存在着巨大的差距。德奥利韦拉认为产生这个问题的原因是目前城市景观中的许多创造性活动并没有太多基于对城市形态的合理认知。这本书的其中一项重要价值就是推动城市形态学教育发展以克服这一严重缺陷。

杰瑞米·怀特汉德（J. W. R. Whitehand）

城市形态研究小组（Urban Morphology Research Group，UMRG）

伯明翰大学（University of Birmingham）

2016 年 1 月

前　言

　　《城市形态学：城市物质形态研究导论》（*Urban Morphology：An Introduction to the Study of the Physical Form of Cities*）这本书自首版以来吸引了读者的广泛兴趣，促使其进行再版。本版对几个形态学方面的议题进行了更新、润色和补充，每章结尾的练习题也使其更加适用于教学，帮助老师和学生掌握和巩固城市形态学知识。这一版本是我在过去 5 年中不断学习的结果，包括在葡萄牙（米尼奥大学，Universidade do Minho）、西班牙（巴伦西亚理工大学，Valencia Polytechnic University）、巴西（巴拉那宗座天主教大学，Pontifical Catholic University of Paraná）和中国（南京大学和浙江大学）最新的教学经验；在波尔图大学（Universidade do Porto）国土交通环境研究中心（Research Centre for Territory, Transports and Environment，CITTA）的新研究项目，以及在本书出版时我正担任主席的两个国际学术机构，国际城市形态研讨会（International Seminar on Urban Form，ISUF）和葡萄牙语城市形态学研究网络（Portuguese-language Network of Urban Morphology，PNUM）的总结。原著第二版《城市形态学：城市物质形态研究导论》于 2021 上半年编写。当时新冠肆虐，我在波尔图的家中开展工作。新冠肺炎改变了我们的生活，引发了许多不同性质的探讨，并为当前和未来一些问题提供了新的视角。它将城市物质形态、我们居住、工作和休憩的场所以及我们在城市中的穿行空间带到了话题中心。

　　原著第二版更新了"城市形态要素"和"与其他知识领域的关系"两章内容（第 2 章和第 8 章）。此外，它还在第 3~7 章增加了新章节。"城市形态演变的作用者和过程"（第 3 章）新增了一个专门讨论非正式住区的章节，关于"19 世纪和 20 世纪最具影响力的规划"这一章节增加了 20 世纪 60 年代和 90 年代制定的库里蒂巴（Curitiba）和波哥大（Bogota）规划。第 4 章新增了关于早期住屋和定居点的介绍，其中大幅增加了早期城市的部分，包括关于埃及、哈拉帕（Harappa）、阿兹特克（Aztec）、玛雅（Maya）和印加（Inca）城市文明的内容，补充了苏美尔和中华文明的有关信息。第 5 章回顾了 20 世纪中叶之后的城市化进程，并且重点关注特大城市。除了 2016 年版中的纽约，这本书还分析了另外两座特大城市：东京（世界上最大的特大城市）和伊斯坦布尔（一个有着独特城市历史的特大城市，是罗马、拜占庭和奥斯曼帝国的首都）。第 6 章中对经典书籍《建筑模式语言》（*A pattern language*）和《分形城市》（*Fractal cities*）以及新兴的城市形态视角给予了新的关注。最后第 7 章"从理论到实践"这一章更新了简介部分，关于城市形态学与建筑学之间关系的内容新增了亚洲、欧洲和南美洲的 3 个案例研究。

在每一章的结尾都有两组不同的练习。一组练习以个人为主，另一组以集体为主。在第一组练习中，读者可以通过 5 个选择题来测试其在每一章中掌握的城市形态学知识，这些问题涵盖了不同章节的最重要内容，有助于读者了解其在这个新知识领域中的进展。第二组包括 3 个互动练习，更适合在课堂动态进行（辅以家庭作业），为教育工作者和学生提供了更积极的教学方式。第二组练习试图将世界上不同地区的研究人员所贡献的一般城市形态学知识与课堂所在城市的"特定"形态学知识相结合以寻求某种平衡。

2021 年 6 月下旬，在我结束第二版编写时，也是第 28 届国际城市形态研讨会（ISUF）召开之前，杰瑞米·怀特汉德的突然去世让我震惊。直到最后，我们还在合作 3 个不同的项目：《城镇平面格局分析：诺森伯兰郡安尼克案例研究》（*Alnwick, Northumberland—a study in town-plan analysis*）的葡萄牙语翻译；国际城市形态研讨会（ISUF）"城市形态学教学"（Teaching Urban Morphology）工作组；以及杰瑞米参加该会议的事宜。我坚信，在过去几十年里，没有人像杰瑞米那样为我们的城市形态领域奉献这么多，无论是在创建发展研究网络和担任《城市形态学》主编等机构性工作方面，还是在提出和完善一些形态学理论、概念和方法等具体研究方面。杰瑞米一直是，并将继续是我在城市形态学领域的主要影响者之一。

谨将第二版献给杰瑞米。

维托·德奥利韦拉（Vítor de Oliveira）
葡萄牙波尔图
2021 年 9 月

致　谢

任何对某一时期的思想进行概括总结的工作都要归功于其他人。要一一致谢所有贡献者是不可能的，我只能介绍这些工作的主要来源，其中大多数源自学术同仁，他们的思想与我在不同时期有所交集。

首先，我要感谢杰瑞米·怀特汉德。我阅读的第一篇关于城市形态学的学术论文是2003年我开始写硕士论文时看到的杰瑞米·怀特汉德于1992年发表在《城市研究》（*Urban Studies*）上的"城市形态学的最新发展"（"Recent developments in urban morphology"）。这篇论文为我提供了该领域的早期参考，介绍了迈克尔·康泽恩（M. R. G. Conzen）、城市形态学研究小组（Urban Morphology Research Group，UMRG）众多学者、迈克尔·巴蒂（Michael Batty）和詹弗兰科·卡尼吉亚（Gianfranco Cannigia）的工作。3年后，我在同行评审期刊上的第一篇论文"城市规划的形态学维度"（"The morphological dimension of municipal plans"）发表在杰瑞米·怀特汉德领衔的期刊《城市形态学》上。在过去几年中，直到杰瑞米于2021年6月去世，他一直是我在城市形态学领域的主要影响者，他以直接（通过谈话或电子邮件）和间接（通过他大量卓有成效的工作）的方式影响着我。我坚信，在过去的几十年里，没有人能像杰瑞米那样为我们的领域贡献这么多。

国土交通环境研究中心给予了我大量时间用于2015年的写作和2021年的修订。我想对研究中心主任保罗·皮尼奥（Paulo Pinho）深表感谢，他是我2004年硕士论文和2008年博士论文的导师。我还要感谢另外一位以前教过我的老师阿尔弗雷多·马托斯·费雷拉教授（Alfredo Matos Ferreira）。早在20世纪90年代中期于波尔图大学建筑学院学习时，马托斯·费雷拉就把我的关注点从"建筑"转移到了"城市"。在接下来的20年里，对城市的热情一直是我们交流的部分内容。

国际城市形态研讨会的许多同事影响了我的形态学思想：苏珊·怀特汉德（Susan Whitehand）、米夏埃尔·康泽恩（Michael P. Conzen）、迈克尔·巴克（Michael Barke）、彼得·拉克姆（Peter Larkham）、谷凯（Kai Gu）、托尔加·乌鲁（Tolga Unlu）、伊沃尔·萨穆埃尔斯（Ivor Samuels）、卡尔·克罗普夫（Karl Kropf）、吉安·路易吉·马费伊（Gian Luigi Maffei）、贾恩卡洛·卡塔尔迪（Giancarlo Cataldi）、朱塞佩·斯特拉帕（Giuseppe Strappa）、阿蒂利奥·彼得鲁乔利（Attilio Petruccioli）、尼古拉·马尔佐特（Nicola Marzot）、马尔科·马雷托（Marco Maretto）、保罗·卡洛蒂（Paolo Carlotti）、保罗·桑德斯（Paul Sanders）、塞尔吉奥·波尔塔（Sergio Porta）、安妮·维尔内兹·穆登（Anne Vernez Moudon），和温迪·麦克卢尔（Wendy McClure）。感谢我在葡萄牙语城市形态学研究网络（PNUM）的同事：葡萄牙的特蕾莎·马拉特·门德斯（Teresa Marat Mendes）、豪尔赫·科雷亚（Jorge Correia，同时感谢他在书中提供的两张照片）、戴维·维亚纳（David Viana）、曼努埃尔·特谢拉（Manuel Teixeira）和特雷莎·埃托尔（Teresa Heitor）；以及巴西的斯特尔·佩雷拉·科斯塔（Stael Pereira Costa）、克里斯蒂娜·特谢拉（Cristina Teixeira）、玛丽埃塔·马西埃尔（Marieta Maciel）、马诺埃拉·内托（Manoela Netto）、弗雷德里科·德霍兰达（Frederico de Holanda）、路易斯·阿莫里姆（Luiz Amorim）、瓦莱里奥·梅代罗斯（Valério Medeiros）、雷纳托·莱昂·雷戈（Renato Leão Rego）、卡琳·梅内盖蒂（Karin Meneguetti）、吉斯林·贝洛托（Gislaine Beloto）、西尔维奥·苏亚雷斯（Silvio Soares）、欧亨尼奥·凯罗加（Eugenio Queiroga）、罗穆洛·克拉夫塔（Romulo Krafta）、埃内达·门东萨（Eneida Mendonça）、埃万德罗·蒙泰罗（Evandro Monteiro）、布鲁诺·扎伊特（Bruno Zaitter）、毛里齐奥·波利多里（Mauricio Polidori）、雷纳托·萨博亚（Renato Saboya）、维尼修斯·内托（Vinicius Netto）、安娜·克劳迪娅·卡多佐（Ana Cláudia Cardoso）、胡里奥·利马（Júlio Lima）、罗伯塔·罗德里格斯（Roberta Rodrigues），维拉·坦加里（Vera Tangari）。比尔·希利尔（Bill Hillier）、朱利安尼·汉森（Julienne Hanson）和迈克尔·巴蒂（Michael Batty）对空间句法和空间分析产生了重大影响。

最后，我要感谢布赖恩·伍德黑德（Bryan Woodhead）、克劳迪娅·利拉（Cláudia Lira）、埃莉萨·达伊内塞（Elisa Dainese）、菲利帕·内瓦（Filippa Neiva）、扬·鲁林克（Jan Reurink）、詹托·马祖基（Janto Marzuki）、萨拉·格德斯（Sara Guedes）和乌尔苏拉·兹济博尔斯卡（Urszula Zdzieborska）在本书第2章中提供的照片。我还要感谢谷歌地球在第2章、第4章、第5章和第7章中提供的鸟瞰图。

致我的父母——曼努埃尔·德奥利韦拉（Manuel de Oliveira）和玛丽亚·特蕾莎·阿劳约（Maria Teresa Araújo）——我最好的朋友。

感谢我的妻子克劳迪娅（Cláudia）在过去的25年里与我共度时光。

目　录

中文版序　　　　　　　　　　　　　　　　　　　　　　iii

致中国读者　　　　　　　　　　　　　　　　　　　　　vi

译者序　　　　　　　　　　　　　　　　　　　　　　viii

序　　　　　　　　　　　　　　　　　　　　　　　　　ix

前　言　　　　　　　　　　　　　　　　　　　　　　　xi

致　谢　　　　　　　　　　　　　　　　　　　　　　xiii

缩略语对照表　　　　　　　　　　　　　　　　　　　xix

第 1 章　导言　　　　　　　　　　　　　　　　　　　　1

　1.1　动机　　　　　　　　　　　　　　　　　　　　　1

　1.2　研究对象　　　　　　　　　　　　　　　　　　　2

　1.3　本书结构　　　　　　　　　　　　　　　　　　　3

　参考文献　　　　　　　　　　　　　　　　　　　　　6

第 2 章　城市形态要素　　　　　　　　　　　　　　　　7

　2.1　城市肌理的概念　　　　　　　　　　　　　　　　7

　2.2　自然环境　　　　　　　　　　　　　　　　　　10

　2.3　街道系统　　　　　　　　　　　　　　　　　　12

　2.4　地块系统　　　　　　　　　　　　　　　　　　20

　2.5　建筑系统　　　　　　　　　　　　　　　　　　26

　练习题　　　　　　　　　　　　　　　　　　　　　30

　参考文献　　　　　　　　　　　　　　　　　　　　33

第 3 章　城市形态演变的作用者和过程　　　　　　　　**34**

3.1　城市形态演变的作用者　　　　　　　　34
　　3.1.1　开发者　　　　　　　　34
　　3.1.2　建筑师　　　　　　　　35
　　3.1.3　建造者　　　　　　　　36
　　3.1.4　地方政府的规划管理人员　　　　　　　　37
　　3.1.5　地方政治家　　　　　　　　37
3.2　城市形态演变的过程　　　　　　　　38
　　3.2.1　未规划过程　　　　　　　　38
　　3.2.2　规划过程　　　　　　　　39
练习题　　　　　　　　50
参考文献　　　　　　　　53

第 4 章　历史上的城市　　　　　　　　**54**

4.1　人类、住房和城市　　　　　　　　54
4.2　早期城市　　　　　　　　54
　　4.2.1　苏美尔文明　　　　　　　　56
　　4.2.2　埃及文明　　　　　　　　57
　　4.2.3　哈拉帕文明　　　　　　　　59
　　4.2.4　中华文明　　　　　　　　60
　　4.2.5　托尔特克和阿兹特克文明　　　　　　　　61
　　4.2.6　玛雅文明　　　　　　　　63
　　4.2.7　印加文明　　　　　　　　65
4.3　古希腊城市　　　　　　　　66
4.4　古罗马城市　　　　　　　　68
4.5　伊斯兰城市　　　　　　　　70
4.6　中世纪的城市　　　　　　　　71
4.7　文艺复兴时期的城市　　　　　　　　74
4.8　19 世纪的城市　　　　　　　　75
练习题　　　　　　　　76
参考文献　　　　　　　　80

第 5 章　当代城市　　　　　　　　　　　　　　　　　　　**81**

　　5.1　城市化进程（1950—2020 年）　　　　　　　　　　81
　　5.2　特大城市　　　　　　　　　　　　　　　　　　　86
　　　　5.2.1　伊斯坦布尔　　　　　　　　　　　　　　　86
　　　　5.2.2　东京　　　　　　　　　　　　　　　　　　96
　　　　5.2.3　纽约　　　　　　　　　　　　　　　　　　106
　　5.3　中等城市　　　　　　　　　　　　　　　　　　　115
　　　　5.3.1　马拉喀什　　　　　　　　　　　　　　　　115
　　　　5.3.2　波尔图　　　　　　　　　　　　　　　　　122
　　练习题　　　　　　　　　　　　　　　　　　　　　　130
　　参考文献　　　　　　　　　　　　　　　　　　　　　133

第 6 章　城市形态研究的不同方法　　　　　　　　　　　**134**

　　6.1　城市形态学和城市研究领域的经典著作　　　　　　134
　　　　6.1.1　《威尼斯城市历史的可操作性研究》　　　　134
　　　　6.1.2　《城镇平面格局分析：诺森伯兰郡安尼克案例研究》　136
　　　　6.1.3　《城市意象》　　　　　　　　　　　　　　138
　　　　6.1.4　《城镇景观》　　　　　　　　　　　　　　140
　　　　6.1.5　《美国大城市的死与生》　　　　　　　　　142
　　　　6.1.6　《城市建筑学》　　　　　　　　　　　　　143
　　　　6.1.7　《建筑模式语言》　　　　　　　　　　　　144
　　　　6.1.8　《城市街区的解体》　　　　　　　　　　　145
　　　　6.1.9　《空间的社会逻辑》　　　　　　　　　　　147
　　　　6.1.10　《分形城市》　　　　　　　　　　　　　148
　　6.2　不同的形态学方法　　　　　　　　　　　　　　　149
　　　　6.2.1　历史地理学方法　　　　　　　　　　　　　149
　　　　6.2.2　过程类型学方法　　　　　　　　　　　　　157
　　　　6.2.3　空间句法　　　　　　　　　　　　　　　　164
　　　　6.2.4　空间分析　　　　　　　　　　　　　　　　169
　　　　6.2.5　新兴观点　　　　　　　　　　　　　　　　174
　　6.3　城市形态的比较研究　　　　　　　　　　　　　　176
　　练习题　　　　　　　　　　　　　　　　　　　　　　178

参考文献 182

第 7 章　从理论到实践 190

7.1　城市形态学、城市规划与城市设计 191
7.1.1　萨韦里奥·穆拉托里的圣朱利亚诺巴雷拉规划 192
7.1.2　伊沃尔·萨穆埃尔斯和卡尔·克罗普夫的瓦兹河畔阿涅尔规划 195
7.1.3　空间句法公司的吉达规划 198
7.1.4　走向一体化 200
7.2　城市形态学与建筑学 201
7.2.1　泰尔尼墓地——朱塞佩·斯特拉帕 201
7.2.2　巴西利亚住宅，弗雷德里科·德·霍兰达 203
7.2.3　黄庄民宅——丁沃沃 204
7.2.4　走向一体化 206
练习题 207
参考文献 209

第 8 章　与其他知识领域的关系 211

8.1　城市形态与社会 212
8.1.1　公共卫生 212
8.1.2　社会正义 213
8.2　城市形态与经济 214
遗产旅游 215
8.3　城市形态学与环境 216
8.3.1　气候变化 217
8.3.2　能源 217
练习题 219
参考文献 221

第 9 章　结语 223

参考文献 226

缩略语对照表

ABM	Agent-Based Models 智体模型	
CA	Cellular Automata 细胞自动机	
CAMUSS	Automata Modeling for Urban and Spatial System 城市和空间系统的自动建模	
CASA	Centre for Advanced Spatial Analysis 高级空间分析中心	
CISPUT	Centro Internazionale per lo Studio dei Processi Urbani e Territoriali 国际城市和国土进程研究中心	
CITTA	Centro de Investigação do Território Transportes e Ambiente 国土交通环境研究中心	
COP	Conference of the Parties 缔约方会议	
DCP	Departement of City Planning 城市规划部	
ENPAS	Ente Nazionale di Previdenza ed Assicurazione Sociale 国家福利和社会保障局	
EUR	Esposizione Universale Roma 罗马世界博览会	
INA	Istituto Nazionale delle Assicurazioni 意大利国家科学院	
IPCC	Internaitonal Panel on Climate Change 国际气候变化委员会	
IPPUC	Instituto de Pesquisa e Plane jamento Urbano de Curitiba 库里蒂巴城市规划与研究部门	
ISSS	International Space Synatzx Symposium 国际空间句法研讨会	
ISUF	International Seminar on Urban Form 国际城市形态研讨会	
JOSS	The Journal of Space Syntax 空间句法期刊	
LUBFS	Land Use and Built Form 土地利用和建筑形态中心	
LUTI	Land Use Transport Interacetion 土地利用和交通的交互模型	

OECD   Organisation for Economic Co-operation and Development 经济合作与发展组织

PNUM   Portuguese-language Newwork of Urban Morphology
葡萄牙语城市形态学研究网络

POS   Plan d'Occupation des Sols 土地利用规划

UCL   University College London 伦敦大学学院

UMRG   Urban Morphology Research Group 城市形态学研究小组

UN   United Nations 联合国

UNESCO   United Nations Educational，Scientific and Cultural Organization
联合国教科文组织

第1章 导言

关键词：城市；学科历史；人工；城市形态；城市形态学

《城市形态学：城市物质形态研究导论》这本书自五年前首版以来引发了读者的广泛兴趣，促使其再版。本书是对第一版的修订和扩展，提供了更为精确的形态学知识，尤其体现在城市形态历史和当代城市的章节中。这些章节新增了关于埃及、哈拉帕、阿兹特克、玛雅和印加城市文明的内容。还包括对 20 世纪中叶以来城市化进程的回顾以及对特大城市的关注——除了 2016 年版本中的纽约，本书还分析了另外两个特大城市：东京和伊斯坦布尔。此外，该版新书具有更加明确的教学属性，在每章末尾提供了一系列练习，有助于教师和学生对城市形态学知识进行巩固和提升。

1.1 动机

几乎没有什么事情能像第一次穿越某座城市的街道那样让我感到快乐。当我在第一天早上带着地图、速写本和照相机离开旅馆，那一刻对我来说意义非凡，因为它代表着我探索那座城市的开始……探索人类巧夺天工的作品！在那个早上和接下来的日子里，还有很多东西需要探索。我总是尽可能早地离开旅馆，并尽可能晚地返回。在无数的步行之旅中，我拍照片、画速写、记笔记。当要离开那座城市的时候，我总是感到很难过，虽然我知道我所挚爱的波尔图（Porto）一直在等我回去。有时，对"那座"城市的再次拜访会比预期的提前一些。这时，我总是迫不及待地拿起我上次用过的地图，继续"画下所有到过的街道"。我满心期待那些将要被画出的线条……

随着我对城市的兴趣日益增加，直至占据了我学术研究工作的重心，我略感疑惑地意识到有关城市物质形态研究的教科书并不多。最初，我以为是我孤陋寡闻，但是通过进一步研究以及与葡萄牙和国际同行的交流，我很快就发现有关城市形态的书确实很少。

这本书正是希望实现在前文中提到过的特定目标，使它成为一本指南，引领读者进入城市物质形态研究的精彩世界。从这个意义上说，本书首先是面向研究人员、学者和以城市形态学为主要课题的硕博研究生，包括地理学、建筑学、规划学、工程学以及历史学、考古学、社会学等领域。本书还面向城市形态学相关领域的职业工作者，包括规划师、城市设计师、建筑师、工程师等。最后，本书也是写给那些对城市感兴趣的人们，比如像我这样热衷于学习更多关于"人类巧夺天工的作品"的人（Levi-Strauss，1955）。为了实现这个目标，我尽量使用通俗易懂的语言来编写一本入门参考书。当然，这并不意味着内容的简单化，而是在表述时突出重点、避免累赘。

我的个人经历在书中也有所反映：从我最开始接受的建筑学训练，到国土交通环境研究中心的日常工作，以及我深度参与的两个城市形态学研究论坛——国际城市形态研讨会（International Seminar on Urban Form，ISUF）和葡萄牙语城市形态学研究网络（Portuguese-language Network of Urban Morphology，PNUM），再到我乐此不疲地拜访每座城市时必不可少的步行之旅。

1.2 研究对象

本书内容与城市形态学相关，但是却很难在各种形态学研究中找到公认的关于"城市形态学"与"城市形态"的定义。本书将其定义如下："城市形态学"指的是关于城市形态及其发展动力与演变过程的研究；"城市形态"指的是构成和塑造城市的主要物质要素，包括城市肌理、街道（和广场）、街区、地块、普通建筑和特殊建筑等重要元素。第2章将详细介绍城市形态的不同要素。在本书中，"城市"是一个广义的概念，包括大多数人类住区。

"形态学"一词最早由德国著名的作家、思想家和生物学家约翰·沃尔夫冈·冯·歌德（Johann Wolfgang Von Goethe，1749—1832）提出。歌德使用"形态学"这个词来描述"探究形式本质的科学"。尽管形态学最初是生物学的一个分支，但是它所具有的普遍性与抽象性使其能够在更多不同的领域中得到应用。表1.1列举了不同学者提出的关于城市形态学的各种定义。

尽管关于城市形态学的论著数量有限 [这里必须要提及比本书首版晚一年出版的《城市形态学手册》（Handbook of urban morphology，Kropf，2017）]，但是有很多各个方面的相关文献。要想穷尽所有相关研究是不可能的，所以我不得不遴选其中的一部分。本书观点主要来源于同行评审的英文科学期刊，这些期刊论文具有以下3方面优势：信息更新及时、经过科学验证以及能在更为广阔的框架下探讨本土问题。然而，这些优势并不意味着我们会忽略杰瑞米·怀特汉德或米夏埃尔·康泽恩强调的重大缺陷：对于母语为英语的人来说，发表这样的文章相对更容易。这就造成了在这些期刊中存在他们所称的"英语睥睨"（anglophone squint，Conzen，2011；Whitehand，2012）。然而，似乎也可以公平地说，城市形态学领域的大多数期刊，并不会因为语言质量问题而拒稿。

城市形态学的定义（Marshall & Çalişkan，2011）　　　　　　　　　表 1.1

	定义	来源
一般定义	"对城市形态的研究"	Cowan，2005
	"关于形态的科学，或者说关于形态的决定因素和影响因素的科学"	Lozano，1990
	"对城市形态的物质（或建成）结构的研究，以及对影响该结构的人和过程的研究"	城市形态学研究小组（Urban Morphology Research Group，1990）
关注研究对象（城市形态）	"形态学的字面意思是有关形态的知识：形态的本质是什么；空间构成是否具有某种逻辑，或遵循某种结构原则"	Mayer，2005
	"研究物质形态复杂性的概念化方法。从构成城镇结构的单体建筑、地块、街区和街道模式等了解不同尺度的物质形态复杂性，有助于我们了解城镇的发展方式"	Larkham，2005
	"城市形态……并不仅仅局限于二维。相反地，正是通过三维场景的特殊性，才得以体现城市形态的独特性和多样性"	Smailes，1955
关注研究方法和目的	"一种探究城市设计原理或规则的基本分析方法"	Gebauer and Samuels，1981
	"……关于城市作为人类居所的研究……城市形态学家……分析城市形成及演变的过程，识别并解析其不同构成要素"	Moudon，1997
	"首先，有些研究致力于进行解释或提供解释框架或两者兼有（即认知性研究）；其次，有些研究致力于明确城市未来规划或建设的模式（即规范性研究）"	Gauthier and Gilliland，2006

在本书写作过程中，特别关注专著和未发表的博士论文。由于语言障碍，本书仅参考了英语、法语、意大利语、葡萄牙语和西班牙语的资料。最后，本书还采纳了城市形态学领域相关会议中的观点，包括但不限于国际城市形态研讨会、国际空间句法研讨会（International Space Syntax Symposium，ISSS）和葡萄牙语城市形态学研究网络（Portuguese-language Network of Urban Morphology）的年度会议。

1.3　本书结构

本书由 9 个章节组成。继本章概述之后，第 2 章主要关注城市形态的不同要素，并按照城市形态辨识度递增的顺序进行介绍。首先是不同的城市肌理。然后拉近视野并提高分辨率，着眼于自然环境和构成城市肌理的公共空间系统，包括交通性空间和停留性空间。接着，再到大多数情况下，与我们的城市中，或与公共空间或集体空间截然不同的、作为私有财产物质表征的地块。再次拉近视野，聚焦于构成城市肌理的建筑，包括特殊建筑与普通建筑。

第 3 章关注城市形态演变的不同作用者及其复杂过程。该章分析了我们作为个体如何参与演变，到城市景观演变：作为某项城市形态决议的推动者，作为设计新形态的建筑师，作为建造新形态的工程师，或者相对间接地，作为规划师在日常工作中提出城市发展愿景并指导个体建造活动，或是作为政治家制定城市演变的政治策略。此外，本章还旨在了解城市演变的过程：我们作为社会群体，如何在城市总体规划与各种不同的自发行为之间取得平衡。统一性与多样性之间的平衡对于一座城市的形态吸引力至关重要。

在介绍了城市形态学的主要研究对象：城市形态、城市演变的动力机制和演变过程之后，本书第 4 章分析了历史上的城市形态演变。本章参考了学者普遍认同的 7 个历史时期进行结构划分：（1）早期城市，包括苏美尔、埃及、哈拉帕、中国、阿兹特克、玛雅和印加；（2）古希腊城市；（3）古罗马城市；（4）伊斯兰城市；（5）中世纪城市；（6）文艺复兴时期的城市；（7）19 世纪的城市。本章的主要目的是了解在每个历史时期，街道、地块和建筑等主要城市形态要素是如何组合在一起的，以及它们的主要特征是什么。

第 5 章聚焦于当代城市，主要分析城市建设过程，包括城市形态的延续性和创新性。本章关注 20 世纪中叶以来的城市化进程，探索城市人口的逐步增长及其在不同规模城市中的分布。特别关注特大城市（居民人口数量超过 1000 万）和 3 个典型案例：伊斯坦布尔、东京和纽约。这 3 座城市具有不同的劣势和困境，也具有特定的优势和机遇。1500 多年来，伊斯坦布尔（君士坦丁堡）一直是罗马、拜占庭和奥斯曼帝国的首都。奥斯曼帝国分裂后，1923 年建立了一个新国家——土耳其，而安卡拉（Ankara）成为新首都。然而，伊斯坦布尔的重要作用却从未改变。从中心的法蒂（Fathi）到郊区的希莱（Sile，东部）和恰塔尔贾（Çatalca，西部），伊斯坦布尔的大都市区有 1500 万居民。 12 世纪末，东京（江户）作为一个小城下町，占据了现在皇宫的一部分区域。17 世纪初，它拥有约 100 万居民，是世界上最大的城市之一；1868 年，东京继京都成为日本首都。由于 20 世纪 20 年代中期的地震和 20 世纪 40 年代中期的第二次世界大战，这座城市遭受了严重破坏。但在 1950 年，东京成为与纽约并行的世界两座特大城市之一。如今，拥有近 4000 万居民的东京都市区是世界上最大的都市区。纽约于 17 世纪初由荷兰殖民者创建，在此后的城市演变过程中不断扩张，以 1811 年规划（建立正交布局）为标志，最终形成了如今这般宏伟的大都市。它包括 5 个

主要行政区 [曼哈顿（Manhattan）、布鲁克林（Brooklyn）、皇后区（Queens）、布朗克斯（Bronx）和斯塔滕岛（Staten Island）]，形成了一个拥有 1800 多万居民的大都市圈。本章最后一部分介绍了马拉喀什（Marrakech，摩洛哥四大皇城之一）和波尔图。这两座城市的人口都超过 100 万，并且拥有联合国教科文组织认定的非凡的城市历史和建筑遗产。

前面几章主要关注研究对象（城市），第 6 章将重点转向了研究人员（城市形态学研究者）。本章分为 3 个部分。第一部分介绍城市形态学和城市研究领域的一些经典著作。第一本著作写于 20 世纪 50 年代末，接下来 5 本写于 60 年代，2 本写于 70 年代末，一本写于 80 年代初，最后一本写于 90 年代初。这 10 本著作分别是：萨韦里奥·穆拉托里（Saverio Muratori）的《威尼斯城市历史的可操作性研究》（*Studi per una Operante Storia Urbana di Venezia*），康泽恩的《城镇平面格局分析：诺森伯兰郡安尼克案例研究》（*Alnwick Northumberland: A Study in Town Plan Analysis*），凯文·林奇（Kevin Lynch）的《城市意象》（*The Image of the City*），戈登·卡伦（Gordon Cullen）的《城镇景观》（*Townscape*），简·雅各布斯（Jane Jacobs）的《美国大城市的死与生》（*The Death and Life of Great American Cities*），阿尔多·罗西（Aldo Rossi）的《城市建筑学》（*L'architettura della Città*），让·卡斯泰（Jean Castex）、让·查尔斯·德波勒（Jean Charles Depaule）和菲利佩·帕内拉伊（Philippe Panerai）的《城市街区的解体》（*Formes Urbaines: de L'îlot à La Barre*）、克里斯托弗·亚历山大（Christopher Alexander）及其同事的《建筑模式语言》（*A Pattern Language*）、比尔·希利尔（Bill Hillier）和朱利安尼·汉森（Julienne Hanson）的《空间的社会逻辑》（*The Social Logic of Space*），最后是迈克尔·巴蒂（Michael Batty）和保罗·朗利（Paul Longley）的《分形城市》（*Fractal Cities*）。第二部分介绍了过去几十年发展的形态学研究的主要方法，从历史地理学方法（由康泽恩学派倡导）到过程类型学方法（由穆拉托里学派倡导），从空间句法到各种形式的空间分析（包括细胞自动机、多智体模型和分形），以及一些新兴方法。最后，本章提出了对不同的理论、概念和方法进行比较研究的必要性，了解每种方法的优缺点，有助于形态学研究人员根据研究对象的特定属性选用合适的研究方法。

第 7 章着重讨论城市形态学领域日益关注的一个重要问题，即从对形态学现象的描述和解释转向对新城市形态生成的指导。城市形态学研究可有效支撑两类实践：城市规划（和城市设计）和建筑学。第一类在城市层面与形态学的理论、概念和方法发生关联，第二类则在建筑层面受到形态学方法的影响。

第 8 章论述了城市形态对城市公共生活重要领域的贡献，尤其是社会、经济和环境这 3 个领域。以推动这 3 个领域的发展为目标，本章选择了 5 个具体议题：公共卫生、社会正义、遗产旅游、气候变化和能源问题，并探讨了如何加强这些议题和城市形态学之间的内在联系。

最后，第 9 章是本书的总结部分，汇总了前几章介绍的内容，并进行整体反思。本章还包括对城市形态学未来研究的一些建议。

参考文献

Alexander C, Ishikawa S, Silverstein M, Jacobsen M, Fiksdahl-King I, Angel S (1977) A pattern language. Oxford University Press, New York

Batty M, Longley P (1994) Fractal cities: a geometry of form and function. Academic Press, London

Castex J, Depaule JC, Panerai P (1977) Formes urbaines: de l'îlot à la barre. Dunod, Paris

Conzen MRG (1960) Alnwick Northumberland: a study in town-plan analysis. Institute of British Geographers Publication 27. George Philip, London

Conzen MP (2011) Urban morphology, ISUF, and a view forward'. In: 18th international seminar on urban form Montreal

Cowan R (2005) The dictionary of urbanism. Streetwise Press, Tisbury

Cullen G (1961) Townscape. Architectural Press, London

Gauthier P, Gilliland J (2006) Mapping urban morphology: a classification scheme for interpreting contributions to the study of urban form. Urban Morphol 19:41–50

Gebauer M, Samuels I (1981) Urban morphology: an introduction. Joint Centre for Urban Design, Research Note 8. Oxford Polytechnic, Oxford

Hillier B, Hanson J (1984) The social logic of space. Cambridge University Press, Cambridge

Jacobs J (1961) The death and life of great American cities. Random House, New York

Kropf K, (1996) Urban tissue and the character of towns. Urban Des Int 1:247–263

Kropf KS (2017) Handbook of urban morphology. Wiley, London

Larkham PJ (2005) Understanding urban form? Urban Design 93:22–24

Levi-Strauss C (1955) Tristes tropiques. Terre Humaine, Paris

Lozano E (1990) Community design and culture of cities. Cambridge University Press, Cambridge

Lynch K (1960) The image of the city. MIT Press, Cambridge

Marshall S, Çalişkan O (2011) A joint framework for urban morphology and design. Built Environ 37:409–426

Meyer H (2005) Plan analysis. In: Jong T, van der Voordt D (eds) Ways to study and research: urban, architectural and technical design. IOS Press, Amsterdam, pp 125–135

Moudon AV (1997) Urban morphology as an emerging interdisciplinary field. Urban Morphol 1:3–10

Muratori S (1959) Studi per una operante storia urbana di Venezia I. Palladio 3–4

Rossi A (1966) L'architettura della città. Marsilio, Padova

Smailes A (1955) Some reflections on the geographical description of townscapes. Inst Br Geogr Trans Pap 21:99–115

Urban Morphology Research Group (1990) Glossary. http://www.urbanform.org/glossary.html. Accessed 1 Jan 2015

Whitehand JWR (2012) Issues in urban morphology. Urban Morphol 16:55–65

第2章　城市形态要素

摘要：本章主要关注城市形态的不同要素，并按照城市形态辨识度递增的顺序进行介绍。首先是不同的城市肌理。然后拉近视野，着眼于自然环境和构成城市肌理的公共空间系统，包括交通性空间和停留性空间。接着，再到通常与公共空间或集体空间截然不同的、作为私有财产物质表征的地块。再次拉近视野，聚焦于构成城市肌理的建筑，包括特殊建筑与普通建筑。

本章的主题是关于构成城市物质形态的不同要素。将每个要素从其环境中独立提取出来，有助于对其进行更加有效的分析和理解。这种分析并不是"中立的"，它以某种方式隐含了预设的解析方法来组织和构建这些要素。但是，我们尽量最小化"研究人员"的角色，而专注于"研究对象"，即"城市"。"研究人员"的角色及其描述性、解释性甚至诊断性的研究方法将在第 6 章和第 7 章进行介绍，并探讨不同研究人员对于同一研究对象——城市，的不同研究方法。

2.1　城市肌理的概念

城市是形态极其复杂的物体。换句话说，城市是由不同对象或不同部分组成的复杂系统。我们可以明确这些对象之间"从局部到整体"的若干关系，并识别这些关系的层次结构。为了应对城市的复杂性，城市形态学利用这种层次结构，对一些基本的物质要素进行分析。

总体上，城市是由城市肌理构成的。在卡尔·克罗普夫（Karl Kropf）的论文《城市肌理与城镇特征》（*Urban tissue and the character of towns*）中，受意大利传统的强烈影响，城市肌理被定义为一个可以在不同分辨率情况下观测到的有机整体。不同级别的分辨率对应着城市形态的不同要素。分辨率越高，显示的细节就越多，对城市形态的描述就越具体（另见第 7 章，图 7.4）。在分辨率较低的情况下，城市肌理只涉及街道和街区。在分辨率较高的情况下，城市肌理可能会涉及许多细节，例如开放空间或建筑所展现出来的材料构成（Kropf，1996）。

一般来说，所有的城市及其肌理都是由一系列基本要素构成的：街道（广义上来讲，包括交通性和停留性的开放空间）、街区、地块和建筑。然而，每座城市的街道、街区、地块和建筑以特定的方式组合在一起，形成了不同类型的肌理。有些城市肌理具有明显的可识别性，能够展现其所在城市的独特特征。这些特征又因"时间"因素而得以强化，因为很多城市都经历了漫长的建设过程，经过几个世纪的发展而不断叠加不同的层次。在城市形态学中，往往用"重写"（Palimpsest）这一概念来解释这种随着时间推移而不断建造的现象[我们将在第6章介绍古斯塔沃·焦万诺尼（Gustavo Giovannoni）的作品时再回到"重写"的概念]。

图2.1以大致相同的比例展示了4个大洲的8座城市，这些城市的肌理清晰可辨：在巴西利亚（Brasilia），就面积占比来说，开放空间明显比建筑实体更占主导；位于马里（Mali）的城市杰内（Djenné），其紧凑的城市中心区与空旷的郊区形成鲜明对比；威尼斯依托独特的水域环境形成了紧凑的城市肌理；纽约具有非常规整的街道网络与建筑布局，但是建筑高度却参差不齐（将在第5章中详细分析纽约）；巴塞罗那的街道网格非常严谨，在道路交叉口形成八边形开放空间，仅被对角线大街打破，且建筑布局非常规整；巴黎的主要街道呈放射状结构，建筑布局规整、高度统一；罗马以密集的小街区为主，穿插许多纪念碑和广场，增加了城市的可读性；最后，也门的萨那（Sana'a），与第一座城市（巴西利亚）的肌理形成鲜明对比，其开放空间与建筑实体的关系明显由后者主导。

我们可以在不同大洲的不同城市发现不同的城市肌理，同样地，我们也可以在同一座城市发现不同的肌理。图2.2再次以同样比例展示了纽约这座（在形态方面）具有明显同质性的城市的4种不同肌理。这些肌理均位于纽约的同一个行政区——曼哈顿。

第一个肌理是在华尔街附近的市中心。华尔街得名于这条街上17世纪的一道城墙，它如今是全球金融市场的中心，发挥着重要作用。华尔街周边地区历史悠久，以狭窄的街道为特色，街区形状不规则、面积较小，地块与建筑的数量均较少。但是建筑平面面积和建筑高度均较大，因此具有较大的建筑体量。

第二个城市肌理是Soho区，位于著名的格林街（Greene Street）附近。与华尔街周边地区相比，Soho区的街区结构相对更加规则、面积更大，地块和建筑的数量适中。建筑高度与街道宽度相近。这个片区有许多建于1869—1895年的精美铁艺建筑，因此建成环境质量较高。另外，高度的功能混合无疑增强了该片区的城市活力。

第三个城市肌理是著名的黑人社区哈勒姆区（Harlem），特别是125街（或马丁路德金大道）周围的地区。与Soho片区不同，哈勒姆区以住宅用途为主，仅125街是一条真正的商业街。哈勒姆区比Soho区的街区尺度要大，其地块和建筑的数量相对更多。然而，该片区有相当数量的闲置地块，在某种程度上降低了其环境品质。

最后，第四个城市肌理是斯泰弗森特镇（Stuyvesant Town），一个位于格拉梅西公园（Gramercy Park）东部的私人住宅开发区。与前面3种肌理相反，斯泰弗森特镇的开放空间

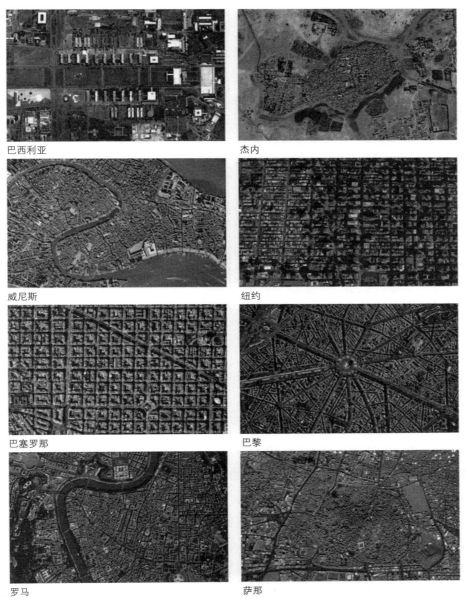

图 2.1　比例相近的 8 座城市肌理：巴西利亚、杰内、威尼斯、纽约、巴塞罗那、巴黎、罗马和萨那

（来源：谷歌地球）（彩图见书后插页）

比建成空间更占主导（尽管该主导地位相比巴西利亚而言弱得多），而且该片区没有清晰的地块结构。与前文所述的纽约另外 3 个片区相比，该片区的街区数量和建筑数量均有所减少。建筑开发的规模很大（位于第 14 街和第 20 街之间），且在形式上具有很强的同质性。

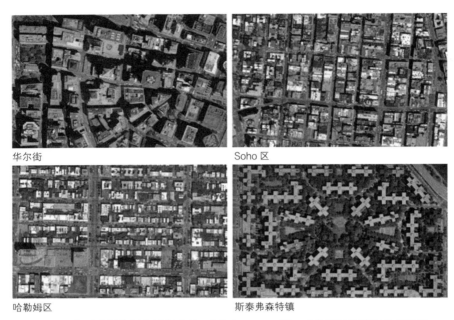

图 2.2　相近比例的纽约城市肌理：市中心、Soho 区、哈勒姆区和斯泰弗森特镇

（来源：谷歌地球）（彩图见书后插页）

2.2　自然环境

　　自然环境是各种城市形态要素形成和发展的首要条件。地形、土质、气候、日照、季风、自然景观的类型——所有这些因素都对聚居点的建立产生影响，从最初的街巷（以及随后基于街巷所建造的所有基础设施），到地块的细分方式以及在地块上建造的各种各样的建筑，甚至到建筑所应用的各种材料——至少到近期为止在所有这些形态上都得到了表达和体现。

　　不同历史时期的聚居点在最初建造时，其选址和形态都受到地形环境的影响。就读于里斯本大学的罗萨莉亚·格雷罗（Rosália Guerreiro）在其硕士论文《区域与建筑》（*Oterritório e a edificação*）及博士论文《有机城市与隐性秩序》（*Urbanismo orgânico e a ordem implícita*）中，归纳了地形对聚落产生影响的一些关键因素，我们将在以下两段进行总结和简要介绍（Guerreiro，2001；2011）。

　　地形通常可以分为两类。除了基本的地形或微地形（例如丘陵、海岬等），还有复合形式的广域地形或构造地形。这些地形的产生与大陆地貌形成过程中的内生力有关。一个地区的地形结构线包括山脊线和山谷线。山脊线用大致连续的虚线进行表示，连接最大高程点并将水流分向相对的斜坡。山谷线连接最低高程点，将水流自然排向下游。山脊线和山谷线在地形水文系统的各个分支层级均相互关联。山脊线和山谷线的交点是该区域中的重要节点，通常被称为分流中心和交汇中心。除山脊线与山谷线外，还有第三类地形结构线，即等高线。等高线垂直切割山脊线和山谷线并在两者之间建立关联。

　　在不同的聚居点中，最初的道路走向都遵循区域的自然环境和地形特征。事实上，遵循地形结构线——山脊线、山谷线和等高线——可以使人类在建造聚居点时需要克服的坡度阻力最小。因此，随着时间的推移，这些地形结构线就成为人类活动的主要流线。这些流线汇集的地方，也就是整个区域的交点，就成了城市中心区（图 2.3）。

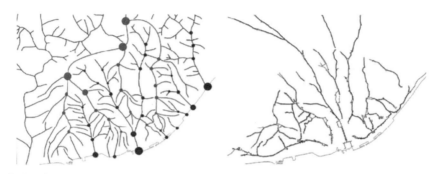

图 2.3　里斯本的自然地形图（山脊线与山谷线；分流中心与交汇中心）与街道系统（山脊街道与山谷街道）

（来源：Guerreiro，2011）（彩图见书后插页）

　　图 2.4 与图 2.5 表示了地形对于人类聚居点的重要性。很难想象如果没有地形的话，马丘比丘（Machu Picchu，秘鲁）、梅察达（Masda，以色列）、圣米歇尔（Saint-Michel，法国）或拉萨（中国）等城市会是何种形态。马丘比丘由印加文明于 15 世纪建立于安第斯山脉（此后一个世纪被西班牙占领后废弃），海拔约 2500m，是人类聚居点与自然环境有机结合的典范之一。该城市围绕中心广场周边的一系列平台、坡道、楼梯进行组织，包括大约 200 座建筑，分布在宗教区、农业区、工业区与居住区。第二个案例是梅察达，犹太人在死海附近的犹太沙漠建造的一个设防定居点，海拔约 400m。与马丘比丘类似，梅察达的使用期很短，在 1 世纪时被罗马人征服。该城的一个重要特点是其精细的供水系统。

　　中国僧人从公元 7 世纪起在海拔 3700m 的赤峰上修建的布达拉宫、大昭寺、罗布林卡等建筑群，是人与自然关系的又一显著例证。最后一个例子，如图 2.4 和图 2.5 所示，是圣米歇尔。圣米歇尔是法国诺曼底的一个小定居点，围绕着一座建于 11 世纪至 16 世纪的哥特式修道院发展而来。这个案例的独特性不仅在于像前面 3 个案例那样与地形的呼应，还在于其与水的特殊关系，当水面上升之后它就变成一座岛屿。

与前面几个案例一样，我们很难想象没有水的瓦拉纳西（Varanasi）或威尼斯会是什么样子（图2.5）。威尼斯，这座建于公元5世纪的意大利城市，由120座小岛和众多水道组成，展示了人类居所与它所在的泻湖之间的独特关系。瓦拉纳西市与恒河之间的关系也非常密切。这座印度城市不仅在形态上与恒河交相辉映，居民生活也与恒河密不可分，人们会在河中洗浴、洗衣、举办葬礼等多种活动。

基于不同的城市理念（简单来说，介于有机模式与理性模式之间），自然环境对城市的影响程度或多或少存在差异。这种影响在同一城市的不同片区也会有所不同。让我们回到纽约曼哈顿这一案例。在岛屿上建立定居点，显然使得老城的建筑在面临土地短缺的困境时，变得越来越高。然而，如果我们看一下岛上的另外一个地方，例如，在19世纪初开始遵循城市网格布局进行建设的北部地区，我们可以发现，崎岖不平的地形并没有成为网格布局的障碍。此外，如果我们继续向北移动，我们将看到宏伟的中央公园，那里"具有鲜明自然特征"的物质环境实际上却是人工建造的。

2.3 街道系统

经由街道系统（一般包括大街、林荫道等），我们才得以在城市中穿行，并借此去了解城市。街道将城市划分为不同的街区，有些街区是公共的、所有人都可以进入的，有些街区则是私密的或半公共的。从广义上讲，街道是城市的公共空间与民主空间，具有差异性的不同人群

图2.4 城市形态与自然环境的关系——地形：
马丘比丘、梅察达、拉萨和圣米歇尔

[来源：（a）Filipa Neiva，（b）Urszula Zdzieborska，（c）Jan Reurink，（d）Cláudia Lira]（彩图见书后插页）

图 2.5　城市形态与自然环境的关系——水：威尼斯与瓦拉纳西

[来源：(a) Sara Guedes，(b) Jorge Correia]（彩图见书后插页）

在此相遇并进行社交互动。

　　这些交流互动行为在我们从街道进入建筑时会受到限制。空间句法的创始人比尔·希利尔在近期发表于国际空间句法研讨会的一篇论文中写道，社会差异性不会体现在街道上。这位英国学者认为，街道"并非反映社会"（或社会最消极的方面）；相反，街道将社会企图分裂的东西在空间中进行整合。此外，希利尔认为街道的宜人性可能是一个强大公民社会存在的最相关指标（Hillier，2009）。

　　从形态学历时性（Temporal）的角度来看，街道是最稳定的城市形态要素。不管是过去、现在还是未来，城市建设都是一个漫长且持续变化的过程。街道系统对城市形态演化具有较强的制约，使其在时间维度保持着相对稳定。与街道系统相比，地块系统的稳定性较低，而建筑系统的稳定性则比前两个系统更低。

街道种类繁多，形状与大小不一，彼此之间有不同的连接方式，所承载的城市功能也各不相同。在本章中，我们对城市形态各项基本要素的分析并没有忽视其他要素对其产生的影响。实际上，街道特征受许多其他城市形态要素的影响，包括其单侧或两侧地块、建筑高度及街道高宽比、建筑在地块中的位置（建筑离地块边缘越近，街道的围合感越强；建筑离地块边缘越远，街道的开敞度越高）、建筑一楼面向街道的开口。关于街道系统分析的另一个重要问题，正如我们在后续章节要介绍的，是其如何处理人行空间与车行空间的关系——包括私家车与公交车、机动车与非机动车。艾伦·雅各布斯（Allan Jacobs）的《伟大的街道》（*Great Streets*）是关于城市街道研究的代表性著作（Jacobs，1993）。

图 2.6 展示了 4 座不同城市的街道。最上面的图片（a）描述的是纽约的百老汇大街（Broadway）与第五大道（the 5th Avenue）这两条最重要街道的交叉口。百老汇大街南北向穿越整个曼哈顿岛，是 19 世纪初设计的城市正交网格中唯一一条形状不规则的街道；第五大道长 10km，宽 30m，应该是纽约南北向的 11 条大道中最著名的一条。

接下来的两张图片（b）是巴黎的香榭丽舍大街（Champs Elysées），它是奥斯曼男爵在 19 世纪后半叶对法国首都进行改建时最重要的标志之一（详见第 3 章）。香榭丽舍大街长 2km、宽 70m（其西侧部分显然更具城市性），两侧排列着一系列同质化的建筑。建筑高度明显低于街道宽度，使得香榭丽舍大街具有较强的开敞感。街道上树木繁茂，功能多样，包括商店、咖啡馆和电影院等。香榭丽舍大街是连接国防部与卢浮宫博物馆的城市长轴线的一部分。

第三组图片（c）是锡耶纳（Siena）的一条中世纪小街——里纳尔迪尼大街（Via Rinaldini）。这条街道与该市著名的田野广场（Piazza del Campo）直接相连（下文将对此进行分析）。里纳尔迪尼大街的长度不到 50m，宽度为 5m。虽然与前面两条街道在尺度方面存在明显差异，但值得注意的是，这条街道的断面与第五大道的断面非常相似，都是建筑高度明显大于街道宽度。

最后，第四组图片（d）描述的是阿姆斯特丹的一条街道：修士运河街（the Reguliersgracht）。这条街道位于 17 世纪初修建的"运河环"内部。阿姆斯特丹与荷兰的其他城市一样，均以水网交织的建成环境为特征。因此，其街道断面（宽约 30m，长约 600m）与前面的案例明显不同，事实上，它包括运河以及位于运河两侧的街道，其中街道由 3 种不同的空间构成：人行空间、车行空间（区别于威尼斯历史古城的无车环境）以及停车场。

图 2.6　不同城市的不同街道，比例大致相同：a. 纽约百老汇大街与第五大道的交叉口；b. 巴黎的香榭丽舍
大街；c. 锡耶纳的里纳尔迪尼大街；d. 阿姆斯特丹的修士运河街

（来源：鸟瞰图，谷歌地球；照片由作者拍摄）（彩图见书后插页）

　　城市的公共空间系统不仅包括交通性空间，即我们通常所说的街道，还包括停留性空间，即广场和花园。上述段落所描述的街道多样性同样也可以在广场空间中找到。

　　图 2.7 展示了 3 个大洲的 4 座广场。第一座（a、b）是纽约时代广场，它位于百老汇大街和第七大道的交叉口。虽然从形态上讲，时代广场不过是两条街道的交叉口，没有专门的外部设施使人在广场上驻留 [类似于伦敦皮卡迪利广场（Picadilly Cirus）的情况]，但事实上无论白天还是黑夜，时代广场上总是有很多人（正如我们在这张照片中所看到的）。就城市功能而言，时代广场位于剧院区的中心，并且广场上会举行许多文化和商业活动。这不仅有助于提升空间活力，还能通过大量霓虹灯来增强广场的意象性。我们对于时代广场的集体意象无疑是除夕夜的传统庆祝活动，伴随着水晶球从时代广场 1 号楼的顶部滑落。

　　图 2.7 的第二座广场（c、d）是巴黎的乔治·蓬皮杜广场（Place Georges Pompidou），靠近原先的中央市场。无论在形态上还是在功能上，这个广场都明显不同于上一个案例。事实上，乔治·蓬皮杜广场的形态非常清晰，它是一个长约 175m、宽 70m 的长方形，从广场东侧蓬皮杜中心的入口开始起坡，一直延伸到广场西侧的圣马丁街（Rue Saint-Martin）建筑群。这个巨大的斜坡是该广场的基本特征之一，也是吸引人们在广场上进行休憩、艺术表演等各类活动的重要因素。就功能而言，这座广场与时代广场差异明显：它与 20 世纪 70 年代建立的蓬皮杜中心联系密切，因而具有较强的艺术性。伊戈尔·斯特拉文斯基广场（Place Igor Stravinsky，位于乔治·蓬皮杜广场南部，图 2.7）与斯特拉文斯基喷泉是乔治·蓬皮杜广场的延伸和补充，分别包含一组现代雕像与 16 个可移动雕塑。

　　锡耶纳的田野广场（图 2.7e、f）是世界上最著名的广场之一，在城市形态学领域声名尤盛。这座意大利广场建于 12 世纪，呈贝壳状，其周边有许多 5 ~ 7 层的著名建筑（宫殿）。与乔治·蓬皮杜广场类似，田野广场也是一个宽阔的斜坡。它顺应城市地形，以广场北侧市政厅的入口作为斜坡的最低点。广场上最著名的活动之一是赛马，可追溯到古罗马时期的军事演习。

　　图 2.7 的最后一个例子（g、h）是伊朗伊斯法罕（Isfahan）的伊玛目广场（Meidan Emam）。这座广场尺度巨大，长 520m，宽 160m，呈长方形（同乔治·蓬皮杜广场一样）。其边界由一圈连续的、带有双柱廊的两层建筑群进行围合限定。在这些建筑中，有两座被联合国教科文组织（United Nations Educational，Scientific and Cultural Organization，UNESCO）列为世界遗产的清真寺和一座宫殿尤为引人注目。伊玛目广场的北部可以通向伊斯法罕的集市。除了承载一些特殊功能，伊玛目广场还被当地居民用来举办各种活动。不过与前面 3 个案例不同的是，伊斯法罕的外国游客并不多（主要由于伊朗的国际孤立）。

　　正如我们可以在同一座城市的不同区域发现形态迥异的肌理或街道（如纽约），我们也

图 2.7　不同城市的不同广场，比例大致相同：a、b：纽约时代广场；c、d：巴黎乔治·蓬皮杜广场；
e、f：锡耶纳的田野广场；g、h：伊斯法罕的伊玛目广场

[来源：谷歌地球；照片 b、d、f，由作者拍摄；照片 h，由豪尔赫·科雷亚（Jorge Correia）拍摄]（彩图见书后插页）

可以发现各种不同的广场。下文与图 2.8 将对巴黎的这种现象进行介绍。

图 2.8 中的第一个例子（a）是位于杜伊勒里区（Tuileries）的旺多姆广场（Place Vendome）。这座广场建于 18 世纪早期（是该组广场案例中最晚的一个）。它呈长方形（在角部有八角形的切割），长 140m，宽 120m，中间只有和平街（the Rue de la Paix）这一条街道穿过，由一组风格和高度都非常接近的建筑围合而成。就城市功能而言，旺多姆广场是许多时尚商店的所在地。

第二个例子（b）是建于 17 世纪早期的孚日广场（Place des Vosges），位于马拉伊斯区（Marais）。孚日广场的规模略大于旺多姆广场，边长 140m，由一组形态相似的建筑群围合而成，共包括 36 栋建筑（四面各有 9 栋）。在广场周边有一圈连续拱廊，广场中央则为一片绿地。从比拉古街（Rue de Birague）进入广场需要经过拱廊。因此，作为广场边界的街道只有一条，即北面的穆勒街（Rue du Pas de la Mule）。

第三个例子（c）是胜利广场（Placedes Victoires），位于杜伊勒里区（Tuileries），离旺多姆广场不远。胜利广场呈圆形，其尺寸比前面两个案例小一些（直径约 75m）。不过与前两个案例一样，胜利广场也是由一组建筑形体非常相近的 4 层或 5 层建筑限定。这座广场建于 17 世纪，用于安置路易十四的雕像。虽然这个广场的形态非常有趣，并且其周边有许多重要的时装店，但它本身不过是一个环形交叉路口而已。

太子广场（Place Douphine）位于法国首都最古老的区域——西堡岛（Ile de la Cité）。最后这个案例（d）与前面 3 个明显不同：太子广场是三角形的（面积比胜利广场大，比另外两个小）；同时，它周边的建筑无论是在高度上还是建筑风格上都比前 3 个案例更为多样化，反映了不同作用者的影响。

下文与图 2.9 将介绍罗马的类似现象。如上所述，罗马是一座布局非常紧凑的城市。它由一些小街区组成，中间有许多著名的广场。我们主要关注其中的 4 座广场：圣彼得广场（Piazza S. Pietro）、卡比托利欧广场（Piazza del Campidoglio）、纳沃纳广场（Piazza Navona）和罗通达广场（Piazza della Rotonda）。圣彼得广场（a）位于梵蒂冈境内的台伯河（TeVere）以东，具有鲜明的宗教性质。广场、巴西利卡和柱廊（四柱深）均建于 16、17 世纪。圣彼得广场的形状比较复杂，由两种不同的几何形构成：椭圆形（长 200m，宽 150m）与梯形（平行边长约 100m 和 115m，相距 100m）。圣彼得广场是更大范围的城市公共空间序列的一部分，该序列协和大道（Via della Conciliazione）、东至圣天使堡（Castel Sant'Angelo）。圣彼得广场的正中心是一个方尖碑，还有两个喷泉似乎是椭圆的两个中心。

图 2.9 的第二座广场（b）具有完全不同的属性、形状和尺寸。卡比托利欧广场位于罗马历史城区的核心。该广场及其周围的 3 座宫殿均修建或重建于 16 世纪，是当时城市的新

图 2.8　巴黎的广场，比例大致相同：a. 旺多姆广场；b. 孚日广场；c. 胜利广场；d. 太子广场

（来源：鸟瞰，谷歌地球；照片由作者拍摄）（彩图见书后插页）

市民中心。现在主要为市政与博览功能。卡比托利欧广场呈梯形，两条底边长度分别约为55m 和 40m，底边相距约 75m（比圣彼得罗广场小得多）。广场铺地的形状非常有名，呈椭圆形几何布局，中心有一个骑马雕像。广场东侧是元老宫（Pallazo Senatorio），西侧是一个宽阔的坡道楼梯，连接该广场与马切罗剧场大道（Via del Teatro di Marcello）。

与巴黎的 4 座广场形成鲜明对比，罗马的 4 座广场都带有浓厚的旅游色彩。纳沃纳广场（c）就是这样，它位于熙熙攘攘的维托里奥·埃马努埃莱二世大街（Corso Vittorio Emanuelle Ⅱ）以北，建于 17 世纪。纳沃纳广场的形状非常奇特，它是一个长约250m×50m 的长方形，两端为圆形（比例约为 5∶1，最长距离大于圣彼得罗广场），其形态借鉴了 1 世纪时的体育场废墟。3 座喷泉 [从北到南依次为海神喷泉（Fontana del Nettuno）、四河喷泉（Fontana del Quatro Fiumi）和摩尔人喷泉（Fontana del Moro）] 在这一著名的巴洛克建筑群中扮演着重要角色。除了众多的咖啡馆、餐馆和商店，该组建筑群还包括圣埃格尼斯教堂（Sant'Agnese in Agone）。

最后一个例子是位于纳沃纳以东 250m 的罗通达广场（d）。该广场成形于 15 世纪。然而，广场周围的建筑可以追溯到更早时期。比如，广场的主要建筑——万神庙 [Pantheon，即以广场命名的圣玛利亚罗通达教堂（Santa Maria Rotonda）] 可以追溯到 1 世纪。如图 2.9所示，罗通达广场比其他 3 座广场小得多。它呈不规则形状，接近梯形；梯形的两个底边长约为 45m 和 35m，距离约 60m。广场上有一个喷泉，中心有一个方尖碑。广场周边有很多咖啡馆和餐馆。

2.4 地块系统

正如前文提到，地块系统是城市形态的重要元素之一，它将公共领域与私人领域（或不同的私人领域）区分开来。然而在城市建设过程中，由于地块的可见性较弱，行为主体和利益相关者常常忽略这一系统的重要作用。

在用地范围内进行地块划分是城市化进程的重要内容，且地块划分随时间变化不大。在特定用地中重新确定私有产权的结构形式可能涉及大宗地块的进一步细分，如曾经的乡村用地，或者需要制定一个新的土地划分方案。此后的城市化发展阶段通常涉及对不同地块的精细设计：（ⅰ）每个地块怎样与街道发生联系？（地块边长是多少？地块方向与街道方向的关系是怎样的？）（ⅱ）每个地块在地块系统中的位置是怎样的？（在街区中间还是边缘？位于街区的长边还是短边？）（ⅲ）地块的形状、尺寸及比例是怎样的？我们必须承认，每个地块的初始规划都会对未来建筑布局产生影响，并进而影响城市景观。

图 2.9　罗马的广场，比例大致相同：a. 圣彼得广场；b. 卡比托利欧广场；c. 纳沃纳广场；d. 罗通达广场

（来源：鸟瞰，谷歌地球；照片由作者拍摄）（彩图见书后插页）

尽管具体的场地环境千差万别，但是在许多城市中，地块细分和地块合并的现象并不常见。这意味着我们作为行为主体在城市化发展初期所做的决策，将对城市形态的未来发展产生持久影响。值得一提的是，尽管城市在其"生命"过程中发生了许多变故，如战争、火灾、地震、海啸等，并且这些变故都有可能改变原有的地块系统（或部分地块系统）并创建新的地块结构，但事实上在大多数情况下这种情况并不会发生，城市依然延续其原有的地块系统。

在描述和解释城市的物质形态时，其中一个重要因素是街区及地块的尺寸。通常，从历史中心到城市郊区，街区和地块的尺寸会逐渐增大。但是也有一些例外，并且这些例外是不可忽略的，因为它们有助于彰显每座城市的特性。关于这一点，将在后面第6章介绍边迹带（fridge belt）的概念时进行详细阐述。另一个重要因素是每个街区的地块数量，它在一定程度上表示了与街区相关的行为主体、利益相关者以及城市策略的多样化程度。与街区尺度的变化趋势相反，每个街区的地块数量一般会从历史中心到城市郊区逐渐减少。

图 2.10 展示了整个平遥古城的地块系统。这张平面图来自杰瑞米·怀特汉德和谷凯的论文《平面分析的界限扩展：中国的探索》（*Extending the compass of plan analysis: a Chinese exploration*，2007）。平遥古城位于北京西南方向约 500km 处，以其传统城市形态闻名于世。它的城墙大致呈正方形，城内有大量经过规划的街道和地块。图 2.10 展示了平遥古城的复杂地块系统。地块可以根据其偏离规则直线形式的程度来区分，这种偏离是自最初布局以来对地块边界进行修改的结果。图 2.11 重点关注平遥古城内 3 种不同偏离程度的片区。第一个片区位于平遥古城中南部，地块呈不规则状，反映了它们经受变革性要素影响的时间段非常长。第二个片区位于原西部和北部城市边界（原城墙），地块形状反映了近期规划的地块系统所经受的强烈影响。最后，第三个片区位于如今平遥古城的北部和西部，地块和街道系统都比较规则。

我们再来看一下规模更小的城市片区。阿尔玛达街（Rue do Almada）是我所在的城市波尔图历史街区中的一条主要街道（图 2.12）。这条街道由公共工程委员会（Junta das Obras Públicas）于 18 世纪下半叶推动建设。公共工程委员会是一个城市规划和管理机构，负责新建街道并整合现有道路。他们设计的街道网络对波尔图城市发展的影响一直持续到 19 世纪末。阿尔玛达街长 800m，宽 10m，连接两个不同的广场——南部的拉戈多斯罗伊奥斯广场（Largo dos Loios，较小）和北部的共和广场（Parça da República，较大）。如图 2.12，沿阿尔玛达街有 10 个街区和 214 个地块。其中最大的街区位于共和广场以南和里卡多·乔治博士街之间，包括 58 个地块。大部分地块面宽约 5m，进深在 20m ~ 90m 之间。

在这些地块两个多世纪的"生命"历程中，大部分建筑伴随着持续不断的零星维修保存下来，仅有 8 栋建筑建于 20 世纪后半叶。然而，即使在这 8 栋建筑中，有 7 栋都是在 18 世纪的原有地块中建造，只有一栋是建在由两个地块合并形成的新地块上。在阿尔玛达街，狭长的地块形式导致了特定建筑类型的出现。由于地块临街尺寸较小，建筑不得不采用大进深的形式，通常深度超过 15m。大进深导致了特殊的布局方式，即每层中有一到两个房间靠近外墙，楼梯和一到两个房间布置在平面中央。

德国地理学家康泽恩提倡通过研究地块来解析城市的物质形态，他的研究将在第 6 章中进行介绍。康泽恩提出了地块循环的概念（burgage cycle）。地块循环是指某地块内部不断新建建筑物，导致开放空间显著减少，最终需要腾空该地块重新进行开发的过程，而新开发之前，还会形成一段"城市休耕期"（urban fallow）。这个概念是基于对安尼克镇（Alnwick）

图 2.10 平遥古城中心区的地块边界（2000 年）

（来源：Whitehand and Gu，2007）

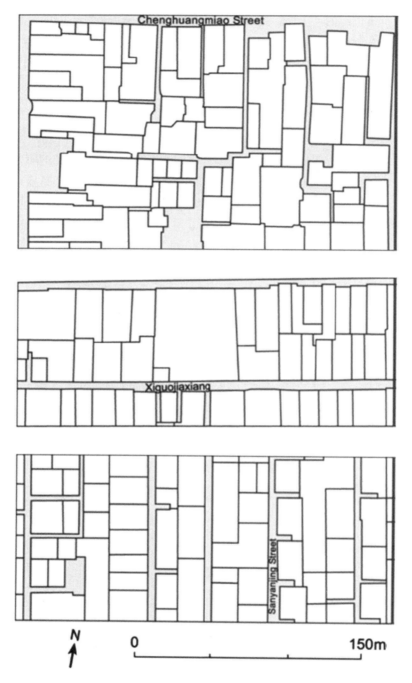

图 2.11　平遥古城中心区的地块边界——3 类不同片区

（Whitehand and Gu，2007）

图 2.12　波尔图阿尔玛达街的地块

（来源：谷歌地球）（彩图见书后插页）

的研究，特别是对蒂斯代尔（Teasdale）先生的地块在 1774 年至 1956 年间 6 个不同时期内的演变分析。尽管该现象在安尼克镇被识别发现，但实际上它在许多不同的情况下都会发生，包括波尔图的地块。在波尔图，地块循环现象解释了在不改变地块结构的情况下对地块的占用过程，以及在沿街的资产阶级建筑后面建造工人阶级住房的过程，即建于 19 世纪和 20 世纪的伊尔哈斯（Illhas）。

2.5　建筑系统

尽管建筑不像街道和地块那样具有时间上的稳定性，但它们是城市形态中最重要的元素之一，或许也是可视化程度最高的元素。一般来说，城市由两种不同类型的建筑组成，普通建筑和特殊建筑。这两种建筑类型的差异与形式有关，也与功能有关。第一种类型包括构成城市的大部分建筑，它们之间的相似性比差异性更强。这类建筑以居住建筑为主，也包括商业建筑和服务建筑。第二种类型只包括城市中的少数建筑：那些通过形式并最终通过功能从城市景观中脱颖而出的建筑。其中有一小部分特殊建筑的形式与其所在城市的形态几乎融为一体，例如悉尼歌剧院。

建筑在地块中的位置对城市景观特征产生重要影响。在大多数城市中，直到 19 世纪末，连续排列的建筑布局清晰地界定了街道的空间形态。然而，20 世纪发展起来的许多城市理论却成为对这种传统的建筑布局方式的质疑，并导致了建筑在地块内的多样化布局，进而冲击了关于"街道"和"街区"的传统定义和理解。

建筑的另一个重要特征是高度，特别是建筑高度与其所处街道宽度的关系（图 2.13）。这两项指标的差异带来了城市景观的显著变化。如果建筑高度远小于街道宽度，围合感就会较弱。反之，如果建筑高度远大于街道宽度，围合感则会增强。建筑的其他重要特征包括底层平面布局、外部和内部之间的空间关系、外观设计（对城市景观很重要）、楼梯在建筑内部的位置和居住单元的组织。

尽管在过去几十年中，全球建筑越来越趋同，我们仍然可以发现不同国家和不同大洲的建筑所具有的多样性。图 2.14 包含了 5 张图片，分别代表了五大洲不同城市和村庄的建筑。第一张（a）是从密歇根湖拍摄的芝加哥的照片。在芝加哥的湖滨区域（Lake Shore Driue），街道网络非常规整，但建筑形式却非常多样化且高度不一。在照片中央，许多摩天大楼似乎在建筑群中拔地而起。高达 100 层的约翰汉考克中心（John Hancock Center）便是如此。虽然这些建筑的材料实际上非常多样化，但城市景观主要表现为钢铁和玻璃。第二张图片（b）则展示了完全不同的地理环境和文化背景：发源于公元前 250 年的撒哈拉以南非洲最古老

图 2.13 纽约州建筑高度与街道宽度的关系

（来源：照片由作者拍摄）（彩图见书后插页）

的城镇栖居地之一，内杰。这一地区有近 2000 座以泥土为主要材料的传统建筑。杰内的普通建筑和特殊建筑（如照片中的清真寺）均采用了相同的材料和颜色，且具有强烈的垂直感。第三张照片（c）展示的是巴塔克托巴人（Batak Toba）的传统建筑，位于苏门答腊（印度尼西亚）托巴湖（Lake Toba）中央的沙摩西岛（Samosir）。这些小屋与前两张照片中的建筑非常不同，像一艘艘从地面升起的船。建筑主要是木制的，有雕刻精美的山墙和两角上扬的屋脊。第四张照片（d）展示了斯德哥尔摩老城一座小公共广场上的一组建筑。尽管这组建筑的高度和布局非常相似，但它们之间仍有些细微差别，比如不同的颜色以及顶层和屋顶的设计。最后一张照片（e）展现的是居住在新西兰陶马鲁努伊地区（Taumaranui）的毛利人（Māori）的传统建筑。屋顶的设计、主立面中央的柱子（通常屋内会另有两根柱子）和适度的雕刻装饰使这张照片中的建筑与前面几个案例的建筑都截然不同，从而突显了毛利建筑的个性。

正如我们在分析城市形态的其他元素时所发现的那样，同一座城市中也会存在非常不同的建筑。此外，在同一文化区内，我们也可以发现建筑的不同类型及其演化过程。图 2.15 基于我所在城市的一个区域，卡布拉尔海岸街（Rue de Costa Carbral），展示了该地区的主要住宅类型，并解析了这些建筑类型是如何随时间演变的。第一列照片显示了单户住宅的演变：从临街面较窄（a）、中等（b）、较宽（d）的联排叠落式建筑，到半独立建筑（f）和独立建筑（h）。第二列照片呈现了多户住宅的演变：从建在狭长地块上的叠落式建筑（c 和 e）到半独立建筑（g）和独立建筑（i）——这些将在第 6 章的最后一节详细介绍。

图 2.14　五大洲不同城市和村庄的不同建筑：a. 芝加哥；b. 内杰；c. 苏门答腊；d. 斯德哥尔摩；e. 陶马鲁努伊

[来源：a、d 由作者拍摄；b 由埃莉萨·达伊内塞拍摄；c 由詹托·马祖基拍摄；e 由布莱恩·伍德海德拍摄]（彩图见书后插页）

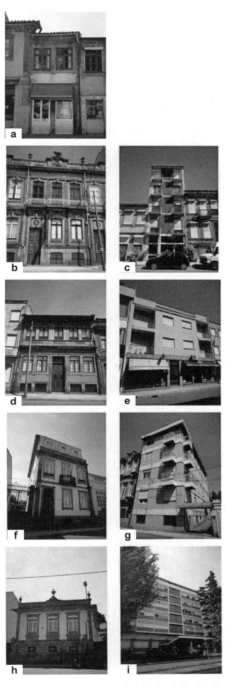

图 2.15　同一文化地区内建筑类型的延续性

（来源：Oliveira et al.，2015）（彩图见书后插页）

练习题

A. 知识测试

2.1　巴塞罗那和纽约这两个非常具有代表性的城市肌理之间的主要异同点是什么？

i. 它们在街道、街区、地块和建筑物方面相似；两个城市之间的一个主要区别是 20 世纪中叶之后建造的建筑数量。

ii. 两座城市都有规则的街道和建筑布局（排列和高度）；巴塞罗那由方形街区组成，纽约由矩形街区组成。

iii. 两座城市都有规则的街道和建筑排列；巴塞罗那和纽约在街区和地块形态方面有所不同，尤其是建筑高度不一样。

2.2　就广域地形而言，一个地区的基本结构线是什么？

i. 山脊线（最高海拔），汇入分流中心。

ii. 山脊线、山谷线（最低海拔）和等高线（垂直于山脊线和山谷线）。

iii. 等高线，连接交汇中心并促进自然排水。

2.3　城市形态最持久的要素是什么？

i. 建筑物；尤其是特殊建筑。

ii. 街道、地块、建筑和土地用途。

iii. 街道和公共开放空间系统。

2.4　为什么临街宽度是地块的主要特征？

i. 它允许建造具有较大临街面的建筑。

ii. 它可以对建筑立面设计进行更强的把控。

iii. 它可以增加或减少与街道相关的行为主体和城市策略的数量。

2.5　20 世纪建筑的主要变化是什么？

i. 地块内建筑位置的变化。

ii. 建筑材料的种类越来越多。

iii. 建筑风格越来越多。

答案

2.1 - iii

2.2 - ii

2.3 - iii

2.4 - iii

2.5 - i

B. 互动练习

练习 2.1　城市游戏

　　"城市游戏"这个练习体现了集体行动和街道在城市建设过程中的重要性（Oliveira and Perdicoulis，2014）。"城市游戏"在计算机辅助设计（CAD）环境中进行，投影在墙上，玩家由主持人协调。游戏分为两个部分。这两个部分的过程相同，但内容不同。游戏第一部分的场地仅为地形——最好是真实的城市，即游戏在这座城市中进行（图 2.16，左）。第一个玩家开始游戏，其他所有人都在观看，玩家被要求绘制一个城市形态元素：街道（以及广场和绿地）、街区、地块和建筑物（包括普通和特殊建筑）。如果玩家决定设计街道、街区或地块，那么设计这些要素的宽度和长度就足够了。如果玩家决定设计一栋或多栋建筑，则还必须提供建筑高度和用途（住宅、商业 / 服务 / 办公、公共设施、工业）。当第一个玩家设计结束时，第二个玩家开始游戏。与第一个玩家在游戏中面临的完全的空地不一样，第二个玩家不仅要考虑地形，还要考虑第一个玩家设计的城市形态元素。一个接一个地，所有玩家依次参与"城市游戏"。如果玩家人数很多（例如有 15 人或更多），那么每个玩家大概只能玩一次。如果玩家人数较少，那么进行第二轮游戏将会很有趣。游戏的结果将是一座小城市（城市的一部分），通过不同参与者的参与，模拟现实生活中的城市设计。

　　游戏的第二部分比第一部分更进一步：其场地地图不仅包括地形，还包括既有的街道系统（图 2.16，右）。街道布局会使基地变得更为熟悉，一些玩家可能会辨识出来。第二部分的游戏规则与第一部分非常相似，但每个玩家的操作在很大程度上都受到街道系统的影响。玩家将逐渐了解街道系统对城市形态要素组织的影响及其作用方式。

　　"城市游戏"的作用在于让人们意识到，城市建设是一项集体工作，由许多作用者在一系列连续的行为步骤中实现，并且引导人们的关注点从建筑转向街道。

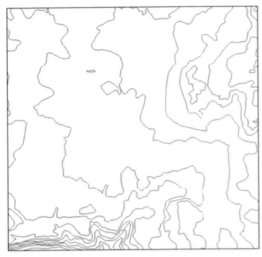

图 2.16　练习 2.1——场地地形（左），地形和街道系统 [3km×3km，博阿维斯塔（Boavista），波尔图]（右）

练习 2.2　城市景观

"城市景观"练习旨在锻炼每个学生使用在第 2 章中学习的新语言、基于城市形态基本要素的主要特征来描述其所熟悉的城市景观的能力。

这个练习以学生自家的房子为起点，要求学生用城市形态学术语对以下要素进行描述和解释：i. 其所在街道，以及界定其所在街区的街道；ii. 最近的广场；iii. 街区的地块；iv. 其所在街区的建筑物。基于该练习要求，每个学生运用文本和图像（绘图和照片）或其他合适的方式，准备一份简短的幻灯片（5~10 分钟，最多 10 张）并在课堂上展示。该练习会涉及一次或多次对分析场地的实地考察。

该练习强调实地考察，特别是步行、直接观察、身临其境的体验以及参与真实世界城市景观（包括可能会测量某些物理特征）的有利之处。

练习 2.3　城市肌理采集

"城市肌理采集"练习所蕴含的观点是：尽管不同的城市景观有所差异，但它们都是由相同的城市形态要素构成的。这些要素在每个特定环境中以不同方式进行组合，从而形成不同地方的城镇景观差异。例如，不规则街道、小街区、街区内多个地块、地块小且不规则、地块与建筑临街面贴合、较高的建筑覆盖率，组合构成了中世纪的城市景观特征。不过，描述中世纪城市景观形态的基础还是街道、地块和建筑物——所有城市景观的主要元素。

在这个练习中，每个学生在他的国家选择一座城市，不同的学生选择不同的城市。通过使用地图和卫星图像的交互式可视化软件（如谷歌地球、必应地图或百度地图），并专注于所选城市的二维视图，来识别不同的城市肌理。每个肌理都由街道、地块和建筑物以某种特定的组合方式形成。基于这些内容，每个学生准备一份简短的幻灯片（5～10 分钟）在课堂上展示。幻灯片应包含 3 张展示整个城市肌理的页面：i. 城市肌理平面图，比例大致相同（参见图 2.2）；ii. 城市肌理照片（从参考软件获得的街景）；iii. 每个城市肌理主要特征的汇总，包括街道、地块和建筑物。

参考文献

Guerreiro R (2001) O território e a edificação: o papel do suporte físico natural na génese e formação da cidade Portuguesa. Unpublished MSc thesis, Instituto Universitário de Lisboa, Portugal

Guerreiro R (2011) Urbanismo orgânico e a ordem implícita: uma leitura através das geometrias da natureza. Unpublished PhD thesis, Instituto Universitário de Lisboa, Portugal

Hillier B (2009) Spatial sustainability in cities: organic patterns and sustainable forms. In: Koch D, Marcus L, Steen J (eds) Proceedings of the 7th international space ssyntax ssymposium. KTH, Stockholm, pp 16-35

Jacobs A (1993) Great streets. MIT Press, Cambridge

Kropf K (1996) Urban tissue and the character of towns. Urban Des Int 1:247–263

Oliveira V, Perdicoulis A (2014) The game of cities. Games 5:1–4

Oliveira V, Monteiro C, Partanen J (2015) A comparative study of urban form. Urban Morphol 19:73–92

Whitehand JWR, Gu K (2007) Extending the compass of plan analysis: a Chinese exploration. Urban Morphol 11:91–109

第3章 城市形态演变的作用者和过程

摘要：第3章关注城市形态演变的不同作用者及其复杂过程。本章分析了我们作为个体如何参与到城市景观演变：作为某项城市形态决议的推动者，作为设计新形态的建筑师，作为建造新形态的工程师，或者相对间接地，作为规划师在日常工作中提出城市发展愿景并指导个体建造活动，或是作为政治家制定城市演变的政治策略。此外，本章还旨在了解城市演变的过程：我们作为社会群体如何在城市总体规划与各种不同的自发行为之间取得平衡。统一性与多样性之间的平衡对于一座城市的形态吸引力至关重要。

3.1 城市形态演变的作用者

本节聚焦于开发商、建筑师和建造者（直接主体）以及规划师和政治家（间接主体）。本节试图理解这些主体如何实现各自的特定目标，其行为背后的动机是什么，不同主体之间时有矛盾的互动在建成环境中是如何形成的。当然，各类主体并不是异质的，他们明显受到特定地理环境的约束。然而，每种类型的主体都具有一些共同特征。

关于变革主体的研究比关于城市景观物质形态特征的研究要少，甚至比城市形态演变过程的研究还要少。不过，近年来一些研究中心已经开展了关于变革主体的系列研究。比如伯明翰大学城市形态研究小组（Urban Morphology Research Group，UMRG）及其学术带头人杰瑞米·怀特汉德。本节借鉴了 UMRG 于 20 世纪对英国一些城市的研究。杰瑞米·怀特汉德的论文《城市形态学的最新进展》（*Recent advances in urban morphology*，Whitehand，1992）对本章尤为重要。

3.1.1 开发者

对城市物质形态采取行动意味着一个开发者（或创始人）的存在，他决定对此做出改变。从某种意义上来说，开发者的角色比本节分析的其他主体更加多元化，从发起单项行动的业主（"产业所有者"）到从事新项目开发的从业者（"投机开发商"）。最终，开发者与建造者会在同一个体或组织中进行融合。开发者的属性和角色在历史发展过程中发生了很大变化。最近由彼得·拉克姆和米夏埃尔·康泽恩主编的一本著作《城市形态的塑造者》（*Shapers of urban form*）论述了开发者在城市发展史不同阶段，即近代、现代早期、工业化时代、现代晚期与后现代时期的属性变化,并分析了国王、教会以及行业开发商等主体行为(Larkham and Conzen, 2014a)。

开发决议受到各种因素的影响。经济因素通常是开发者考量的最重要因素,而且往往具有周期性。不过经济因素的影响也因开发者而异。经济因素对于投机开发商较为重要,而对于部分自持的业主则不那么重要。另一方面,经济因素,尤其是土地价值,对于拟建建筑类型和建筑密度产生重要影响(Whitehand, 1992)。

开发商考虑的另一个重要因素是开发的时效性。开发项目的效果及特点受周期性变化的流行趋势的影响。此外,在规划与实施之间总是存在延时。延时的出现可能是由于经济条件的改变或者开发管理过程中的异常行为。针对后一种情况,延时多久在很大程度上取决于直接主体(比如开发商或建筑师等)与间接主体(比如当地规划部门的规划管理者等)之间的互动。延时会导致开发条件与策划条件之间的巨大差异(Whitehand, 1992)。

开发商对于特定建筑风格或建筑密度的选择(如前文所述,受土地价值影响)也起着十分重要的作用。这种选择可能具有很大的争议性,关于该话题的讨论通常也有很多偏见。不过,我们必须承认,大规模的开发热潮并不一定意味着更突兀的发展——比如,小型独立房屋有可能比公寓在城市景观环境中更加突兀(Whitehand, 1992)。

属地是开发商和其他主体的一个重要特征。相比远离项目的开发商而言,本地开发商的决定可能更容易导致不同类型和风格的建筑改建或扩建(Larkham, 1988)。

3.1.2　建筑师

各类主体之间的初始联系通常发生在开发商和建筑师之间(在聘用建筑师的项目中)。建筑师介入项目后,往往作为开发商的代理人与当地政府打交道。他对于选择哪个建造商以及本书未提及的工程师、咨询师等其他主体会产生一定影响。杰瑞米·怀特汉德和苏珊·怀特汉德(Susan Whitehand)(1983)曾经研究过一战至 20 世纪 80 年代英国两座城镇的开发商与建筑师之间的关系。他们发现建筑师与开发商的地域关系非常密切(这种地域临近性一直持续到其分析时期的最后阶段,尽管后期相对较弱),而且本地与外地的开发商所雇佣的建筑师之间存在较大的地域分布差异——在后一种情况下,建筑师往往和开发者来自同一地区。

随着历史变迁,建筑师的角色发生了重大变化。拉克姆和康泽恩(2014b)认为,现代晚期和后现代时期之前,建筑师的存在感比较隐晦,他们的作用在某种程度上处于静默状态。自文艺复兴以来,建筑师的身份和职业地位在公众心目中不断提高。到 20 世纪,越来越多的建筑师开始享有与伟大的作家、音乐家和画家等同的名誉地位，极具创造力的建筑师甚至成为大众文化的偶像。

与建筑实践相关的一个重要方面是，更多的城市景观仅存在于纸面上，而没有真正落地。正如怀特汉德（1992）所指出的，造成这种情况的主要原因似乎是设计竞赛的广泛推行（就机构和公共领域而言）以及由于开发管理进程而导致的大量未实施方案（就住宅和商业领域而言）。在前一种情况下，除了设计竞赛的特殊性（一个方案被选中而其他许多方案只能停留在纸上），还有一些情况是由于项目开发周期过长而导致方案无法实施。在后一种情况下，特别是在地方政府制约能力较强的地区，开发管理过程可能会导致若干修改和变更，使之并不总是朝着解决问题的方向前进。在某些情况下，即使开发方案已经开始落地，工作也有可能会中止，并在几年后重新启动，从而导致建筑设计方案和已建成建筑之间的不一致。但重要的是，我们要承认城市景观是许多主体在一定时期内相互作用的结果，而且其决策影响因素也在不断变化，这通常与包括建筑师在内的任何一方的设想都有所不同（Whitehand，1989）。

3.1.3 建造者

在开发商聘用了建筑师之后，随后的主体关系在类型和导向上都发生了很大变化，使得单一决策链的概念不再适用。很明显，开发商的属地对选择建筑师有很大影响，但随后的关系不一定遵循固定的顺序，并且主体之间的联系可能是多种多样的（Whitehand and Whitehand，1983）。

关于建造者的属地问题，根据伯明翰大学城市形态研究小组的研究，外地建造者的作用在20世纪持续增强。然而，二战前，在大多数地区，本土企业仍占主导地位，外地企业是创新传播的主体。这意味着建造者及其工人在建筑工地的长期存在仍然非常必要，并且是一个关键因素。杰瑞米·怀特汉德和克里斯汀·卡尔（Christine Carr）（2001）在对英国两次世界大战间隔期间的研究中发现，尽管这一时期的房屋建设数量空前之多，但建造者（以及建筑师）的影响范围仍是高度地方化的。与19世纪不同，并且与北美形成对比的是，鲜有证据表明那些并非主要依靠造房子或卖房子谋生的人是否进行过投机建设。

由于建设公司的经营范围逐渐扩大，并且建设活动逐渐集中在少数公司手中，建设公司与其经营的建筑工地之间的临近性也逐渐改变（Whitehand，1992）。

3.1.4　地方政府的规划管理人员

本章分析的第四类主体是在地方政府工作的规划管理人员。这类主体的行为主要是间接的，尽管在某些情况下它可以对城市的物质形态产生直接影响。根据不同国家的具体情况（从基于一般规则的制度到基于判例法和自由裁量权进行决策的制度），地方政府的行为表现出不同的特点。然而，有两项主要职能是始终不变的：开发管理和规划。

如前文所提到的，不同主体之间的互动有时是充满矛盾的。这种矛盾真实地存在于直接主体之间或间接主体之间，尤其是直接主体与间接主体之间，体现了开发实操与意愿之间的紧张关系。随着相关法律不断增加，地方政府越来越多地参与并成为矛盾中心。在开发管理过程中，规划管理人员担任不同私营利益的协调者，尤其是协调开发者与附近业主之间的矛盾。这种矛盾可以被视作更广泛的保护方与改变方之间的冲突，比如拥有潜在开发资源的居民与未拥有该资源的居民之间的冲突（Whitehand，1992）。

就开发管理而言，规划管理人员的影响是有限的、间接的，特别是在他们对意见作出回应的情况下。就规划而言，可以分为两种情况。一是规划方案的准备。与开发管理相反，这是一项前摄性的行为，涉及许多方面的深入思考，比如对现有城市形态的保护和对新建街道、地块和建筑的设计。然而，这也是对城市形态的间接作用，因为它取决于开发者的未来行动。二是规划方案的设计。大多数情况下是关于街道系统的行动规划，由地方政府实施。与第一种情况相比，这是对于城市形态的直接作用。

过去几十年来对地方政府的规划管理活动最常见的批评之一，就是只关注与建筑密度、停车场和高速公路有关物理指标的做法。这意味着地方政府的开发管理很少关注建成环境的外观（Punter，1986）。另一种批评是，地方政府的注意力主要集中在个别的建筑物、场地和遗址，或小型名胜，而忽视了城市整体或大部的历史地理结构（Whitehand and Morton，2004）。

3.1.5　地方政治家

本章分析的最后一类主体是地方政治家。在专制政权的情况下，地方政治家具有直接担任开发者的权力；其余情况下，它的作用是间接的，主要在其职权范围内提出城市战略愿景，并最终就重大项目作出决策。

然而，即使这种间接作用也会发生冲突。地方政治家与其他主体之间的冲突（如前文提到的各种关系）不仅与直接主体相关，也与地方政府的规划管理人员相关。当规划管理人员针对某一问题的技术观点与政治家的政治观点相左时，就会发生冲突。在这种情况下，政治家可能会把技术边缘化，作出最符合他们目的的决策。可以将这种冲突视为理性与权力之间更广泛的冲突来理解。

最近，我与同事马法尔·达席尔瓦（Mafalda Silva）和伊沃尔·萨穆埃尔（Ivor Samuels）一起，对我所在的城市波尔图编制实施的形态规划进行了评估，其中包括对作用者主体的分析（Oliveira et al.，2014）。波尔图的这项规划于 2000 年社会主义政体时期开始编制。2001 年底，保守党政府当选。然而，这一政治变革似乎收效甚微：尽管它推迟了该规划的编制和批准，但规划中提议的类型学方法却并没有受到质疑。事实上，该规划引起了更广泛的对建筑遗产的关注，某些方面的开发管理也变得更加严格。但是，在随后的 12 年里，规划实践方面的政治支持（通过政治言论和项目）却并非始终如一。此外，可以说，这项规划在城市形态方面的潜力并没有得到当局政治家的充分理解。充满争议的是，类型学方法的复杂性使其难以与非专业人士进行有效沟通。但也可能是，由于当局政治家并没有完全致力于实现规划目标，即保持波尔图的城市特色而导致的。

差不多 20 年前，伊沃尔·萨穆埃尔对他在 20 世纪 90 年代初为法国城镇阿瓦兹河畔阿涅尔（Asnières-sur-Oise）编制的一项规划进行了类似的评估（也是基于形态学方法）（Samuels and Pattacini，1997）。该评估强调了为规划方案争取政治共识的必要性，以使得参与该规划实施的地方政治家们能够接受它。就阿涅尔而言，新市长的选举带来了比波尔图选举更重大的变化，因为它质疑了整个形态学方法。我们将在第 7 章继续介绍阿涅尔规划。

3.2 城市形态演变的过程

在介绍了直接和间接的变革因素之后，本节将着眼于不同城市的物质形态规划及演变过程。它包括"未规划"的过程和"规划"的过程（仅作某种简单区分），后者包括从规划方案到规划实施和开发管理等监管活动的整个规划过程。

3.2.1 未规划过程

城市的历时性演变是由许多非常不同的过程构成的。有些过程涉及在技术知识和政治共识的框架下实现众人观点一致（如下一小节所述），而另一些则主要由个体和未经协调的行为所驱动。后者最极端的例子之一是非正规住区，它是应对低收入人口的住房和服务需求而出现的一类特殊城市片区。非正规住区通常缺乏良好的水源和卫生设施、居住面积不足、住房耐用性差、使用权没有保障，从而使居民面临被驱逐的持续风险。

　　尽管在改善和预防非正规住区形成方面取得了一些进展，但其数量仍在继续增长。根据联合国人居署 2018 年的数据，几乎 1/3 的城市人口居住在非正规住区，主要是在所谓的南半球国家。这种情况在撒哈拉以南的非洲尤为严重，城市人口中有二分之一居住在非正规住区；在中非共和国、南苏丹、苏丹、乍得和圣多美（São Tomé）和普林西比岛（Principe），这一比例高于 80%。在亚太地区，四分之一的城市居民生活在这类非正规住区；在亚洲，阿富汗和也门的比例最高，超过 60%。在拉丁美洲和加勒比地区，每 5 个城市居民中就有 1 个居住在非正规住区；海地、玻利维亚和尼加拉瓜的比例最高，均超过 40%。在中东，各国之间存在很大差异。最后要强调的是非正规住区并非不发达国家或南半球国家的独有现象。例如，非正规住居在欧洲摩尔多瓦（Moldova）和白俄罗斯的比例非常高，分别约为 60% 和 30%。

　　在城市形态方面，非正规住区与历史城市具有一些共同点。他们的街道不规则且狭窄，街区尺度小，街道与建筑物紧贴着且退让不大，建筑密度高。然而也有一些重要的差异。一是选址。许多历史城市的选址是在对自然环境深刻理解的基础上的优化选择，而非正规住区通常位于郊区危险的地方。虽然两者的街道系统存在一些相似之处，但非正规住区严重缺乏基础设施。此外，由于居民与土地之间的复杂关系，我们通常用于描述街道和地块的公共空间和私有财产等相关概念在这些非正规住区中可能会存在争议。最后，非正规住区的建筑物很小，而且使用的材料通常很差（UN-Habitat，2015）。

　　非正规住区的生活面临着许多日常挑战，因为他们的居民处于劣势，且遭受着剥削和歧视。非正规住区迫切需要改善和提升生活条件，并将其规范化为城市的有效组成部分。但是，对于南半球和北半球的城市景观研究和实践来说，了解这些人和住区在社会结构和城市形态方面的经验教训也至关重要。

3.2.2　规划过程

3.2.2.1　规划方案

　　最终，最全面的城市景观被浓缩在城市规划中。基于某一时段的现状分析，规划方案试图从多个维度谋划城市的未来发展，从物质维度（包括城市形态、交通和环境）到社会经济维度。本书更多地关注物质维度。

　　任何城市的历史均包含规划行动和个体行动的结合。对不同城市而言，其物质形态在多大程度上与规划行动相关或与个体行动相关具有很大差别。此外，从单个城市的角度来说，有些规划对城市产生了深远和持久的影响，而有些规划则一点影响也没有。

表 3.1 是 22 座城市规划的列表，这些规划对四大洲的 22 座城市产生了深远影响。该列表的主要目的不是简单地选择 22 个规划方案，而是为了说明过去两个世纪规划发展的主要方向。

然而，我们应该强调，即使在这些案例中，规划也只是城市建设过程的一部分。在许多情况下，规划只是聚焦于该城市的一个方面，而其他方面则通过其他规划或以非规划的方式实现。同样重要的是，我们要认识到每个城市建设过程的历时性。城市形成的过程通常是大规划与对街道、地块、建筑的小干预的结合。

19 世纪和 20 世纪规划史上颇具影响力的规划列表　　　　　　　　　　　　　表 3.1

年份[a]	规划／城市	制定者
1811	纽约	约翰·兰德尔／规划委员会
1814	伦敦（摄政街）	约翰·纳什
1853	巴黎	乔治-欧仁·奥斯曼
1856	维也纳	弗朗兹·约瑟夫一世
1859	巴塞罗那	伊尔德芳斯·塞尔达
1879	里斯本	雷萨诺·加西亚
1903	莱奇沃斯花园城市	雷蒙德·昂温，巴里·帕克
1912	新德里	埃德温·勒琴斯
1912	堪培拉	沃尔特·格里芬，马里昂·马奥尼·格里芬
1913	阿姆斯特丹（南部）	亨德里克·彼特鲁斯·贝尔拉赫（Hendrik Petrus Berlage）
1920	里昂（美国）	托尼·加尼尔（Tony Garnier）
1925	法兰克福	恩斯特·梅（Ernst May）
1925	柏林-布里兹	布鲁诺·陶特（Bruno Taut），马丁·瓦格纳（Martin Wagner）
1945	勒阿弗尔	奥古斯特·佩雷（Auguste Perret）
1948	哥本哈根	区域规划办公室（Regional Planning Office）
1952	昌迪加尔（Chandigarh）	勒·柯布西耶
1957	巴西利亚	卢西奥·科斯塔（Lúcio Costa）
1965	库里蒂巴（Curitiba）	IPPUC（库里蒂巴城市规划与研究部门），杰米·勒纳（Jamie Lerner）
1967	米尔顿凯恩斯（Milton Keynes）	卢埃林·戴维斯（Llewelyn Davis）
1969	博洛尼亚	皮耶尔·路易吉·切尔韦拉蒂（Pier Luigi Cervellati）
1981	锡赛德（Seaside）	安德烈斯·杜安尼（Andres Duany），伊丽莎白·普莱特-泽伯克（Elizabeth Plater-Zyber）
1998	波哥大（Bogota）	恩里克·佩纳洛萨（Enrique Penalosa）

a 左栏的日期为规划开始编制的年份

19 世纪

规划列表的前 6 个是在 19 世纪制定的，第一个是北美城市，其余都是欧洲城市。纽约、巴塞罗那和里斯本的规划是关于城市扩张的新区建设，而伦敦、巴黎和维也纳的规划则是对这些城市的现有区域进行重新设计（巴黎的规划区面积较大，而英国和奥地利首都的规划区面积较小）。纽约和里斯本的规划专门关注街道、街区和地块，而伦敦、巴黎、维也纳和巴塞罗那的规划却较多地关注建筑。正如所料，也如上一节所提及的，建筑师直到 20 世纪才发挥越来越重要的作用，这 6 个规划中只有一个是由建筑师设计的，即约翰·纳什（John Nash）的伦敦规划。我们将会看到，这种情况在 20 世纪发生了根本变化。

颇具远见的纽约规划诞生于美国脱离英国独立的 30 年后。当时曼哈顿（居民不到 10 万人）集中在岛的南部，西米恩·德威特（Simeon de Witt）、古弗尼尔·莫里斯（Gouverneur Morris）和约翰·拉瑟弗德（John Rutherfurd）在测绘员约翰·兰德尔（John Randel）的协助下提出了一种新的城市规划范式。纽约新区的规划范围比当时的城市面积大 20 倍。在这个新区中，规划设计了街道系统（从 14 街到 155 街，包含 12 条交叉大道的一组街道）、每个街区的地块结构以及严格的建筑布局导则。这一规划将在第 5 章中详细介绍。

几乎同时，约翰·纳什开始重新设计伦敦市中心的一条街道。这条街道连接着新的皇家公园、摄政公园和摄政王府邸卡尔顿宫（Carlton House，19 世纪 20 年代末，乔治四世决定搬到白金汉宫时被拆除，图 3.1）。虽然该规划仅是一条轴线设计，但却是迄今为止伦敦城市形态最激进的变化之一。该规划包括著名的摄政公园设计和街道设计，其中街道设计包括两个环形广场（牛津和皮卡迪利）、街道方向转折点 [比如万灵教堂（Church of All Souls）和卡德兰特（Quadrant）]、拥有古典立面的著名住宅楼 [坎伯兰连排公寓（Cumberland Terrace）、切斯特连排公寓（Chester Terrace）、广场公园（Park Square）和新月公园（Park Crescent）] 以及白金汉宫的翻修。

其余 4 个规划都是在 19 世纪下半叶制定的。巴黎规划介于前两个规划之间，建议对现有城市地区进行大规模改造。该规划于 1853 年至 1869 年由巴黎市长奥斯曼男爵（Baron Haussmann）主导实施。规划提出了一种与中世纪狭窄的不规则街道截然相反的放射状宽阔街道布局，以此作为维持规则与秩序的关键要素。它还促进了新建筑的修建，包括地方政府建造的特殊建筑（学校、医院、市场等）及经过开发管理兴建的普通建筑。开发过程中对许多方面进行了规范约束，如建筑高度与街道宽度之间的关系——宽度超过 20m 的街道高宽比最大为 1 : 1，宽度小于 20m 的街道高宽比最大为 1.5 : 1。

19 世纪中叶的维也纳，随着城墙的拆除，像大多数欧洲城市一样，针对分隔老城和新城的绿环（环城大道）掀起了一场争论。弗朗茨·约瑟夫一世（Emperor Franz Joseph I）国王制定规划，提议建造一条 5km 长的、起讫点均位于多瑙河的马蹄形大道，沿途包括绿地、私人建筑以及许多著名的行政建筑。其中两座行政建筑群最值得关注：(i) 环城大道建筑群，即对皇宫和两座著名博物馆的扩建；(ii) 市政厅公园周围的建筑群，即议会大厦、市政厅和宫廷剧院。

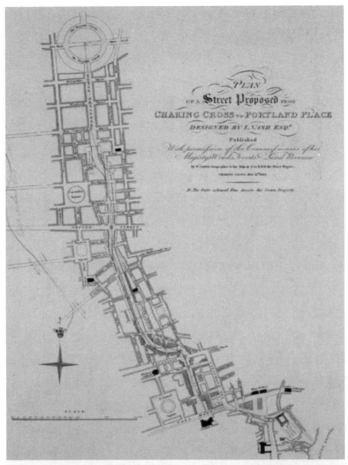

图 3.1 伦敦和巴塞罗那的规划方案（彩图见书后插页）

巴塞罗那与维也纳的城墙拆除发生在同一时代（图 3.1）。然而，与奥地利首都相反，巴塞罗那并没有非常重要的腹地，仅有一些脱离中世纪城市进行自治的小型定居点，如巴塞洛塔和格拉西亚。因此，19 世纪 50 年代末由伊尔德芳斯·塞尔达（Ildefons Cerdá）制定的规划并不仅是开发城墙周边区域，而是比现有城市规模大 7 倍的领土扩张（图 3.1）。该规划设计了一套规整的街道布局，街道宽约 20m，街区长边为 110m 且形成 45°切角，整个区域仅被一条长长的对角线街道斜向穿越，类似于纽约的百老汇大街。该规划还包括对建筑设计的引导，首次建议街区的周边式布局应留有适当缝隙。

雷萨诺·加西亚（Ressano Garcia）的里斯本规划主要是为了提供新的绿地空间，并定义新的街道系统——新大街，而不是通过控制特定建筑和土地利用进行开发管理。新大街是里斯本整座城市向北扩张的结构骨架，其理性设计表现了对自然环境和既有建筑的充分尊重。新区面积与老城相当，雷萨诺·加西亚为其设计了东西向的结构轴线。与 1755 年蓬巴尔地震后进行的老城重建不同，里斯本规划将通过大规模的郊区扩张进行现代化城市转型。为此设立了专门的土地征用法，允许在道路两侧为未来发展预留 50m 宽的缓冲带，以支持新的街道系统建设。

20 世纪上半叶

规划列表的第二部分都是在 20 世纪上半叶制定的。尽管这几个规划比前面分析的 6 个规划更加多样化，但仍然可以分为三组：第一组包括莱奇沃思（Letchworth）、新德里（New Delhi）和堪培拉（Canberra）的规划，都是关于新城建设（尽管旧德里和新德里距离很近，但是新德里规划的本质使其适合归为该组）；第二组包括阿姆斯特丹、里昂、法兰克福、柏林—布里茨和哥本哈根，它们关注的是既有城市的扩张，从新兴住宅区设计到整个大都市区的总体规划；最后，勒阿弗尔规划（The Plan for La Havre）所属的第三组对应于二战后的城市整体重建。

19 世纪末，在关于大城市病的广泛争论中，埃比尼泽·霍华德（Ebenezer Howard）发表了颇具影响力的著作《明日的田园城市》(*Tomorrow: a peaceful path to real reform*)，并提出了"田园城市"这一新的发展模式（Howard，1898）。田园城市作为卫星城，集城乡之利，自给自足，是应对城市增长最经济的解决方案，并致力于消除土地和住房的私人投机。距伦敦 50km 的莱奇沃思是第一个根据霍华德模型建造的花园城市。它由雷蒙德·昂温（Raymond Unwin）和巴里·帕克（Barry Parker）于 1903 年设计。

在随后的 10 年中，埃德温·勒琴斯（Edwin Lutyens）制定了英属印度首都新德里的新城规划。该规划采用了纪念性的宏大尺度（如堪培拉规划），这不仅体现在与多条对角线大街相连的中央购物中心（如奥斯曼的巴黎规划），也在许多特殊建筑中得以体现，尤其是总督府，拥有一种由宽阔林荫道划分成六边形地块的低密度住宅建筑模式。

几乎同时，澳大利亚政府为新首都堪培拉规划举办了国际竞赛（图 3.2）。最终入选的是沃尔特·格里芬（Walter Griffin）和马里昂·马奥尼·格里芬（Marion Mahony Griffin）的规划方案。这个规划基于对自然环境（包括地形和水）的仔细考量，设计了一组斜向轴线，在某种程度上与新德里规划类似。规划中有两条主轴线：一条连接当地 4 座山峰的陆地轴线和一条顺应河流的水域轴线（与第一条轴线垂直相交），水域轴线在规划中表现为一连串的观赏性人工湖。这组轴线构成了一个大三角形，成为城市的标志性中心。市政府、中心市场和国会大厦（现在的议会大厦）坐落于三角形的顶点上。

与前面 3 个规划（莱奇沃思、新德里和堪培拉）相反，贝尔拉赫于 1913 年制定的规划并非新城设计，而是为阿姆斯特丹的南部扩张提供一个建设方案（图 3.2）。该方案包含融合了不同几何结构的复杂街道系统，100m ~ 200m 长、50m 宽的街区，街区内部花园，以及布局和高度（4 层楼）都非常一致的建筑（图 3.1）。贝尔拉赫规划的改良性目标（建设群众住房）与程序性手段（公用征收和长远规划）可被视作与 19 世纪阿姆斯特丹完全协调的传统城市规划。

当我们比较阿姆斯特丹和里昂的城市规划时，会发现两者对现有城市与规划扩张之间的关系采用了非常不同的处理方法。基于"工业城市"的理念，托尼·加尼尔（Tony Garnier）为里昂提出了一系列规划建议。其中最为重要的是美式住宅区，它在街道与建筑之间的关系方面与传统城市建筑有所不同。奇怪的是，这些建筑风格比阿姆斯特丹学派为阿姆斯特丹南部设计的建筑更接近古典传统。

恩斯特·梅（Ernst May）为法兰克福郊区所作的规划延续了里昂的设计路线，该小型城市片区的设计主要由住宅建筑构成。这个现代主义规划，尤其是一些为住宅区制定的详细规划（例如与采用相对传统布局方式的罗马区不一样的住宅西区）在规划史上具有重要意义，它们以一种新型的、建筑与街道完全分离的城市景观取代了传统的街区模式。该片区包含 15000 多处居所，可以被认为是一个大型工业城市的住宅区，即通过公共交通网络与城市相连，以最少的设施，满足最基本的需求。

与前两个案例相似，布里茨的规划聚焦于柏林郊区一个包含约 1000 处居所的住宅区设计。尽管与传统的街区模式相去甚远，布鲁诺·陶特（Bruno Taut）和马丁·瓦格纳（Martin Wagner）仍然维持了街道与建筑之间的密切关系，他们在聚居点的主要街道——包含著名的马蹄状建筑（horsc-shae building）的弗里茨 - 路透大道（Siedlungen-Fritz-Reuter Alee）和帕奇默大道（Parchim Avenue）——布置了多户住宅并在次要街道上设计了独户住宅（提供了该区约一半数量的居所）。街道与建筑之间的这种密切关系在住宅区南部相对较弱。

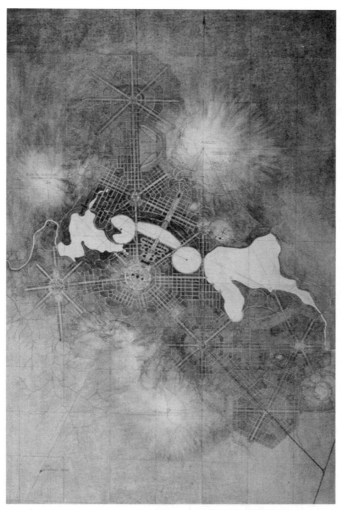

图 3.2　堪培拉和阿姆斯特丹的规划方案（彩图见书后插页）

奥古斯特·佩雷（August Perret）为法国城市勒阿弗尔设计的方案具有非常不同的性质，它旨在重建二战中遭到破坏的城市中心。与前述里昂、法兰克福和柏林—布里茨的3个规划相比，勒阿弗尔的规划更接近传统城市。在勒阿弗尔，佩雷采用了与二战中损毁的城市布局非常接近的100m作为模数，来设计街道与街区的新布局；并基于现代预制装配技术设计了一组古典风格建筑，以创造同质化的城市景观。

这组20世纪上半叶规划列表的最后一个规划，是由城市区域规划办公室协调负责的哥本哈根"指状规划"（finger plan）。尽管"指状规划"也是为了解决城市扩张问题，但是它所采取的规划方法与该列表里的其他城市都非常不同，甚至不同于19世纪所制定的一系列规划。事实上，它提供了一个综合的区域性视角。这个规划就像一只手，哥本哈根位于中心（即手掌心），5个手指从中心向外发散，从西至东分别指向克厄（Køge）、罗斯基勒（Roskilde）、巴勒鲁普（Ballerup）、法鲁姆（Farum）和希勒勒（Hillerød，从西到东）等城镇，最大半径为40km。"指状规划"限制了哥本哈根向各个方向无序扩张，旨在引导其沿着手指方向进行增长，每个手指里面规划轨道交通，手指之间则布置农场、森林和休闲区等绿地系统。

20世纪下半叶

列表中最后一部分规划的时间跨度为30年，包括4个新城规划、2个城市改造和扩张计划（库里蒂巴和波哥大）和1个市中心保护规划（博洛尼亚），其中新城规划包括采用了现代主义规划方法的昌迪加尔、巴西利亚和米尔顿凯恩斯以及采用了新城市主义设计方法的锡赛德。

自20世纪20年代初提出一系列理论方案之后，勒·柯布西耶（Le Corbusier）第一次有机会在印度旁遮普省（Punjab）的新首府昌迪加尔设计一个全新的城市（图3.3）。昌迪加尔的规划方案由以下几部分组成：相对于中心点旋转约45°的规则街道网格，将城市划分为1200m×800m左右的不同区域；连续的绿地系统；低密度建筑——两层左右的住宅建筑以及5层左右的办公或商业建筑；位于网格东北角一区的国会大厦。

在20世纪50年代中期，巴西政府决定将首都从里约热内卢迁至一个新建的内陆城市巴西利亚。卢西奥·科斯塔提出了基于两条交叉轴线的城市总体布局方案。南北向轴线是居住轴线，它是一条快速通行路，串联起居住区的"超级街区"。这些超级街区由一组6层建筑构成，位于连续的绿地系统内。每4个超级街区作为一个社区单元，配备相应的非住宅建筑作为商业、服务和基础设施。东西向轴线是纪念性轴线，自东向西包括：汇聚行政、立法和司法的三权区块；被外交部政府大楼包围的、宽阔的长方形绿地；位于南北向轴线与东西向轴线交点并且汇集了交通、商业与服务设施的罗德维亚广场（Plataforma Rodóviaria）；最后是火车站。

10 年之后的米尔顿凯恩斯规划，与坎伯诺尔德镇（Cumbernauld）和胡克镇（Hook）一起，是 20 世纪 50 年代推行的英国新城建设项目的一部分。这座新城距伦敦 70km，规划人口为 12 万，包括人行与车行两大交通网络。城镇中心以中央车站为核心要素，采用对称布局。与昌迪加尔和巴西利亚一样，米尔顿凯恩斯的城市形态与 19 世纪末之前的传统城市完全不同。

20 世纪 60 年代中期，库里蒂巴实行了一项规划方案，为该市未来几十年的发展构建了一个合理的规划流程。该规划方案和流程由库里蒂巴研究与城市规划研究所（Instituto de Pesquisa e Planejamento Urbano de Curitiba，IPPUC）设计和实施，有效整合了城市形态、土地利用、公共交通系统和环境问题（水、卫生设施和垃圾）。这个过程中的一个关键人物是杰米·勒纳（Jaime Lerner），他于 20 世纪 60 年代后期担任 IPPUC 主席，并在后续 30 年中担任了三任市长。该规划促进了城市沿线性轴线的扩张（有点类似于哥本哈根规划）。每条轴线的中央是公共汽车专用道，两侧是私家车通道。在其周边，靠近轴线的地区建筑密度较高；离轴线距离越远，建筑密度越低。

20 世纪 60 年代末的博洛尼亚规划引入了一个与前面三项规划完全相反的议题（图 3.3）。切尔韦拉蒂制定这项规划的目的并非为了建造一个新城，甚至也不是为了在现有城市基础上进行扩张，而是为了保护这座城市。该规划的一个主要观点，是城市的历史属性并不仅体现在 16 世纪的特殊建筑中，而是同样在 17 世纪与 18 世纪的普通建筑中得以传承。该规划发展了类型学方法，在统一的城市景观中建立了 4 种相互关联的建筑类型。

1980 年，罗伯特·戴维斯（Robert Davis）获赠 80 英亩（1 英亩约为 40.7 亩）土地，委托安德烈斯·杜安尼（Andrés Duany）和伊丽莎白·普莱特—泽伯克（Elizabeth Plater-Zyberk）为佛罗里达海岸一座 2000 人的小城锡赛德制定规划（图 3.3）。锡赛德规划是新城市主义运动的旗舰，它是对美国城市发展主导模式的回应，提出通过对当地风土人情的重新诠释来回归小镇品质，建立人车混行、以人优先的街道系统。该规划通过一页形态导则进行补充说明。形态导则将城市肌理分为 8 类，确定了每类肌理的改造规则，对院落、门廊、附属建筑、停车场的位置和规模以及最终的建筑高度均提出了设计指导。

与 20 世纪 60 年代中期之后发生在库里蒂巴的情况类似，波哥大市长恩里克·佩纳洛萨及其同事于 1998 年为波哥大制定的经济、社会和公共工程发展规划开启了哥伦比亚首都新的规划进程。这一新的规划进程以（对低收入和非正规工人和居民的）包容为原则，对波哥大的公共空间和交通系统提出了重要建议。前者包括人行道质量的提升以及自行车道的改善与扩建；后者包括倡导公共交通，即千禧年巴士专用道，以及限制私家车的使用。

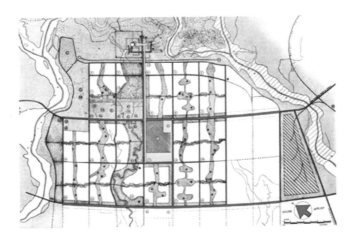

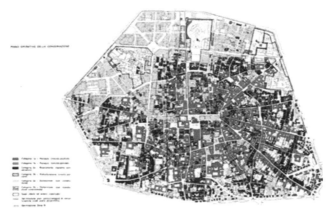

图 3.3 昌迪加尔、博洛尼亚和西塞德的规划（彩图见书后插页）

3.2.2.2　规划实施与开发管理

上节所讲的 22 个规划方案都具有很强的实施性和落地性，然而现实情况并非总是如此。实际上，规划方案是一回事，而规划的实施则是另外一回事。规划史上有许多实施程度较低的方案，甚至是从未实施过的方案。

规划的编制过程主要取决于规划团队和规划的倡导者。在特定规划体系的约束下，规划团队阐释城市的基本需求和愿景，并就该规划的各个部分以及该规划与其他相关规划的关系制定一系列规划文件。而规划的实施过程则取决于其他重要因素。影响规划实施的重要因素之一是人力和财力的投入。规划编制完成之后，应该继续确保能够调动规划团队和规划实施所需要的财政手段。随着时间的推移，资源的可用性、可用资源的类型和多样性、规划实践和资源分配之间的关系，都是至关重要的。在财政方面，加强这一联系的最重要因素是市政预算，特别是资本和运行成本之间的关系，更具体地说是分配给规划事项的资源的相对权重。同样重要的是"时间"这一宝贵资源在整个规划实施过程中的管理方式。

另一个重要因素是政治家和专业人士在决策中对规划的利用。规划实施的成功还取决于政治家和专业人士的明确支持，以及引导城市建设进程的相关文件。这一问题包含几个不同层面：政治家对规划编制的影响；政治家们对该规划的有效执行；最后，专业人士在规划实施过程中对规划的执行。最后一方面涉及规划团队的构成问题。令人满意的情况是，地方政府建立称职的工作团队，该团队自身能够有效处理规划过程的重要工作，同时不排斥与学术界和企业界进行合作以探索创新的规划方法。如此，地方政府的专业人员可以更持续地参与这一过程。这将有助于专业人员、规划方案和实施过程之间的协调。

19 世纪的规划编制和实施主要依靠少数人的力量，但随着时间推移，它开始依赖许多不同主体的参与。尽管有一些例外，但规划的设计和实施并非中央政府或地方政府的孤立行动，特别是在新兴经济体中更是如此。正如我们所看到的，开发管理过程涉及直接主体和间接主体之间的相互作用。其相互作用受制于具体的规划体系：在法国的规划体系中，规划方案是确定不同主体行为规则的主要因素；而在其他的规划体系比如英国体系中，规划方案仅仅作为整个过程的要素之一，为各项决策结构提供前期参照。

练习题

A. 知识测试

3.1　当开发者对城市景观采取行动时，其主要影响因素是什么？

i. 与特定的建筑师和建设者进行合作的机会。

ii. 与地方当局规划官员的职业关系。

iii. 经济因素与发展时机。

3.2　什么是非正规住区？

i. 南半球国家的一种定居方式。

ii. 其形成过程未经过规划的住区。

iii. 缺乏良好的水源和卫生设施、居住面积不足、住房耐用性差、使用权没有保障的住区。

3.3　法兰克福规划和 20 世纪 20 年代之前制定实施的规划之间的主要区别是什么？

i. 它代表了一种碎片式的规划方式，使得街道缺失成为城市形态的重要因素。

ii. 这是第一个德国城市扩张规划。

iii. 住宅区在法兰克福规划中的核心作用。

3.4　博洛尼亚规划的主要创新是什么？

i. 将保护整个城市地区而非仅仅特殊建筑作为主要目标。

ii. 它表现了左翼规划政策的领土诉求。

iii. 它对市中心的杂乱路网进行理性组织，并将其与区域路网联系起来。

3.5　库里蒂巴和波哥大规划的基本特征是什么？

i. 关注公共交通及其与城市形态和土地用途的关系。

ii. 对城市身份和特征的关注。

iii. 提出了类型学分区的观点，根据现有街道、地块和建筑物的主要特征对城市形态转型进行导控。

答案

3.1 - iii

3.2 - iii

3.3 - i

3.4 - i

3.5 – i

B. 互动练习

练习 3.1　规划者、开发商和建筑师

"规划者、开发商和建筑师"游戏的主要目的是使学生明白城市建设过程中不同主体之间的互动。游戏在教室里进行，最好在 CAD 环境中进行，对发生在游戏城市特定场地的行为进行模拟，并包含 3 组不同学生在 3 个连续时刻的互动。

第一组是规划者。所有规划者作为一个团队，其任务是定义该场地的城市形态变化规则，同时牢记与之契合的城市景观：i. 应该保留什么？ ii. 可以改变什么？ iii. 如何来改变？第二组是开发商。开发商分为两个不同的团队，应牢记规划师团队定义的规则，在该场地内规划建造新建筑物。制定该规划时应牢记开发商的主要目标——经济利润。最后一组是建筑师。根据一个规划师团队和两个开发商团队的情况，将建筑师分为 4 个团队（每两个建筑师团队对应一个开发商团队），简要制定新建筑的平面和立面。游戏结束时，将有 4 份场地规划提案，并思考每个团队对最终成果的贡献。

练习 3.2　规划和城市

本练习旨在探讨物质形态规划对城市历史的影响。"规划和城市"练习是一份家庭作业，每个学生从老师事先准备的、与其国家规划历史密切相关的规划列表中选择一个规划。规划列表（与表 3.1 类似的表）收集时应考虑到学生对数据的可获取性。

每个规划分析应针对 3 个主要方面：i. 规划最初提出的城市形态建议（基于规划图纸、书面文件和规定等）；ii. 落地实施的规划内容，并将这些内容与未实施的内容区分开来（以随后规划实施的城市地图为基础）；iii. 如今的城市物质形态如何仍然受到该规划的影响（运用谷歌地球、必应地图或百度地图等地图和卫星图像的交互式可视化软件）。

每个学生应准备一份简短的幻灯片（5～10 分钟，最多 10 页）在课堂上展示，可使用文本、图像（绘图和照片）或其他合适的方式。

练习 3.3　最大的网格

考虑到这本书的一项基本内容，即恢复城市形态的关键要素，如街道、街区和地块，1811 年纽约规划作为规划史上的一份独特文件脱颖而出。"最大的网格"是一份家庭作业。该练习利用两个著名的网站（开放获取材料）：与 1811 规划相关的"最大的网格"（https：//thegreatestgrid.mcny.org/）和专门用于分区法规的"ZoLa– 纽约分区和土地利用地图"（https：//zola.planning.nyc.gov/）。

本练习涉及 1811 年规划定义的街道、街区（第一组学生）和地块（第二组学生）的永久性。第一组学生将 1811 规划提出的街道和街区（https：//thegreatestgrid.mcny.org/greatest-grid/the-1811-plan）与如今的情形（包含在 ZoLa 中）进行比较。第二组学生关注的并非整个曼哈顿，而是岛上的两个小部分，切尔西（https：//thegreatestgrid.mcny.org/greatest-grid/selling- lot/89 和第 5 章的图 5.4）和联合广场（https：//thegreatestgrid.mcny.org/greatest-grid/square-parks-and-new-avenues/229 和图 3.4），将其规划方案与如今的地块结构进行比较。在这两个比较练习中，学生需要量化分析哪些内容持续不变而哪些内容发生改变。每组学生应准备一份简短的幻灯片（5 ~ 10 分钟，最多 10 页）在课堂上展示，可使用文本、图像（绘图和照片）或其他合适的方式。

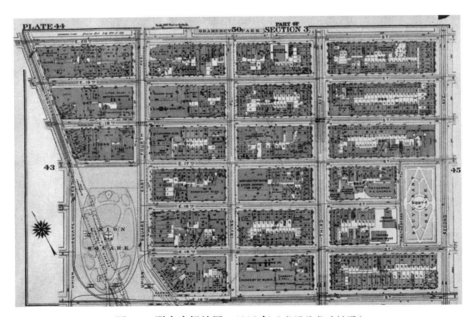

图 3.4　联合广场地区，1916 年（彩图见书后插页）

（来源：https：//thegreatestgrid.mcny.org/greatest-grid/square-parks-and-new-avenues/229）

参考文献

Boesinger W, Girsberger H (1971) Le Corbusier 1910–65. Editorial Gustavo Gili, Barcelona

Howard E (1898) Tomorrow: a peaceful path to real reform. Swann Sonnenschein, London

Larkham PJ (1988) Agents and types of change in the conserved townscape. Trans Inst Brit Geograph NS 13:148–164

Larkham PJ, Conzen MP (eds) (2014a) Shapers of urban form. Explorations in urban morphological agency. Routledge, New York

Larkham PJ, Conzen MP (2014b) Agents, agency and urban form: the making of the urban landscape. In: Larkham PJ, Conzen MP (eds) Shapers of urban form. Explorations in urban morphological agency, pp 3–23. Routledge, New York

Oliveira V, Silva M, Samuels I (2014) Urban morphological research and planning practice: a Portuguese assessment. Urban Morphol 18:23–39

Punter JV (1986) Circular arguments: central government and the history of aesthetic control in England and Wales. Plann Hist Bull 8:51–59

Samuels I, Pattacini L (1997) From description to prescription: reflections on the use of a morphological approach in design guidance. Urban Des Int 2:81–91

UN-Habitat (2016) Slum almanac 2015–2016. UN-Habitat, Nairobi

Whitehand JWR (1989) Development pressure, development control and suburban townscape change: case studies in south-east England. Town Plann Rev 60:403–420

Whitehand JWR (1992) Recent advances in urban morphology. Urban Stud 29:619–636

Whitehand JWR, Whitehand SM (1983) The physical fabric of town centres: the agents of change. Trans Inst Brit Geograph NS 9:231–247

Whitehand JWR, Carr CMH (2001) The creators of England's inter-war suburbs. Urban Stud 28:218–234

Whitehand JWR, Morton NJ (2004) Urban morphology and planning: the case of fringe belts. Cities 21:275–289

第 4 章　历史上的城市

摘要：本章分析了近 5500 年以来城市形态的演变。在概述之后，参考学者们普遍认同的 7 个历史时期进行结构划分：(i) 早期城市，包括苏美尔文明（Sumerian）、埃及文明、哈拉帕文明（Harappan）、中华文明、托尔特克（Toltec）和阿兹特克文明（Aztec）、玛雅文明和印加文明；(ii) 古希腊城市；(iii) 古罗马城市；(iv) 伊斯兰城市；(v) 中世纪的城市；(vi) 文艺复兴时期的城市；(vii) 19 世纪的城市。本章的主要目的是了解在每个历史时期，街道、地块和建筑等主要城市形态要素是如何组合在一起的，以及它们的主要特征是什么。

4.1　人类、住房和城市

大约 250 万年前，东非的人类最先进化。大约 200 万年前，这些人类中的一部分离开他们的家园开始了一段漫长的旅程，并在北非、欧洲和亚洲的广大地区定居下来。一些研究人员认为，从 200 万年前到大约 1 万年前，这个世界是生活在不同地理环境中的几种人类的家园。大约一万年前，智人是地球上唯一的人类。他们的主要活动是狩猎和采集。

在这段漫长的岁月里，人类开始建造他们的第一所房子，或者可以被称为前城市住宅：从短暂的、临时的住宅到永久性住宅。最初人类建造庇护所，然后演变成棚屋，最后是住房，主要使用他们居住地区的主要材料，如木材、泥土或石头（Cataldi，2015）。我们很难追溯这段前城市时期的住房史，特别是这一演变过程的最初阶段，因为大多数庇护所都是短暂存在。为了解决这个问题，学者们一直在研究当今社会与古代狩猎族群和采集族群具有相似之处的一些聚落（及其空间组织模式）——从非洲的布须曼人（Bushman），到亚洲的塔萨代人（Tasaday），或大洋洲的阿伦塔人（Arunta）。

随着这些住房及其居民的密度持续增加，逐渐形成了小型定居点，甚至形成了前城市时期的城镇。一些研究人员建立了住房、居民和社会经济方面的标准来区分这些前城市时期的城镇或村庄 [包括巴勒斯坦（Palestine）的耶利哥（Jerico）和土耳其安纳托利亚（Anatolia）的加泰土丘（Çatalhöyük）] 与早期城市的差别。

4.2　早期城市

有两个因素对早期文明的诞生至关重要：冰河世纪末期的气候变化使自然环境变得更

为有利，定居农业的发展导致粮食生产过剩。

　　这些早期文明和早期城市，大约在公元前 3500 年以后在世界上 7 个不同地区发展起来——美索不达米亚（Mesopotamia）南部的苏美尔文明（现在的伊拉克），埃及文明（位于埃及），印度河流域的哈拉帕文明，黄河流域的中华文明，墨西哥河谷的托尔特克和阿兹特克文明，危地马拉和洪都拉斯丛林中的玛雅文明，最后是秘鲁海岸和高地的印加文明（Morris，1972，图 4.1）。前 3 个是所谓的"灭绝"文明，从这 3 个文明中演化发展出了古希腊、古罗马和西欧的基督教文明。美索不达米亚的重要性并不局限于此，它还对阿拉伯半岛产生了影响，于公元 7 世纪孕育诞生了伊斯兰文化。三个美洲文明也是"灭绝"文明，它们在 16 世纪被西班牙征服者摧毁（阿兹特克和印加），甚至在征服之前就已经被摧毁（玛雅）。在这 7 个文明中，中华文明是一个特例，它从公元前 3000 年后期一直持续到 20 世纪，从未间断。本节我们主要关注苏美尔文明和中华文明。

　　本节分析的大多数城市如今已不复存在。因此，我们对它们的了解主要基于 20 世纪发表的著名考古工作所提供的数据，即伦纳德·伍利（Leonard Woolley）[吾珥（Ur），以及阿马尔奈遗址（Tell-el-Amarna）]、弗林德斯·皮特里（Flinders Petrie）和巴里·肯普（Barry Kemp）（阿马尔奈遗址）、约翰·威廉姆斯（John Williams）[摩亨佐达罗（Mohenjo-daro）]、勒内·米利翁（René Millon）[特奥蒂瓦坎（Theotihuacan）]、威廉·科（William Coe）[蒂卡尔（Tikal）]和海勒姆·宾厄姆（Hiram Bingham）（马丘比丘）的工作。

图 4.1　七大文明

4.2.1 苏美尔文明

苏美尔文明大约建立于公元前 3500 年（尽管它包括始于公元前 5000 年的原始农业社会早期阶段），在公元前 500 年左右衰落。它是最早的人类文明。它在美索不达米亚蓬勃发展，那里是可通航的底格里斯河（Tigris）和幼发拉底河（Euphrates）之间的肥沃土地，东部被扎格罗斯山脉（Zagros）包围，西部被叙利亚和阿拉伯沙漠包围。苏美尔文明由几个城邦组成，包括埃尔比勒（Erbil）、埃利都（Eridu）、拉尔萨（Larsa）、拉格什（Lagash）、尼普尔（Nippur）、乌鲁克（Uruk）和吾珥。我们将在接下来的段落中展开介绍。

吾珥城邦在公元前 2500 年至公元前 2000 年达到繁荣顶峰（图 4.2）。在这段繁荣期，它的人口多达 34000 人，人口密度为每公顷 370 人（Schoenauer，1981）。吾珥分为 3 个部分：城墙围绕的内城、忒墨诺斯（temenos，宗教区）和外城。内城呈不规则椭圆形，长约 1300m，宽约 900m。它坐落在一个由先前建筑废墟形成的土丘上，依托幼发拉底河和一条运河而拥有丰富的水资源，北部和西部有两个港口。忒墨诺斯占据了吾珥西北部的大部分地区，包含了这座城市唯一的停留性公共空间（Morris，1972）。

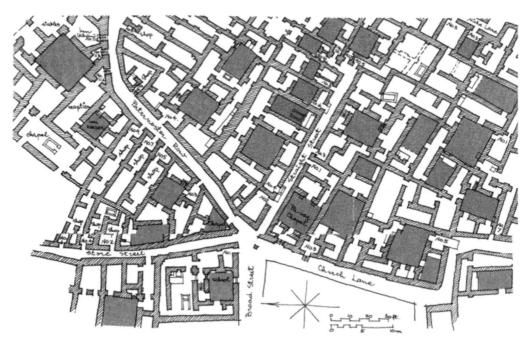

图 4.2 苏美尔城市：吾珥城的一部分

（Schoenauer，1981）

城墙内的街道很狭窄，形状也不规则。但是，我们可以识别出基本的街道等级：主要的商业街道比居住街道的尺度更大。居住建筑具有强烈的私密性，入口位于狭窄的街道上——即使是位于两条街道转角处的房屋也是如此。这些住房为一层或两层，一层平面围绕中心庭院建造，房间数量不一（有时超过 10 个）。如果住房为两层，在入口附近会设置通向二楼的楼梯。考古遗迹表明，有时两座住房会合并成为一座更大的住房。这些住房的主人似乎都是中产阶级，而不是富人。这类住房的主要特征（包括一些变体）持续了近 6000 年，至今仍然可以在巴格达的传统民居中发现。

考古学家伦纳德·伍利（Woolley, 1929; 1963）为吾珥的城市历史研究作出了重要贡献。伍利在吾珥发掘的一个片区显示，沿着主要街道有不同的小教堂、包含两个不同房间的学校、大酒馆、餐厅和一些地窖。

4.2.2　埃及文明

这 7 大文明中的第二个是埃及文明，出现于公元前 3000 年肥沃的尼罗河谷（类似于底格里斯河和幼发拉底河之间的苏美尔文明）。苏美尔由几个强大的城邦组成，而埃及则是一个强大的统一国家。它由不同的省份组成。与苏美尔或其他很多文明不同的是，埃及城市存在的时间都很短暂，通常伴有寺庙建设——它们的宗教和行政功能比经济作用更强。事实上，一些城市可能只存在几十年。因此，他们中的大多数今天都不复存在了。

其中最重要的城市有阿马尔奈（Armana）、卡洪（Kahun）、孟菲斯（Memphis）和底比斯（Thebes）。我们将专注于第一座城市——阿马尔奈，也称阿马尔奈遗址。它是由法老阿肯那顿（Pharaoh Akhenaten）在公元前 1347 年建造，15 年后他去世不久就被遗弃了。这座城市位于尼罗河东岸，卢克索（Luxor）和开罗之间（在今天的埃及首都以南 300km）。就像吾珥城邦一样，阿马尔奈城几千年来一直不为人知。弗林德斯·皮特里及后来的伦纳德·伍利从 19 世纪末开始对阿马尔奈城进行考古发掘，一直持续到 20 世纪初，在过去40 年里对该遗址进行了一系列考古工作——"阿马尔奈项目"，由巴里·肯普主持（Barry Kemp）（Petrie，1894；Kemp，1972）。

阿马尔奈城沿尼罗河呈线性分布，全长约 7km，宽 800m ~ 1500m。虽然这座城市没有像大多数埃及城市一样设防，但有一些城墙，可能具有一定的象征意义。阿马尔奈城包括中心区（包括太阳神庙、大宫殿、法老住所、警察局和军营），北部和南部延伸区，以及位于东部约 1000m 的墓地工人村庄。在中心区和延伸区，遵循街道结构逐步进行建设。这种填充式的建设过程似乎是有等级的，首先是最富有的人选择主要的街道和最好的地点，然后是不那么富有的人。

工人村的整体形态 69m 见方（图 4.3），周围一圈墙，南面设门。大门通向一个细长的广场，从这个开放空间可以到达 5 条南北向的街道（村庄的北部边界还有一条东西向街道）。街道很窄，宽度不到 3m。村内有 73 个地块，其中包括 72 栋小房子和位于东南角的一栋大房子，大房子可能供负责管理的警官居住。地块和建筑沿街面保持一致。72 个地块和房屋都是 5m 宽，10m 长。每栋建筑的面积为 50m²，分为 3 个区域：一个天井或大厅，包括工作空间和动物空间等许多功能；一个客厅，作为房子的主要空间（比其他两个区域略大）；第三个区域包括卧室和厨房。有一段楼梯通向屋顶。

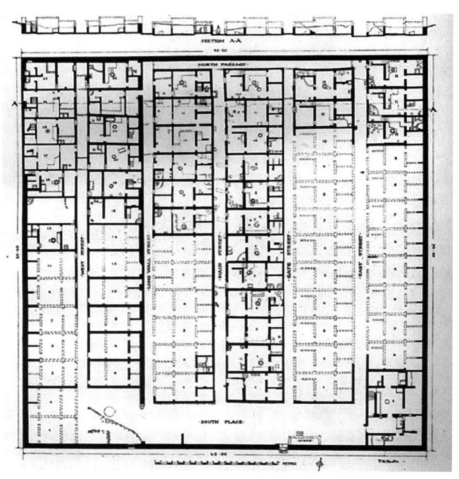

图 4.3 埃及城市：阿马尔奈工人村庄平面图

（来源：Petrie）

4.2.3　哈拉帕文明

就像苏美尔人或埃及人一样，哈拉帕（或印度）文明也是依托两大河流系统：西部的印度河和东部的恒河，发展起来的。第一个城市定居点在公元前 3000 年形成于印度河流域，然后扩展到恒河流域。哈拉帕文明的两个主要城市是摩亨佐达罗和哈拉帕，它们都位于今天的巴基斯坦，一个在旁遮普省，另一个在信德省（Sindh）。古印度城市遵循一种常见的布局形式，西部被城墙包围的、架空的城堡，以及东部具有规则街道系统的、地势较低的下城。这些城市对应以农业和贸易为基础的、有序的和定居的社会。

摩亨佐达罗建于公元前 3250 年，它可能存在了 500 年，然后毁灭（图 4.4）。摩亨佐达罗有 35000 居民。就像吾珥和阿马尔奈一样，它在 20 世纪初被"重新发现"。现在，摩亨佐达罗的考古遗址是南亚保存最完好的、可以追溯到公元前 3000 年初的城市定居点。《摩亨佐达罗和印度河文明》（*Mohenjo-Daro and the Indus civilization*）一书是了解这座城市的重要途径，它记录了约翰·威廉姆斯领导的 1922—1927 年的第一次挖掘工作（Marshall，1931）。

图 4.4　哈拉帕城市：摩亨佐达罗城市平面的一部分

（来源：Wheeler，1968）

作为一个印度城市，摩亨佐达罗分为两个部分：城堡和下城。城堡架空于地面之上（最终为它的居民提供避难所），由城墙包围，包括一些市政和宗教功能的建筑，如仓库、行政办公室和大浴场（用于礼仪性沐浴的建筑）。

下城的街道系统呈规则形，大部分正交布局，具有南北（主要街道）和东西轴线。主街宽 9m；不太重要的街道则 1m ~ 2m 宽。街道标高不一，以应对洪涝灾害。这座城市拥有复杂的供水和排污系统。

与吾珥不同，特别是阿马尔奈不同的是，摩亨佐达罗没有特殊建筑。相反，它强调为居民建造合适的基本建筑。每栋房子都有一个庭院（较大的房子可能有几个庭院），有一口井用来提供净水，还有一间浴室（与街道排水系统相连）。大多数房子都是 2 层平顶。房子的尺寸各不相同，有的只有两个房间，有的则有多个房间。图 4.4 展示了城市的部分平面，它包括不同的房子。其中一个是 25.5m × 29.5m，比阿马尔奈遗址的普通房子大 15 倍，主要的建筑材料是砖和木材。在沿主要街道的街区中可以看到商店（包括一家餐馆）。

4.2.4 中华文明

经过长达几个世纪的战乱纷争，中国在公元前 3 世纪实现了统一。公元前 220 年开始修建长城（其建造一直持续到 17 世纪），将之前的防御工事进行整合，形成统一的防御系统以抵御北方入侵。

中国的城市与郊野地区紧密相连，自下而上分为 3 类不同等级，即县、邑和都。这 3 类城市以及郊野分区，都是方形或者近乎方形的。这是基于"天圆地方"的古老信仰。另外很重要的一点是中国的城市结构有预先设定的增长边界。

中国的城市通常有护城墙，呈南北向布局。街道系统为规则网格，主要街道通向城门。许多街道上都有较多的商业活动，尤其在大城市中更是如此。住宅区由墙围合，且墙上很少开窗。

中国的住宅是一个居住综合体，围墙高达 3m ~ 4m，由不同建筑围绕中心庭院组成（对于地位较高的家庭，可能会有两进院落）。住宅平面沿中心轴对称布局。进入住宅后，在到达庭院之前，会设置一面照壁（对称布局中的唯一例外）。住宅中的建筑只有 1 层高，如果修建得比城墙还高会被认为是大不敬。在中国住宅中，建筑和庭院的关系似乎是基于气候考虑，因为北方的庭院比南方的要大。此外，南方建筑的屋顶形状更有利于避免阳光直射。

每套住宅都对应着一个家族，通常是一个大家庭，因为儿子结婚后仍然会和父母一起居住。靠近街道的建筑相对不太重要，供仆人居住和堆放杂物。两座东西向建筑由未婚和已婚的儿子居住。最私密也是最重要的区域由家族长辈居住。杜兰特（Durant，1954）等学者认为，这一时期中国的生活品质高于古希腊或古罗马。

图 4.5 展示了两座不同的城市。第一座是长安都城，位于陕西省。长安的形状近乎方形且尺度很大，尺寸约为 9200m×8500m。街道系统是一个正交网格，包括 11 条南北向街道（中间的 5 条街道形成中央轴线）和 14 条东西向街道。其中，6 条主要街道直接通向城门，其余街道为附属街道。街区呈长方形，东西向较长。朝南的故宫和行政城建在中轴线的北端。

第二座城市是北京。北京分为 4 个不同的部分，每部分都有各自的城墙：（i）南部外城呈长方形，有 10 扇城门，面积为 27300m²，相对来说具有非正式规划的特征；（ii）北部内城有 9 扇城门，面积为 30250m²；（iii）内城里面的皇城有 4 扇城门，面积约 5000m²；（iv）皇城里面的紫禁城，面积为 1650m²。

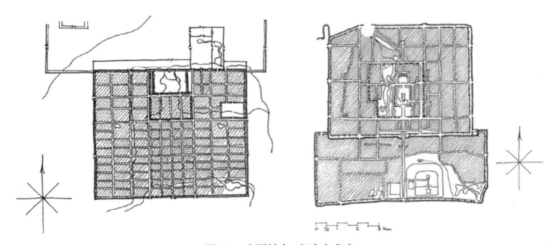

图 4.5　中国城市：长安和北京

（来源：Schoenauer，1981）

4.2.5　托尔特克和阿兹特克文明

大约 15 到 16 世纪，直到 1520 年被西班牙征服之前，墨西哥中部一直被一些前哥伦布时期的族群所统治，从"中间文化"到托尔特克人，再到阿兹特克人。最早的永久性村落定居点在墨西哥山谷（海拔 2000 多米，有连绵的高山和一个大盐湖），时间可以追溯到大约公元前 1500 年。

特奥蒂瓦坎市位于墨西哥城东北 50km 处。它建于公元 1 世纪（然而，人类在基督教时代之前就开始在墨西哥山谷定居）并在公元7世纪毁灭。毁灭的原因尚不清楚但与一场大火有关。关于特奥蒂瓦坎的人口也没有共识性观点，尽管一些作者认为它可能有10万甚至20万居民（勒内·米利翁认为在公元600年特奥蒂瓦坎是世界第六大城市）。当地居民从事手工业、贸易、服务和政府工作。

对特奥蒂瓦坎的考古工作始于19世纪末，在20世纪持续进行，其标志性成就是20世纪70年代初勒内·米利翁制作的详细的考古和地形图（图4.6）。

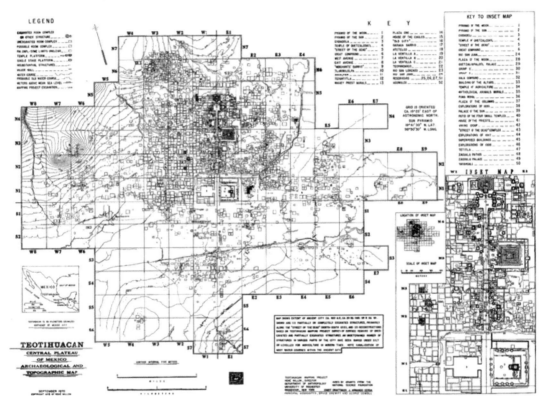

图4.6 托尔特克和阿兹特克城市：特奥蒂瓦坎

（来源：Million，1973）

特奥蒂瓦坎以一条南北向主干道为主轴，长约5200m，宽约45m，即亡灵街（图4.6，右下角放大处）。中轴线的北界是月亮金字塔及其广场。这座金字塔的顶部被削平用以建设寺庙，斜面被切断来提供露台。从月亮广场开始有两排建筑通向南方。在亡灵街的东侧从北到南分别是太阳金字塔（基座边长为200m，从四面抬升至60多米高）及其广场，希乌

达德拉建筑群 [Ciudadela（Citadel）] 和羽蛇神金字塔 [the Pyramid of Feathered Serpent，即风神蛇王神庙（Temple of Quetzalcoatl）]。在中轴线的西侧，北边是圆柱广场，南边是大院。在南部，一条河流作为这一建筑集群的自然边界。

特奥蒂瓦坎的主要住宅形式是公寓小区（apartment compound）。在考古遗址中有超过 2000 个公寓小区，它们显然是在公元前 200 年左右建造的。通常这些房子的外墙只有一扇门，经由入口通向中央庭院，庭院里通常有一座寺庙。从这里有路径通向单层公寓。这些宽敞的公寓通常围绕另一个小庭院进行组织，庭院周围的房间带有门廊，墙壁通常涂有鲜艳的颜色。与摩亨佐达罗的情况一样，从房屋的质量或许可以看出特奥蒂瓦坎的社会不平等程度很低。

4.2.6　玛雅文明

大约在公元前 1500 年到 1520 年西班牙统治期间，玛雅文明的范围包括现在的危地马拉、洪都拉斯和墨西哥南部 [尤卡坦半岛（Yucatan）]。公认地，这个文明的历史分为 4 个阶段：形成时期（公元前 1500 年到公元 150 年），原始古典时期（公元 150 年到 300 年），古典时期（玛雅文明的巅峰时期，公元 300 年到 900 年）和后古典时期（公元 900 年到 1520 年）。这意味着与阿兹特克文明不同，玛雅文明在西班牙入侵时已经是一种"灭绝的文明"。一些主要的玛雅城市包括下文将详述的蒂卡尔（危地马拉）、科潘（Copan，洪都拉斯）和奇琴伊察（Chichen Itza，墨西哥）。

蒂卡尔位于危地马拉北部的佩滕省（Petén），可能是玛雅最大的城市。公元前 6 世纪到公元 10 世纪有人在此定居，关于其人口规模尚未有定论。这座城市可能与遥远的城市中心有联系，如墨西哥的特奥蒂瓦坎和卡拉克穆尔（Calakmul）、洪都拉斯的科潘和伯利兹（Belize）的卡拉科尔（Caracol）。废弃的蒂卡尔在 16 世纪并没有引起西班牙征服者的注意，直到 19 世纪中期该遗址才被"重新发现"，并在 20 世纪中期开始对这片植被茂密的遗址进行系统的考古探索。蒂卡尔项目由宾夕法尼亚大学发掘了 13 年，大部分时间由威廉姆·科主导（10 年）。它发现了大约 4000 座建筑。该著名项目的成果还包括一份 16km^2 范围的地形图（图 4.7）。

蒂卡尔的中心区有几座特殊建筑，如金字塔神庙（神庙 I～V，40m 和 65m 高）和卫城（图 4.7）。城市中心是大广场，由第一神庙 [美洲虎神庙（Tempel of Great Jaguar）] 和第二神庙 [面具神庙（Temple of Masks），在广场对面]、中央和北部卫城，以两个礼仪性和居住性的综合体限定而成。第三神庙 [美洲虎祭司神庙（Temple of Jaguar Priest）] 和第四神庙、失落世界广场（Plazas of the Lost World）和第七神庙的广场位于这一组建筑的西面。第五神庙位于大广场的南面。第六神庙（碑庙）位于城市中心区的东南面。

不同大小和形状（反映了富人和穷人之间的巨大社会差距）的住宅遗迹散落在中心区和周边乡村。大多数住宅呈小组团布局，数量不一，围绕开放空间坐落于平台之上。住宅的尽端往往布置厨房。这些住宅为正方形或长方形，采用砖石墙和石膏地板。建筑组群内还包括一些辅助建筑如墓园和小的神庙。

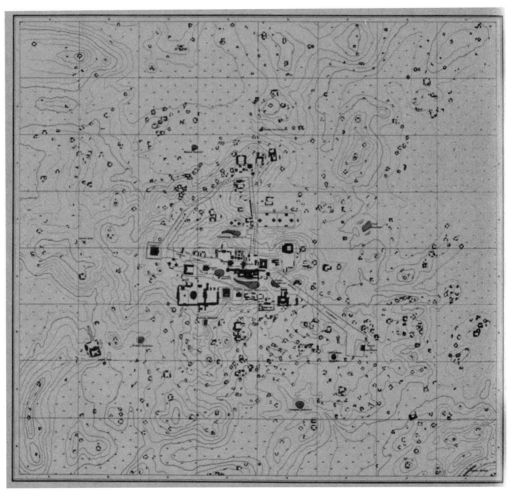

图 4.7　玛雅城市：蒂卡尔

（来源：Haviland，1965）

4.2.7　印加文明

在其鼎盛时期，印加文明的领土范围沿南美洲的太平洋海岸线长达 4000km，从今天的厄瓜多尔一直到智利。这片线性领土有一些平原，但主要是安第斯山脉的高地。公元 1000 年的前印加文明存在许多不确定因素。印加文明的城市包括库斯科（Cuzco）、昌昌（Chan Chan）和马丘比丘。第一座城市被西班牙人占领，保留了部分城市布局并建造了新建筑，第二座（被市区包围）和第三座被废弃，现在是考古遗址。

马丘比丘建于印加文明晚期，即 15 世纪，毁于 16 世纪。尽管如此，或者说正因如此，这可能是其最著名的遗产。马丘比丘大致位于帝国的中心、库斯科的西部。它位于海拔 2400m 的热带山林中央。1911 年，耶鲁大学的海勒姆·宾厄姆率领一支探险队重新发现了马丘比丘（Bingham，1948）。在后来的几年里，他又回到马丘比丘进行进一步挖掘。

马丘比丘并不像前哥伦布时期的特奥蒂瓦坎和蒂卡尔等城市那么大。它由一组露台、坡道和楼梯组成，包含大约 200 栋建筑。城门位于南边。从印加古道（Camino Inca）或海勒姆宾厄姆公路进入大门，我们进入第一组特殊建筑，包括太阳神庙、帝王冢和皇宫。主要广场（也称为神圣广场）大致位于建成区的中心，这是一个开放的空间。广场西部是一些特殊建筑 [包括三窗神庙（Temple of Three Windows）和拴日石（Intihuatana），或日晷石]，东部是一组较密的住宅建筑。广场的北部边界没那么清晰，被所谓的圣石 [朝着华纳比丘（Huayna Picchu）方向] 所点缀。市区南部开发了一片梯田用于农业，主要种植印度玉米和土豆。

同蒂卡尔一样，马丘比丘的居住区被分成属于不同部落或家庭的小组团，它们具有不同的建筑特征。这些房子为一或两层，大多屋顶陡峭。所有建筑的一个突出特征是使用石头建造而不使用砂浆或水泥。其中所谓的"三门组"建筑群，平面呈矩形，有 3 个入口，位于中心广场的南部（图 4.8）。

本节所分析的 7 个文明都出现在基督诞生之前。事实上，苏美尔人、埃及人和哈拉帕人在公元元年时已经消失了。这 3 种文明以及最具韧性的中华文明，其诞生均与至少一条大河密切相关。不同发展阶段的农业活动也是支撑这些文明的基础。本节所介绍的每一座城市在领土和文明中所扮演的角色都非常不同：从短暂的存在到以阿尔奈遗址为例的神庙建设，再到以吾珥城为例的强大城邦。在吾珥、阿马尔奈遗址、摩亨佐达罗和长安这几座城市中，街道在构建城市物质形态方面都起着重要作用：吾珥的街道系统采用了不规则布局，而其他 3 座城市则是规则布局。地块系统的规则或不规则与街道系统密切相关。尽管存在一些差异，但这些城市中的房屋都是围绕庭院进行组织。在前哥伦比亚时代的城市里，另一个庭院（或小广场）被用来组织小的房屋组团。考虑到本书的目标，摩亨佐达罗和特奥蒂瓦坎的案例尤其相关。不仅它们的城市形态要素与当今城市许多地区的要素非常相似，而且它们的社会结构也似乎具有一种意想不到的平衡。

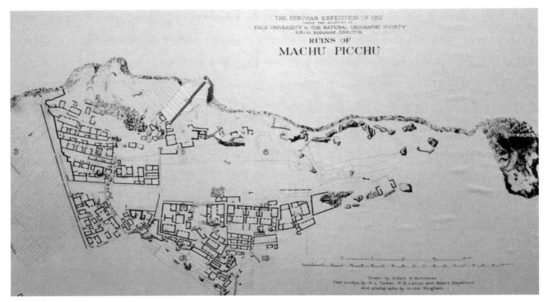

图 4.8　印加城市：马丘比丘

（来源：Hiram Bingham）

4.3　古希腊城市

古希腊城邦出现于公元前 9 世纪。它是一个城乡结合体，其城市和腹地在政治、社会、经济等方面具有强烈的相互依存性。与中国城市一样，古希腊城邦的一个重要特点是当城市达到一定规模时，城市的增长进程就会受到限制，然后就会建立一座新的城市。从某种意义上说，第二座城市是第一座城市的附庸。

城邦的关键形态要素之一是城墙。城墙的形状不规则，尺度随城市大小而定（图 4.9）。城墙内的城市制高点建有卫城，卫城兼具宗教和防御性质，是城邦的另一个重要形态要素。

有些古希腊城邦的街道布局是规则的（更接近中国城市），有些是不规则的（更接近吾珥）。米莱托（Mileto）和普里埃内（Priene）是前者的典型代表，而雅典则是后者的典型代表（图 4.9）。虽然雅典和米莱托都在公元前 5 世纪被波斯人摧毁，但它们的重建过程不尽相同：

雅典遵循了原有的街道模式，而米莱托设计了新的街道布局。除了广场这一供市民集会的场所之外，古希腊城邦内并没有太多的停留性开放空间。

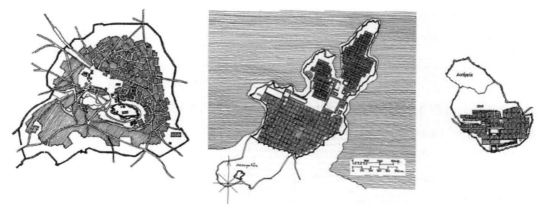

图 4.9　古希腊城市：比例大致相同的雅典、米莱托和普里埃内

（来源：Schoenauer，1981）

按照特定的土地划分方式将街区分为若干住宅地块，这些地块的大小或相近，或不同。舍瑙尔（1981）详细描述了奥林索斯市（Olynthus）的某一街区。这个街区由两排建筑组成，每排包含 5 栋住宅。街区边的几条街道有所差异，东西向街道较窄，南北向街道较宽。街区长 91.5m，宽 36.5m。一条极为狭窄的、可能用于排水的通道将两排建筑隔开。每栋住宅都是边长 18.2m 的正方形。

古希腊城市里那些具有文化、市政、宗教、商业等特殊功能的建筑都位于战略要地，且无论街道系统是否规则都与之相互独立。通过距离和空间上的复杂操作在特殊建筑之间建立关联，形成了有机的、不对称的建筑集群。这组复杂的建筑集群有效利用地形，创造出许多特殊的路径，使得不同建筑在行进过程中逐步展现出来（Lamas，1993）。

与此形成鲜明对比的，是居住建筑与街道布局的关系非常紧密。尽管不同住宅之间有一些差别，但是古希腊的住宅总体上具有一系列基本特征。它们都非常简朴，没有装饰。因此，如果从街道上来看，穷人的住宅和富人的住宅会非常相似，但室内空间却非常不同。不管住宅位于规则的还是不规则的街道系统中，都围绕中央庭院进行空间布局。庭院周围由柱廊环绕，即"列柱廊"。这些住宅大约有一两层高，二层也有环绕庭院布置的柱廊。

4.4 古罗马城市

古罗马城市具有强烈的神圣意义和象征意义。这体现在城市边界和两条重要的城市轴线上，即东西向大街和南北向大街。这两条大街的交叉口构成了城市中心，可以通向不同城门。广场作为特殊的停留性开放空间，通常位于这类大街的交叉口（庞贝除外）。

以正交或非正交方式进行街道规则布局的古罗马城市比古希腊城市比例更高。由于特殊的土地细分过程和便利的施工，规则布局在古罗马的殖民地城市更加显著，如阿尔及利亚的提姆加德（Lamas，1993）。

古罗马城市的街区主要是居住功能。街区内部的地块划分并不像街道那么规则，每个地块上建有不同的住宅楼。与古希腊相比，古罗马城市的特殊建筑似乎与街区布局的关系更为紧密。古罗马城市建有剧院、市场、跑马场等公共建筑，通过桥梁、沟渠、运河等一系列基础设施将其与更广泛的疆域连为一体。

多莫斯（domus）是典型的古罗马住宅，它受到了古希腊住宅中的列柱廊住宅（Peristyle-house）和伊特鲁里亚中庭住宅（Etruscan atrium-house）的影响。多莫斯高 1 层，有 1 ~ 3 个开放空间。较大的多莫斯住宅会有两个矩形庭院和一个小花园。较小的庭院通常是一个天井，作为公共区域的中心；较大的庭院采用列柱廊将住房的私密区域组织起来；小花园则通常位于居住地块的后部。因此，多莫斯的建筑覆盖率非常高。其住宅立面的门窗数量较少，建筑与街道之间的关系也与古希腊住宅非常相似，但是古罗马住宅内部强烈的装饰感却与古希腊住宅大相径庭（Schoenauer，1981）。另一种古罗马建筑类型是因苏拉（insulae，类似集合住宅、公寓），可高达 6 层，因古罗马这样城市空间资源的稀缺而被引入。

我们来看一下庞贝（Pompeii）这一特殊城市（图 4.10）。庞贝始建于公元前 6 世纪，在随后的几个世纪历经君主迭变。公元前 89 年，被古罗马人征服。公元 79 年，由于维苏威火山（Vesuvius）爆发而被掩埋。

关于庞贝的居民人数，目前尚未有定论，但可能多达 25000 人。庞贝大致呈椭圆形，长约 1300m，宽约 650m，面积约 64.5hm^2，双层城墙围合。进城有 8 座城门（其中一个城门连接城市和港口），通向铺砌良好的、带有人行道的主要大街。其中一扇城门连接着城市和港口。位于城市西北部的墨丘利大街（Via di Mercurio）是城内最宽的街道，可直达广场（位于城市西南部，不在南北向大街和东西向大街的交叉口），宽 9.7m，长约 250m。其他主要街道宽约 8m，通向住宅的次要街道宽度在 3.6m ~ 5.5m。在庞贝，南北向的富饶大街（Decumanusmaximus，Via dell' Abbondanza）连接玛丽娜门（Porta Marina）和萨尔诺门（Porta

Sarno）两座城门；东西向的斯塔比亚娜大街（Cardusmaxius，Via Stabiana）连接韦苏维奥门（Porta Vesuvio）和斯塔比亚门（Porto Stabia）。

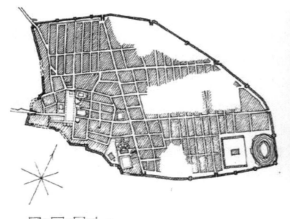

图 4.10　古罗马城市：庞贝

（来源：左：Schoenauer，1981；右：鸟瞰图，谷歌地球）

不同时期建立的街道系统界定了大小不同的街区。老城区广场周边的街区相对较小，且形状不规则。相反，在城市西北部韦苏维奥门附近（即所谓的第 6 考古区），有 6 个形状规则的细长街区，长约 140m，宽约 35m。在这 6 个街区的南面，还有 5 个矩形街区，其宽度与前者大致相同，但长度较短，约为 90m。其中两个街区被两个地块占据，只有 2 栋建筑，即潘萨神庙（The House of Pansa）和牧神神庙（The House of Fauno）。潘萨住宅在面向德尔泰姆大街（Via delle Terme）一侧建有一排"商店"，整座住宅包括 50 多个房间，围绕着（尺度宏伟的）古罗马住宅中常见的天井、柱廊和花园 3 个开放空间而建。与苏美尔住宅和古希腊住宅一样，有时两栋或两栋以上的住宅会合并形成更大的建筑。

舍瑙尔（1981）总结了庞贝的土地利用情况：21% 为交通性和停留性公共开放空间；63% 为建成区；16% 为天井、柱廊和花园等私人开放空间。

综上所述，我们可以发现古罗马住宅与前面所谓的"早期城市"和古希腊的案例一样，具有两个相互关联的重要特征：提供良好日照和改善微气候的庭院，以及因强烈的隐私意识而将住宅分为两个不同区域。这两个特征在下文的中世纪欧洲案例中是找不到的。

4.5 伊斯兰城市

很多伊斯兰城市都拥有古代美索不达米亚地区苏美尔城市的文化血统。莫里斯（1972）区分了伊斯兰城市中的两类形态决定要素：延续古代城市的原始形态要素和后来发展的城市形态要素。原始要素不仅包括地形、气候和建筑材料等源于自然界的因素，还包括社会层面的其他因素，例如没有正交网格、没有正式编纂的民法意义上的立法、没有对民间美学的强化和考虑、没有社会隔离。后来发展的城市形态决定要素包括《古兰经》（Qur'an）和《圣训》（Hadiths）中的城市准则。这些准则共同构成了伊斯兰圣法沙里亚（Shari'a）的基础，涵盖了穆斯林公共生活和私密生活、集体生活和个人生活的所有方面。莫里斯（1972）根据起源将伊斯兰城市分为 3 种类型：有机增长的城市住区 [如埃尔比勒（Erbil）即古阿尔贝拉（Arbela）]；起源于古希腊古罗马、后来由于伊斯兰帝国扩张而被穆斯林占领的城市 [如阿勒颇（Aleppo）、大马士革（Damascus）]；穆斯林军队在占领地上新建的城市（如巴格达、突尼斯）。

伊斯兰城市的防御系统与欧洲中世纪城市略有不同。它的城墙相对简单，由塔楼加固，并在大门处增设了防御设施。除少数情况外，卡斯巴（Kasbah，统治精英的堡垒）被安置在紧靠或跨越城墙的位置。这一特征似乎是从古代的美索不达米亚继承而来，与西欧将城堡置于中心的做法形成鲜明对比。

伊斯兰城市的所有形态要素都受到伊斯兰教法的影响。由居住建筑集群决定的复杂街道系统主要包括两种类型：大街和小巷。大街宽度为 7 腕尺（基于前臂长度的古代度量单位），即 3.23m ~ 3.50m，允许两只满载的骆驼并行；小巷宽度为 4 腕尺（1.84m ~ 2.00m），允许一只满载的骆驼通过。在这个极其狭窄的街道系统中，面向清真寺或包含市场的广场是一类特殊的公共空间要素（图 4.11）。

出售各种商品和产品的露天市场是重要的公共空间要素。它们距离清真寺的远近遵循既有的区位等级制度。露天市场内的商店面积较小，通常 1.5m² 以上，以不同方式进行排列：沿着从城门到清真寺的直行大街两侧线性排列；背对背成排布置形成片区，并且设置大门以保证夜间安全，依靠特殊建筑的外墙进行排列（Morris，1972）。

清真寺是伊斯兰城市的重要建筑。它通常包括一个有顶的祈祷大厅，布置在带柱廊的内院一侧。有时还会有一个带喷泉的开放庭院，供信徒在祈祷前净身。另外还有一个或多个宣礼塔。与清真寺相关的建筑类型还有许多，包括男女分开使用的公共浴室以及研究伊斯兰教法和科学的高级学院（Morris，1972）。

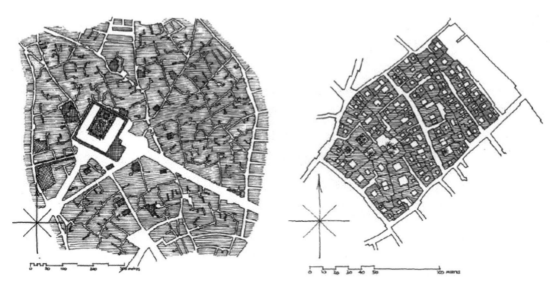

图 4.11　伊斯兰城市：卡济米耶（Al-Kazimiyah，巴格达附近）阿拉伯人聚居区和部分住宅区

（来源：Schoenauer，1981）

　　伊斯兰城市的地块无论在形态上还是规模上都非常不统一。除了庭院，建筑的覆盖率很高，一栋建筑就会占据整个地块。伊斯兰城市的住宅受古美索不达米亚的影响非常大，注重内部领域的私密性。住宅围绕庭院进行组织，分为两部分：公共区域和家庭区域。在较大的住宅中，这些区域在空间上是分开的，围绕不同的庭院进行组织；而在较小的住宅中，这些区域被布置在不同的楼层。建筑立面非常简朴，与丰富的室内装饰形成鲜明对比。气候舒适性是伊斯兰住宅的主要关注点之一，为了达到这一目的采取了许多措施。例如，每个房间都可以根据一年中的不同时间变换功能（Schoenauer，1981）。

4.6　中世纪的城市

　　由于人口衰退、战争、瘟疫以及道德败坏等所导致的古罗马帝国衰亡对西欧产生了深远影响：古罗马的城市遗产及其与早期东方文明的联系消失了，城市的职能和重要性也随着蛮族入侵而发生了翻天覆地的变化。城市经常被蛮族摧毁，只有东罗马帝国庇护下的城市（如君士坦丁堡，即今天的伊斯坦布尔）和阿拉伯帝国城市 [如科尔多瓦（Cordoba）与巴勒莫（Palermo）] 幸免于难。在一些城市中，原先的聚居点大幅减少，集中建造在经过防御性改造的圆形剧场 [阿尔勒（Arles）和尼姆（Nimes）] 或宫殿 [斯帕拉托（Spalato），也即今天的斯普利特（Split）]等特殊建筑内部。

10世纪到11世纪期间，政权稳定和贸易增长极大地推动了城市复兴。根据贝内沃洛（Benevolo，1982）的研究，从公元950年到1350年，欧洲人口从2200万增长到了5500万。该过程与许多事件紧密关联：（i）被持续占领或遗弃的古罗马城市在这一时期都得到了重新利用；（ii）古罗马城市的郊区（如河对岸）出现了新的聚居点；（iii）位于古罗马城市之外的前基督教圣所发展成为新的城市；（iv）农村地区发展壮大；（v）出于商业或军事目的兴建了一批具有严谨几何平面的新城市，如法国巴斯蒂德（Bastides）（Lamas，1993）。

城墙的重要性在中世纪得到增强，它既是基本的防御要素，又把城市和乡野分隔开来。在许多情况下，当城市达到最大容量时，会在原有城墙的外围再建一圈新的城墙，为城市发展提供新的机会。

中世纪城市的街道与本章介绍的古罗马、古希腊或其他城市的街道存在较大差异。其整体格局可能与之前的城市相差不大，但建筑和街道之间的关系却大相径庭。中世纪住宅与街道之间的关系更为直接，在许多情况下，一楼作商业用途。地块的前部建造房子，后部则空置。建筑高度和立面设计均可以有所不同。城市广场与古罗马或古希腊的广场也非常不同。大多数情况下，由于不同街道交汇于此，广场的形状变得非常不规则。广场通常与集市联系在一起，体现了城市作为商业交换场所的理念。

一直以来，关于中世纪城市的规划性和自发性吸引了许多学者进行相关研究。比如，西特（Sitte，1889）或芒福德（Munford，1961）认为在中世纪城市的建设过程中规划方案是存在的，而莫里斯（1972）则认为中世纪城市更多是自发形成的。

图4.12展示了两座不同的中世纪城市：拉古萨（Ragusa），今位于克罗地亚的杜布罗夫尼克（Dubrovnik）；罗滕堡（Rothenburg ob der Tauber），今位于德国境内。杜布罗夫尼克位于达尔马提亚海岸（Dalmatian coast），自13世纪以来成为地中海的一股重要势力。一条东西向街道，即普拉卡街（Placa ulica），将杜布罗夫尼克分为两部分：北部地区的街道布局较为规则，拥有狭窄的街道和（由于地势陡峭而形成的）台阶；南部地区海拔较低，街道布局更为古老和不规则，建筑密度也更高。普拉卡街有300m长，宽度为11m～18m不等。它连接了西部城门和东部港口（在港口附近还有第3座城门）。普拉卡街具有很强的商业用途。市政中心位于港口附近，它由许多相互连接的广场组成，广场周围聚集着不同的纪念性建筑。杜布罗夫尼克的住宅临街面一般为6.8m～9m（30～35掌尺）宽，10m～12.8m（40～50掌尺）高。普拉卡街上的建筑高3层：首层为沿街商业和住宅入口，通过垂直向街道进入建筑；第二层为接待室和客厅；第三层为餐厅、厨房和卧室（Schoenauer，1981）。

罗滕堡的城墙上有5座城门以及30多个塔楼和碉堡。罗滕堡的街道系统以集市广场为中心，呈放射状，与杜布罗夫尼克的街道布局非常不一样。在这个放射状街道系统中，连接集市广场和不同城门的街道分别是南部的下铁匠巷（Untere Shmiedgasse，长 650m）、东部的港口巷（Hafengasse，长 350m）与绞架巷（Galgengasse，长 400m）、北部的叮当巷（Klingengasse，长 200m）。街区的形状不规则，且尺度差异较大。集市广场周边位于第一道城墙内的街区面积较小，且形状更加不规则。舍瑙尔（1981）分析了罗滕堡的许多建筑，发现了一种特殊的带庭院的建筑形式。然而，舍瑙尔指出，与古罗马、古希腊以及早期的案例非常不同，这种住宅主要与街道发生关联，庭院仅作服务之用。

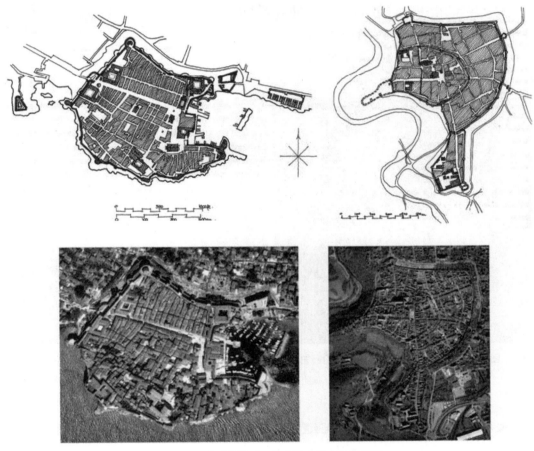

图 4.12　中世纪城市：杜布罗夫尼克和罗滕堡

（来源：绘图，Schoenauer，1981；鸟瞰图，谷歌地球）（彩图见书后插页）

4.7 文艺复兴时期的城市

虽然"文艺复兴"这个术语在本节指整个时期，但在建筑史上通常将其分为4个不同的阶段：早期文艺复兴时期（15世纪）；晚期文艺复兴时期（16世纪）；巴洛克时期（17世纪和18世纪早期）；以及相对多元化的时期，包括洛可可和新古典主义等不同风格（19世纪中晚期）。

莫里斯（1972）提出了城市文艺复兴运动的5个方面：（i）加强防御系统；（ii）通过创造新的广场和街道推动城市片区复兴；（iii）通过建设新的干道系统进行城市改造，该干道系统作为区域线路的延伸通常会进一步带动城市增长；（iv）以居住功能为主的新区扩张；以及（v）有限数量的新城建设（图4.13）。

图4.13 文艺复兴城市：相同比例的新帕尔马（Palma Nova）和新布里萨克（Neuf-Brisach）

（来源：谷歌地球）（彩图见书后插页）

文艺复兴时期的城市的防御策略建立在一种更加复杂的、旨在拉大敌我防线距离的新型防御系统基础上（图4.13）。该防御系统以连续的同心环代替了中世纪的城墙，由于其高昂的成本和建设的复杂性而更加稳定。正因如此，它对城市在水平方向的扩张起到了有效的限制作用，促进了建筑高度和人口密度的发展。

文艺复兴城市的街道系统包括3类基本要素。第一类是主要的直街。这类街道基于美学原则进行建设，被视为"建筑整体"。街道的透视效果通过焦点位置进行强化，焦点可以是建筑或雕塑，具体表现为雕像、喷泉、方尖碑等形式。第二类要素是规则的网格。莫里斯（1972）明确了规则网格的 3 类主要用途：（ⅰ）为现有城区的居住区建设提供基本框架；（ⅱ）作为个别新城的整体结构；（ⅲ）与主要街道系统相结合为其他新建城区提供布局参照。第三类要素是围合空间。根据其通行功能，莫里斯将文艺复兴时期的城市空间分为 3 种：（ⅰ）交通空间，作为城市主要道路系统的一部分，供行人和马车使用；（ⅱ）居住空间，仅用于本地交通，以步行和休闲为主；（ⅲ）步行空间，通常不包括车行交通。

建筑立面是文艺复兴城市的重要元素，通过精心设计和组织而获得自主性。它借鉴了古罗马城市空间对视觉秩序的关注（例如在庞贝的广场中，通过公共拱廊将不同建筑连接起来），将其率先运用在锡耶纳坎波广场周边的建筑控制中（图 2.7），随后风靡意大利其他城市。

图 4.13 展示了文艺复兴时期建造的两座新城镇，新帕尔马和新布里萨克。新帕尔马建于 16 世纪末至 17 世纪初，是威尼斯防御工事的要塞。该小城呈九边形，其中央广场呈正六边形（边长 85m），通过复杂排列的放射状街道连接在一起。6 条长 350m 的街道从城镇中心通向城墙一角，或者通向多边形城墙一条边的中心。此外，12 条放射状街道从 3 组同心环街道的最内环引出。居住区中心建有一系列次级广场。总共有 45 个大小不一、形状各异的街区。主要的市政建筑集中在中央广场周围。

新布里萨克比新帕尔马的建设时间晚一个世纪。它是法国东部、北部和西部边境防御工事的一部分。虽然新布里萨克的八边形平面与新帕尔马类似，但是街道系统却非常不同，新布里萨克采取了围绕中心广场布置正交网格的形式。在这个防御工事内，9 条西北—东南向街道和 9 条东北—西南向街道确定了城镇的基本布局。作为中央广场的戴高乐广场有 4 个街区大小，其东部的小广场为一个街区大小。街道系统将城镇划分为 48 个大小相近、近乎方形的街区（约 50m × 55m）。

4.8　19 世纪的城市

19 世纪的城市在尺度规模和整体城市形态方面都与以往城市有所不同。军事战略的演进和新型武器的发明大大降低了城墙的实用性和有效性。随着这些城墙的废弃，工业化进程和人口数量激增所带来的土地需求逐渐向城墙外围空间进行拓展。后来，城墙被拆除并代之以新的城市形态要素（参阅第 3 章的维也纳环道案例）。没有了边界的限定，城市建成区在领土上不断扩张，郊区也随之出现。在郊区，城市形态的传统要素获得了全新的意义和功能：街道仅是一条单纯的交通路径；广场不再是聚会和社交互动的场所；街区逐渐被废弃；位于地块内的独户住宅与街道没有直接关系，墙壁或围栏（而不是建筑立面）将公共空间和私人空间分隔开来；总体而言，这种低密度景观无法构成该地区的物质空间结构，也无法为其居民提供都市感（Lamas，1993）。

工业化进程和人口数量激增带来了严重问题：住房、公共场所和基础设施缺乏，建筑环境恶化，不良的卫生条件和健康问题，极端贫困等。这些问题引发了广泛的社会反响，人们呼吁在一系列社会经济改革的基础上建立新社区。由于城市人口的显著增长，住房供求之间出现不平衡并引发了"房地产投机"。在19世纪，土地细分和房屋建设过程开始被视为一种投资手段。

19世纪末，伦敦和纽约是世界上最大的城市：前者420万居民，后者270万居民；但是纽约在1812年的人口数量约为10万，因此其人口增长率相对更高。19世纪上半叶，纽约下东区的许多有钱人开始向北迁移，留下了他们低矮的排屋。后续到达的移民聚集在该地区，搬入已被改建成多层公寓的排屋（当时许多地方都发生了类似过程）或专门建造的新公寓。典型的廉租公寓建在城市规章划定的7.62m（25ft）宽、30.48m（100ft）长的地块上。建筑高度约为6层。每层4套公寓，共用楼梯间通往各层的大厅。每套公寓有3~4个房间，沿纵深方向布置（很多人称其为"铁路"套间）。只有其中一个房间会有日照采光。通常，每套公寓都会容纳不止一个家庭。另一种建筑类型是所谓的"哑铃公寓"（名称来自其哑铃形状）。这种建筑类型与前一种非常相似，但是它在中间引入了狭长的光隙以使尽可能多的房间能够开窗采光。

练习题

A. 知识测试

4.1 古希腊、古罗马和西欧文明是由哪三种"灭绝文明"演化而来的？

i. 苏美尔文明，埃及文明和迦太基文明。

ii. 苏美尔文明，埃及文明和哈拉帕文明。

iii. 苏美尔文明，埃及文明和波斯文明。

4.2 就城市形态要素而言，摩亨佐达罗和特奥蒂瓦坎的主要相似之处是什么？

i. 分等级的（一些显著的轴线，如亡灵街）和正交的街道系统。

ii. 高质量的独特宗教建筑，尤其是金字塔。

iii. 高质的住宅建筑，在某种程度上显示出社会不平等程度很低。

4.3　就特殊建筑而言，古希腊和古罗马城市的主要区别是什么？

i. 古希腊城市中的特殊建筑选择战略性位置，在某种程度上独立于街道；而在古罗马城市中，它们与街道系统保持联系。

ii. 古罗马拥有规则街道系统的城市所占比例比古希腊高，这导致了特殊建筑数量的增加，从而提高了城市布局的可读性。

iii. 古希腊拥有规则街道系统的城市所占比例比古罗马高，这导致了特殊建筑数量的增加，从而提高了城市布局的可读性。

4.4　以下哪句话更准确地描述了伊斯兰城市的城市形态要素？

i. 不规则的街道和地块，特殊建筑的类型 [清真寺，萨拉姆利克（salamlik），哈拉姆利克（haramlik）] 较少，主要的住宅类型围绕庭院进行组织。

ii. 规则的街道和地块，特殊建筑的类型（清真寺，萨拉姆利克，哈拉姆利克）较少，主要的住宅类型围绕庭院进行组织。

iii. 不规则的街道和地块，特殊建筑的类型（清真寺，伊斯兰学校，哈曼）较少，主要的住宅类型围绕庭院进行组织。

4.5　就街道和建筑而言，中世纪城市与以前的城市相比，其主要创新是什么？

i. 不规则的街道布局，同质化的建筑立面设计，在某种程度上是对古罗马风格的复兴。

ii. 规则的街道布局和对建筑高度的控制，在某种程度上是对古罗马风格的复兴。

iii. 街道作为城市形态的关键要素，一种新的、与街道而非庭院密切相关的居住类型。

答案

4.1 - ii

4.2 - iii

4.3 - i

4.4 - iii

4.5 - iii

B. 互动练习

练习 4.1　我们共同的遗产

该练习旨在探讨人类建筑遗产的多样性——这是本书的主要内容之一。它得益于卓越的联合国教科文组织网站，特别是关于《世界遗产名录》（*World Heritage List*）的部分（https：//whc.unesco.org/en/list/）包括很多公开资料。该网站汇集了分布在 165 个国家的 1100 多个遗址。首先老师对该网站进行介绍，向学生展示丰富的信息资源，然后向学生布置家庭作业"我们共同的遗产"。

学生应访问网站，并在"文化遗址"类别内选择一个案例。该案例可以位于 165 个国家中的任何一个，但应对应于一座城市或城市的一部分（包括考古遗址），而不是单个建筑或建筑群（纪念碑）。对每个遗址 / 城市的分析应包括：城市的历史（最重要的时期）和地理概况；城市整体形态（包括城墙）、街道（和广场）、街区和地块、特殊建筑（非住宅）和基本建筑（以住宅为主）。每个学生应准备一份简短的幻灯片在课堂上展示（5 ~ 10 分钟，最多 10 页），可使用文本、图像（绘图和照片）或其他合适的方式。

练习 4.2　虚拟庞贝

该练习旨在探索庞贝独特的城市景观，通过软件对地图和卫星图像（谷歌地球、必应地图、百度地图……）进行交互式可视化呈现，并通过"庞贝"网站获取公开资料。该练习以家庭作业的形式完成。

学生从庞贝的西入口码头门开始对该城市进行虚拟探索（图 4.14 左下角）。然后沿着南北向大街：玛丽娜大街 / 富饶大街继续，一直到一组特殊建筑围合而成的广场。然后继续向北走到幸运大街（Via della Fortuna）。幸运大街的西北部是第六考古区，这里有庞贝古城最令人印象深刻的 2 栋建筑，潘萨神庙和牧神神庙。在参观完这两栋建筑之后，学生向东走，进入东西向大街：斯塔比亚娜大街，然后向东南走回到南北向大街。最后从两条城市主轴线的交汇处向东北走到萨尔诺门（Sarno Gate）。在离开城市之前，学生应该参观一下圆形剧场（距离城门约 125m）。

关于本次探索之旅的形态学描述应制作成一个简短的幻灯片（5 ~ 10 分钟，最多 10 页）在课堂上展示，可包括文本、图像（绘图和照片）或任何其他方式。

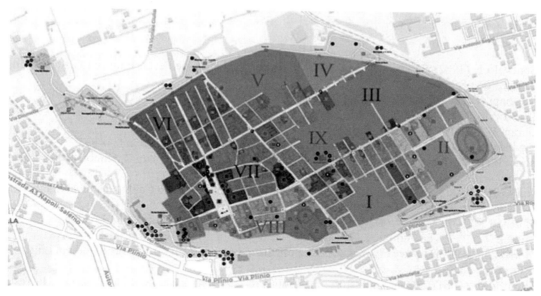

图 4.14　虚拟庞贝

（来源：http://pompeiisites.org/）（彩图见书后插页）

练习 4.3　永久性与变化性

这个家庭作业旨在通过两张不同的历史地图来比较不同时期的城市景观，进而探索城市景观的永久性与变化性。练习的第一步是定义案例研究的区域，建议学生在他的家周围选择方圆 500m 的范围（可根据各个区域的具体特点进行调整）。第二步是选取该研究区域的两张历史地图，通常可以在互联网上找到，地图的搜集可以由不同学生完成。选择哪两张历史地图取决于可获取的数据，但应该尽可能地选取形态差异较大的两个历史时期（例如 19 世纪以前和 1800 年以后）。第三步是对比两张地图，识别城市形态的主要元素：街道、街区、地块和建筑的永久性和变化性。

最后，选择合适的分辨率对研究区域的两幅地图和相关照片进行分析呈现。每个学生应该准备一个简短的幻灯片（5～10 分钟，最多 10 页）在课堂上展示。

参考文献

Benevolo L (1982) Diseño de la ciudad – El arte y la ciudad medieval. Editorial Gustavo Gili, Barcelona

Bingham H (1948) Lost city of the Incas

Cataldi, G. (2015) Primitive dwellings. Aión Edizioni, Florence

Durant W (1954) Our oriental heritage. Simon and Schuster, New York

Haviland W (1965) Prehistorical settlement at Tikal, Guatemala. Expedition 8:14–23

Kemp B (1972) Temple and town in Ancient Egypt. In: Ucko PJ, Tringham R, Dimbleby GW (eds) Man, settlement and urbanism. Gerald Duckworth, London

Lamas JRG (1993) Morfologia urbana e desenho da cidade. Fundação Calouste Gulbenkian/Junta Nacional de Investigação Científica e Tecnológica, Lisbon

Marshall J (1931) Mohenjo-Daro and the Indus civilization. Arthur Probsthain, London

Million R (1973) The Teotihuacan map, part 1: text. University of Texas Press, Austin

Morris AEJ (1972) History of urban form: before the industrial revolution. George Godwin Limited, London

Mumford L (1961) The city in history: its origins, its transformations, and its prospects. Harvest, San Diego

Petrie F (1894) Tell el Amarna. Methuen & co, London

Schoenauer N (1981) 6000 years of housing. W W Norton and Company, New York

Sitte C (1899) Der Städtebau nach seinen künstlerischen Grundsätzen. Birkhauser, Basel

Wheeler M (1968) Civilizations of the Indus Valley and beyond. Thames and Hudson, London

Woolley L (1929) Ur of the Chaldees. Benn, London

Woolley L (1963) Excavations at Ur. Benn, London

第5章 当代城市

摘要：第 5 章聚焦于当代城市。它关注自 20 世纪中叶以来的城市化进程，探索城市人口的逐步增长及其在不同规模城市中的分布。本章对 3 个"超大城市"和两个"中等城市"进行了更详细的分析。1500 多年来，伊斯坦布尔（君士坦丁堡）一直是罗马、拜占庭和奥斯曼帝国的首都。1923 年土耳其建国之后，安卡拉成为新首都，但是伊斯坦布尔的核心作用从未消失。如今，有 1500 万居民生活在伊斯坦布尔。东京（江户）在 12 世纪时是一个小城下町。17 世纪初，它是世界上最大的城市之一，于 1868 年成为日本首都。如今，拥有近 4000 万居民的东京拥有世界上最大的都市圈。纽约由荷兰殖民者建立于 17 世纪初，此后不断扩张，1811 年规划是其城市发展过程的一个重要标志，最终形成了如今的大都市区，成为超过 1800 万人口的家园。马拉喀什和波尔图的人口超过 100 万，并且拥有联合国教科文组织认定的优秀城市历史和建筑遗产，本章最后一部分将着重对此介绍。

5.1 城市化进程（1950—2020 年）

人类生活在哪里？我们生活在农村还是城市？过去几十年的主要转变是什么？我们生活在什么样的城市？是小城市还是大城市？有多小，又有多大？本节主要根据联合国及其经济和社会事务部人口司提供的数据来回答这些问题。

在 20 世纪中期，地球上 2/3 的人在农村生活和工作（表 5.1）。因此，1950 年的城市人口占总人口的 30%（25 亿人），主要集中在北美、欧洲和亚洲（特别是东亚和南亚）。其中近 2/3 的城市居民居住在人口不足 30 万的定居点。在另外 1/3 的城市人口，"中等城市"（100 万~500 万）占多数，其次是"小城市"（50 万~100 万）和"最小城市"（30 万~50 万），然后是"大城市"（500 万~1000 万）和"特大城市"（超过 1000 万居民）。在 20 世纪中期只有两座特大城市：纽约和东京，分别有 1200 万和 1100 万居民（表 5.2）。

			世界人口变化——农村和城市（%），1950—2020 年				表 5.1
	农村	其他城市 <30 万	最小城市 30 万~50 万	小城市 50 万~100 万	中等城市 100 万~500 万	大城市 500 万~1000 万	特大城市 >1000 万
1950	70.4	17.7	2.0	2.6	5.1	1.3	0.9
1960	66.3	19.2	2.3	3.0	5.9	2.0	1.4
1970	63.4	19.7	2.4	3.5	6.5	2.9	1.5
1980	60.7	20.4	2.5	3.7	7.6	3.1	1.9

续表

	农村	其他城市 <30万	最小城市 30万~50万	小城市 50万~100万	中等城市 100万~500万	大城市 500万~1000万	特大城市 >1000万
1990	57.1	21.7	3.0	3.8	8.6	3.0	2.9
2000	53.4	21.9	3.1	4.3	9.8	3.4	4.2
2010	48.4	23.1	3.4	4.9	10.7	4.1	5.3
2020	43.8	23.2	3.7	5.3	12.1	4.3	7.6

来源：《世界城市化展望》(*World Urbanization Prospects*)，《经济学人》(*The Economist*)

在 20 世纪 50 年代，农村人口持续减少，直到 20 世纪 50 年代末减少至 66%。在城市人口中，主要的增长发生在大城市和特大城市。1960 年，世界上有 3 座特大城市。这个新增的特大城市是大阪，它在 7 世纪和 8 世纪时曾是日本帝国的首都（以前叫 Naniwa），在 17 世纪末有 35 万居民并且与东京有着特殊的商业联系。1960 年大阪的城市人口为 1100 万。

20 世纪建立的特大城市的人口演变（以百万计），1950—2020 年 　　表 5.2

	纽约	东京	大阪	墨西哥城	圣保罗	孟买	加尔各答	洛杉矶	布宜诺斯艾利斯
1950	12.3	11.3	—	—	—	—	—	—	—
1960	14.2	16.7	10.6	—	—	—	—	—	—
1970	16.2	23.3	15.3	—	—	—	—	—	—
1980	15.6	28.5	17.0	13.0	12.0	—	—	—	—
1990	16.1	32.5	18.4	15.6	14.8	12.4	10.9	10.9	10.5
2000	17.8	34.5	18.7	18.5	17.0	16.4	13.1	11.8	12.4
2010	18.4	36.8	19.5	20.1	19.7	19.4	14.3	12.2	14.2
2020	18.8	38.3	20.5	21.9	22.1	22.8	15.7	12.5	15.9

来源：《经济学人》，《世界城市化展望》

整个 20 世纪 60 年代，城市人口不断增加，农村人口不断减少。在"城市"中，大城市的增长率最高。20 世纪 60 年代末，世界上有 15 座大城市，大部分位于北美和南美、欧洲、东亚和南亚。非洲有一座大城市：开罗。3 座特大城市的人口持续增长，其中日本首都东京的人口增长率最高。1970 年，东京有 2300 万居民，这意味着在 20 年内东京的人口翻了一番。

前几十年的发展态势一直延续到 20 世纪 70 年代，但最显著的变化发生在特大城市：东京人口的大幅增长以及全球南部两座特大城市墨西哥城和圣保罗的出现。墨西哥城始建于 14 世纪，当时是一座阿兹特克的城市（Aztec City），名为特诺奇蒂特兰（Tenochtitlan），它在 16 世纪被西班牙人摧毁并重建为首都。1950 年墨西哥城的人口为 340 万，30 年后它的人口已达到 1300 万。圣保罗在 3 个历史时期（早期土著时期、葡萄牙殖民时期和帝国时期）中的作用并不明显，一直到 19 世纪后期的共和国时期，圣保罗在巴西的城市系统中才开始发挥关键作用。圣保罗的人口增长与墨西哥城相似，30 年人口从 230 万增长到 1210 万，并在 1980 年成为特大城市（图 5.1）。

图 5.1　圣保罗，共和国广场

（来源：作者拍摄）

在 20 世纪 80 年代，特大城市持续增长。10 年之内它的数量翻了一番，从 5 个增加到 10 个。1990 年，新增的特大城市包括南亚的孟买（Mumbai）和加尔各答（Kolkata），东亚的首尔（时为"汉城"，2005 年更名为首尔；韩国首都在接下来的 10 年里人口将会减少），以及北美的洛杉矶和南美的布宜诺斯艾利斯。这 10 座特大城市都位于美洲和亚洲。印度的两座特大城市，孟买和加尔各答，以更加明确的方式在城市议程中引入了一个新的主题，即 20 世纪末相当一部分城市人口的生活条件非常恶劣（如前一章所讨论的）。另一方面，洛杉矶是探讨紧凑和扩张的一个著名案例。

与前十年一样，在 20 世纪 90 年代，特大城市的变化在居住在城市的世界人口比例中表现最为明显。2000 年，新增了 7 座特大城市：第一次在非洲出现的开罗，第一次在欧洲出现的莫斯科（图 5.2）。另外 5 座城市是南亚的德里（Delhi）、达卡（Dhaka）和卡拉奇（Karachi），东亚的上海（中国的第一个特大城市），以及南美洲的里约热内卢。在 20 世纪到 21 世纪之交，东京作为最大的特大城市拥有 3500 万人口。

图 5.2　莫斯科，俄罗斯

（来源：作者拍摄）

在接下来的 10 年里，情况发生了根本性的变化。人类历史上第一次有超过一半的世界人口居住在城市。更具体地说，2010 年世界人口为 69 亿，城市人口为 35 亿。2010 年，超过 10% 的世界人口生活在中等城市，5% 生活在 23 座特大城市。这 7 座新的特大城市分别是北京、重庆、深圳（均为中国城市）、东南亚的马尼拉、位于亚洲和欧洲之间的伊斯坦布尔、欧洲的巴黎和非洲的拉各斯。

到 2020 年，人口不足 30 万的定居点容纳了世界 23% 的人口，中等城市容纳了 12%，36 座特大城市（一半以上在亚洲）容纳了世界 8% 的人口。2020 年，有 7 座特大城市的人口超过 2000 万：东京（3800 万）、德里（2900 万）、上海（2700 万）、北京（2400 万）、圣保罗（2200 万）、墨西哥城（2200 万）和大阪（2000 万）。回顾过去，必须强调东京自 1960 年以来一直是最大的特大城市。最后，这 70 年人口增长率最高的城市是东京（1950—1970 年），以及达卡、卡拉奇、上海和德里（2000—2020 年）——所有这些都说明了亚洲人口的快速增长。

2020 年，世界人口为 78 亿（34 亿农村人口和 44 亿城市人口），预计到 2050 年将达到 98 亿（31 亿农村人口和 67 亿城市人口）。在北美、南美、欧洲和大洋洲，大部分人口居住在城市（比例均超过 65%）；在亚洲，城市和农村之间是均衡的；而在非洲，大部分人口居住在农村（约 40% 的非洲人口居住在城市）。在非洲，拥有特大城市的 4 个国家中，有两个以农村为主（埃及和刚果民主共和国），一个以城市为主（南非），还有一个国家（尼日利亚）是城乡均衡的。在亚洲，拥有特大城市的 8 个国家中，有 4 个以农村为主（印度、巴基斯坦、孟加拉国和菲律宾），3 个以城市为主（中国、日本和印度尼西亚），还有一个国家（泰国）是城乡均衡的。

看看每个国家最近的演变，就会发现它们既有共同点也有独特性。让我们着眼于这 8 个亚洲国家中的 3 个：中国、印度和日本。在 20 世纪中期，大多数中国人和印度人住在农村（分别接近 90% 和 80%），而超过一半的日本人口居住在城市。如今，超过 90% 的日本人口和 60% 的中国人口是城市人口，而印度只有 35% 的人口是城市人口。预计到 2050 年，这 3 个国家的大部分人口将是城市人口。

将这 3 个国家与次大陆以及整个亚洲进行比较还揭示了其他重要的方面。20 世纪中叶，中国的城市人口低于东亚和亚洲平均水平；印度的城市人口接近于南亚和亚洲的平均水平；而在日本，这一数字远远高于东亚和亚洲的平均水平。目前，中国的城市人口高于亚洲平均水平，但低于东亚平均水平；印度的城市人口低于次大陆和亚洲的平均水平；而日本则高于这两个平均值。据联合国估计，这一趋势将在未来 30 年延续下去。

最后，根据城市定居点的规模等级来观察城市人口可以发现一些其他方面的信息。1990 年，在中国和印度，大多数城市人口生活在人口不足 30 万的城市；中国没有特大城市，而印度有两座。在过去几十年里，中国的城市人口持续增长，现在有 105 座中等城市和 6 座特大城市。印度有 52 座中等城市和 6 座特大城市。在 1990 年和现在的日本，大部分城市人口都集中在东京和大阪这两座特大城市。

5.2 特大城市

5.2.1 伊斯坦布尔

本节介绍一个拥有独特历史的城市——伊斯坦布尔，或曾经的拜占庭和君士坦丁堡。我们首先简要回顾一下拜占庭的自然环境和城市历史，然后是君士坦丁堡作为罗马和拜占庭首都的城市历史，最后是奥斯曼土耳其帝国建国后作为帝国首都和共和国主要城市的伊斯坦布尔。最后一部分侧重于伊斯坦布尔在 21 世纪的概况，并介绍其不同的地区。本小节借鉴了多安·库班（Doǧan Kuban）的著作《伊斯坦布尔，一段城市历史》（*Istanbul, an urban history*）。

拜占庭的自然环境是独一无二的。它位于亚洲和欧洲（东和西）之间，马莫拉（Marmora）和黑海（南和北）之间，在金角河（the Golden Horn，窄）和博斯普鲁斯河（Bosporus，大）两条河流的交汇处（图 5.3）。该定居点建立在半岛顶端的海角，东巴尔干半岛（eastern Balkans）的尽头，海拔 50m。这个位置有很多优势：包括一个大的港口，可以躲避南风。其中的一条河流金角河大约 300m 宽。在它的北岸，有另一个早期的定居点：锡卡 [Sycae，今天的加拉塔（Galata），在贝伊奥卢（Beyoǧlu）]，向南面对拜占庭。在第二条河流博斯普鲁斯河（长 30km，将欧洲和亚洲分隔开来）的东侧，形成了另外两个早期定居点：克索波利斯 [Chrysopolis，于斯屈达尔（Üsküdar）] 和卡尔西登 [Chalcedon，卡德柯伊（Kadiköy）]。最后，在拜占庭 [今阿达拉（Adala）] 东南 20km 处的一群岛屿上建立了一些定居点。所有这些地区都结合了地中海、湿润的亚热带和海洋气候 [根据柯本（Köppen）气候分类]。

拜占庭于公元前 659 年由希腊的米加兰人（Megarans）建立。随着公元前 2 世纪罗马人的扩张，这座城市逐渐失去了自治权，最终在公元 73 年被罗马吞并。公元 196 年，拜占庭被塞普蒂米乌斯·塞维鲁（Septimius Severus）摧毁，在此之前，这座城市曾与他的一个对手结盟。在这座城市被摧毁之前并没有相关的考古遗迹，因此关于它的大小和形状的讨论主要是基于对古代文本的解读。对于大多数学者来说，这座城市的卫城应该对应托普卡帕宫（Topkapi Palae，建于奥斯曼帝国）。由于其地缘政治的重要性，拜占庭后来被重建并被塞维鲁命名为安东尼尼亚（Antonina）。在重建时期，城市的城墙被重建和扩建 [从今天

的埃米讷尼广场（Eminönü Square）开始向南延伸]，并建立了一条连接市集和正门 [千倍
里塔许（Cemberlitas）] 的东西大街。

图 5.3　伊斯坦布尔

（来源：必应地图）

　　在第一次分裂为四部分之后，罗马帝国在 4 世纪被分为东罗马和西罗马，首都分别在
罗马和君士坦丁堡。与拜占庭的自然环境一样值得注意的，是君士坦丁决定把它作为帝国
首都，该帝国以东地中海为中心（该帝国几乎同时发生的另一个重大变化——承认基督教）。
这座城市的改造始于 324 年，一直持续到君士坦丁之子的统治时期。就规模而言，它大大
扩展了塞维鲁的界限——新城墙现在从阿塔图尔克桥（Ataturk bridge）以西的奇巴利（Cibali）

开始。同样，君士坦丁的城市在中世纪早期就消失了，我们对它的大部分了解都是基于后来的文学描述。就整体而言，它是一座"罗马城市"，与罗马或提姆加德（Timgad）有共同之处（Kuban，1996）。

君士坦丁堡作为罗马帝国和拜占庭帝国的首都长达 1000 年，部分归因于古代晚期最大的防御体系狄奥多西城墙（Theodosian walls）。城墙建于 5 世纪上半叶，长 19km，占地约 1400hm²。它们的布局由地形和防御需要决定，而不是由城市人口的增长。事实上，君士坦丁城墙和狄奥多西城墙之间的区域从未得到充分开发，直到 20 世纪，后者一直是城市的西部边界（Kuban，1996）。

君士坦丁堡作为东罗马首都最繁荣的时期，是从其建立到查士丁尼（Justinian）统治的 6 世纪中叶。在所谓的尼卡起义（Nika reuolt）摧毁君士坦丁堡的许多建筑之后，查士丁尼对这座城市进行了非凡的重建，并建立了著名的纪念性建筑，如圣索菲亚大教堂（St. Sophia，图 5.4b）。当时城墙内的城市空间主要由一条东西向的主要街道构成，即米塞斯[Mese，现在的迪旺街（Divan Yolu）]，且没有关于第二层级街道的相关信息。城墙外的 3 个主要定居点继续繁荣发展。锡卡已经是这座城市的一部分（从君士坦丁一世开始），它通过一座石桥与之相连，并且被查士丁尼建立的城墙所限制。博斯普鲁斯海峡（亦即伊斯坦布尔海峡）和一系列港口提供了与克索波利斯和卡尔西登的联系。此外，沿着博斯普鲁斯海峡由贵族别墅构成的郊区景观也开始形成。

查士丁尼统治后，这座城市不断面临威胁：来自伊斯兰教、巴尔干邻国和西地中海天主教的外部压力（十字军最终在 13 世纪占领该城市）；内部宗教斗争（如圣像被破坏）；以及一系列自然灾害（瘟疫、地震和火灾）。然而，即使在这一历史时期，这座城市也有过辉煌时刻，如马其顿（Macedonian）和科穆宁（Comnenian）王朝。在 11 世纪早期，这座城市有 60 万居民。君士坦丁堡的城市景观结合了高密度的居民区和低密度的宗教区（修道院），并有明显的绿色区域（见图 5.5，这是君士坦丁堡沦陷前几年的城市景象）。

1453 年，在狄奥多西防御体系与现代炮兵的一场战斗之后，君士坦丁堡被奥斯曼帝国占领。君士坦丁堡的沦陷对两种文明都极具象征意义。由于苏丹穆罕默德二世（Sultan Mehmed Ⅱ）的宽容，拜占庭城市的某些方面在整个新时期都继续存在，但也在随后的几十年里发生了一些重大变化。征服后不久，奥斯曼帝国新首都[继布尔萨（Bursa）和厄尔丁（Erdine）之后]的重建就开始了，并吸引了新人口。最重要的转变之一是城墙外的发展，这得益于奥斯曼帝国的实力和安全保障。新的城市生活是围绕着家庭和清真寺组织起来的。家庭的领地是街区（mahalles，区），城市的物质形态是街区的有机集合，在这些街区中，房屋比街道更重要。另一方面，清真寺不仅仅是一座建筑，而是一组由不同功能的建筑组

图 5.4　法提赫（Fatih）[a. 塞苏瓦尔贝伊；b. 圣索菲亚大教堂]；c. 贝伊奥卢 [阿拉普卡米（Arap Cami）]

（来源：作者拍摄）

成的综合体——库利耶（Kulliye）。在家庭和清真寺之间是集市（bazzar）和市场（Çarşi），在所有这些部分之上是宫殿（Saray）。第一座宫殿建在现在的伊斯坦布尔大学里，第二座宫殿托普卡皮宫（Topkapi Palace）建在古拜占庭的卫城里。征服后一个世纪，苏莱曼一世（Süleyman the Magnificent，1520—1566年）的统治代表了奥斯曼帝国的鼎盛时期。这一时期最重要的贡献者之一是苏莱曼一世的总建筑师锡南（Sinan）。也许他们最令人印象深刻的成就是苏莱曼清真寺，它是库利耶作为社会—宗教综合体理念的显著代表，也是城市形态的重要元素，它的构成具有规律性，与普通建筑和街道明显不同（Kuban，1996）。

图5.5 《君士坦丁堡的景象》（*Representation of Constantinople*），克里斯托福罗·彭德蒙蒂（Cristoforo Buondelmonti），1420年（彩图见书后插页）

伊斯坦布尔的现代化和西方化进程始于 18 世纪的"郁金香时期"（tulip period），这导致了更外向的生活方式，并在 19 世纪中叶的坦齐马特（tanzimat）改革时期得到强化，这是奥斯曼社会结构的改革时期。在城市表现方面，该时期出现了弗朗索瓦·考弗（François Kauffer）根据现代制图技术绘制的第一张地图（图 5.6），以及安托万 - 伊尼亚斯·梅林（Antoine-Ignace Melling）绘制的即将消失的城市景观。现代化进程开始改变了人们对城市边界的看法，城墙外的地区和街区的重要性日益增加，博斯普鲁斯海峡成为更广阔的伊斯坦布尔不可分割的一部分（这是当今城市景观的关键特征之一）。它也开始改变了城市肌理，公共和私人的世俗建筑取代了宗教建筑。但是，最根本的变化发生在 19 世纪：街道布局变得更加规则，与传统的建筑布局形成鲜明对比；就建筑肌理而言，建筑基底面积增加；居住区的开发控制旨在规范木制独栋建筑的建设，这些建筑是伊斯坦布尔传统城市景观的基础。

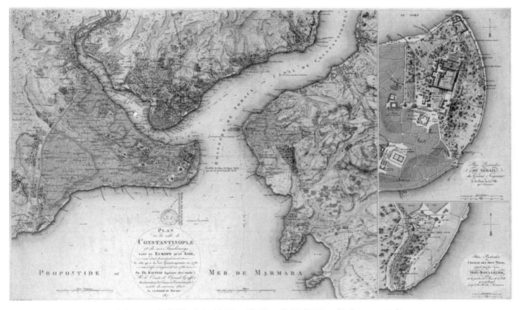

图 5.6　伊斯坦布尔地图，作者：弗朗索瓦·考弗，1776 年

（来源：公共领域）

第一次世界大战、西方盟国对这座城市的占领、独立战争、1923 年奥斯曼帝国的终结以及迁都安卡拉（Ankara），这一系列事件深刻地改变了伊斯坦布尔。正是在这种背景下，20 世纪 30 年代第一次系统的规划尝试开始了。虽然由于缺乏资源（建设新首都所需的资源）而推迟了规划实施，但在开始实施之后，城市改造的节奏和深度在 20 世纪持续增强。这包

括伊斯坦布尔城市形态的完全改变：部分城墙的破坏；为汽车建造的新的街道模式（参见阿斯卡雷和贝亚兹特广场的例子）；历史中心和博斯普鲁斯海峡沿岸奥斯曼式住宅建筑的消失；人口高速增长（特别是 20 世纪中叶之后）带来的贫民窟（棚户区）建造。

根据第一次官方人口普查，1927 年伊斯坦布尔有 69 万人（第一次世界大战期间为 120 万人）。在 20 世纪，城市人口一直增长，60 年代的增长率最高 [1960—1970 年，人口几乎翻了一番（见表 5.3）]。在此期间，随着来自土耳其不同地区的移民、穆斯林和说土耳其语的人稳步增加，这座城市开始变得更加同质化。2010 年，伊斯坦布尔有近 1300 万人口，成为特大城市。10 年后，它有 1500 万人口——几乎是土耳其人口的五分之一（另一个人口超过 500 万的城市是首都安卡拉）。2020 年，伊斯坦布尔的男女比例达到了完美平衡。它有大量的年轻人，年龄构成如下：21.7% 的年轻人，71.4% 的工作年龄人口和 6.9% 的老年人。

伊斯坦布尔人口演变，1950—2020 年	表 5.3
年份	都市区人口
1950	967000
1960	1453000
1970	2772000
1980	4397000
1990	6552000
2000	8744000
2010	12585000
2020	15190000

（来源：世界城市化前景）

伊斯坦布尔由 39 个区（25 个在欧洲，14 个在亚洲）和 782 个社区组成（图 5.7）。不同地区之间差异明显。阿达拉（Adala）和埃森余尔（Esenyurt）的人口分别从不到 2 万到大约 100 万不等。人口密度从每平方公里不到 100 人 [恰塔尔贾（Çatalca）和希莱（Sile）] 到每平方公里超过 40000 人 [加济奥斯曼帕夏（Gaziosmanpaṣa）]，平均值为每平方公里 2900 人。从面积上看，各行政区的面积从 10km² 以下 [巴伊拉姆帕夏（Bayrampaṣa），贝伊奥卢（Beyoğlu）和贡戈仁（Güngören）] 到 1000km² 以上（恰塔尔贾）不等。虽然有近 1000 万人生活在欧洲部分，500 多万人生活在亚洲部分，但由于欧洲部分面积较大，所以两地的人口密度相近。

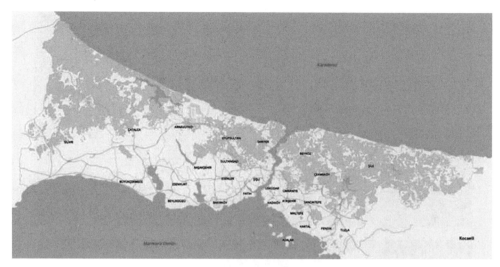

图 5.7　伊斯坦布尔的分区

[来源：伊斯坦布尔，（Büyüksehir Belediyesi）]（彩图见书后插页）

　　接下来的段落将着重介绍城市历史最悠久的 5 个区：法提赫、贝伊奥卢、于斯屈达尔、卡德柯伊和阿达拉。法提赫是由狄奥多西城墙限定的帝国首都片区，只有部分是完好的。尽管在人类历史上（尤其是罗马和拜占庭时期）法提赫这座独特的城市失去了大量的建筑遗产，但它仍然拥有杰出的城市景观。该地区居住着近 45 万人，分布在约 60 个社区。法提赫和贝伊奥卢的教育水平和社会经济地位（接近城市平均水平）都低于于斯屈达尔、卡德柯伊和阿达拉。法提赫、贝伊奥卢和于斯屈达尔的家庭规模比卡德柯伊和阿达拉都大。尽管法提赫的西部社区有较高的人口数量，但东部社区（位于君士坦丁尼边界内）人口数量较少。塞苏瓦尔贝伊（Sehsuvar Bey）是这些东部社区中的一个，它地势起伏很大，南部接近海平面，北部海拔 40m（图 5.4a）。该社区北部由规则的街道和街区构成，地块较多，地块与建筑沿街面的重合度较高；而南部则由不规则的街道和街区组成，每个街区的地块较少，地块与建筑沿街面的重合度较低。

　　第二个区贝伊奥卢包括历史悠久的锡卡 [加拉塔（Galata）] 和西北部较大的片区。它大约有 23 万居民，人口密度与法提赫相似。贝伊奥卢的社区数量比法提赫少，它由 45 个社区组成，西北部的社区比东南部的老社区人口更多。人口较少的社区之一阿拉普卡米，位于阿塔图尔克桥和加拉塔桥之间（图 5.4c）。阿拉普卡米与伊斯坦布尔本身一样，受到水环境的强烈影响。地形高度从 0 ~ 20m 不等。该社区由不同模式的街道和街区组成，其中大多数小街区由许多地块和连续的建筑沿街面组成。

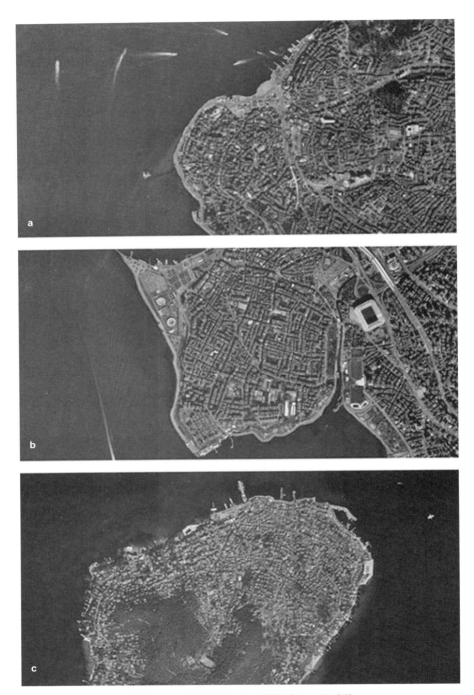

图5.8　a.于斯屈达尔；b.卡德柯伊；c.阿达拉

（来源：必应地图）

图 5.9　a. 于斯屈达尔；b. 卡德柯伊；c. 阿达拉

（来源：由作者拍摄）

居住在于斯屈达尔（前克索波利斯）的人口约为 53 万人。它的面积比法提赫大 2 倍，比贝伊奥卢大 4 倍。该地区由 30 多个社区组成。虽然没有像前几个区一样界线清晰，但沿着博斯普鲁斯海峡的社区往往人口较少。图 5.8a 显示了与博斯普鲁斯海峡接壤的一些社区。与一样，与水的关系以及密集的河流交通是这片城市景观的基本特征。地形变化很大，从 0 ~ 60m 不等。该地区的街道和街区模式比前面两个地区更不规则，但最显著的差异是每个街区的地块数量更少，建筑沿街面的连续性更弱。虽然建筑肌理不像法提赫和贝伊奥卢那样令人印象深刻，但城市生活极具活力这一点却是非常相似的。

大约有 48 万人居住在卡德柯伊（前卡尔西登）。人口密度低于法提赫和贝伊奥卢，高于于斯屈达尔（图 5.9a）。该地区由大约 20 个社区组成。图 5.8b 展示了卡费拉加（Caferağa）和奥斯马纳加（Osmanağa）社区（图 5.9b 捕捉了街头生活的场景）。与博斯普鲁斯海峡的关系是该区的一个关键特征。在这个小"半岛"的中心，地形起伏在 0 ~ 30m 之间。与图 5.8a 所示的于斯屈达尔社区进行比较，可以发现街道和街区的格局更有规律，地块的密度更高，地块与建筑物沿街面的重合度更高。

阿达拉是马莫拉海（Marmora）中的一个群岛，也被称为王子群岛。该群岛由 4 个较大的岛屿组成，对应着 5 个社区，居住着 15000 人。图 5.8c 展示了比于克阿达（Büyükada）岛，岛上居住着近 8000 人。其城市景观特征包括不规则的街道和街区、低重合度的地块与建筑沿街面以及非常明显的绿色区域。由于木材的大量存在，大多数住宅建筑的质量都很高（图 5.9c）。

5.2.2 东京

本小节主要介绍世界上最大的特大城市东京（1868 年前称为江户）。在对自然环境和日本的城市历史进行简要介绍之后，我们转向 12 世纪到 19 世纪的江户历史（特别关注这一时期的第二段，德川幕府），东京在过去 150 年的城市发展以及过去几十年不同片区的发展。最后一部分主要借鉴了佐藤茂（Shigeru Satoh）在 2003 年对日本首都进行的一项著名的形态学分析。

日本是太平洋上的一个群岛，由近 7000 个岛屿组成。它与其他国家没有陆地边界。日本在亚洲大陆东部边缘的邻国包括韩国、中国和俄罗斯。日本位于环太平洋火山带上，容易遭受地震、海啸和火山的冲击。东京位于本州东部的关东地区，本州是日本五大岛屿之一（其他 4 个是北海道、九州、四国和冲绳）。东京这一定居点表现为水和陆地之间显著的相互作用，北部湾通过浦永海峡（Uraga Channel）与太平洋相连（图 5.10）。许多河流，尤其是荒川（Arakawa），流入北部湾。多年来北部湾沿岸一直在进行填海造地。东京属于湿润的亚热带气候。

图 5.10 东京

（来源：必应地图）

日本的统一（除了北海道岛）发生在 3 世纪。在这一历史时期，这个国家没有很强的城市文化。每个皇帝都会建造自己的新宫殿，从一个地方搬到另一个地方，就像埃及文明一样（在前一章中有所介绍）。帝国首都宫古郡的概念是在 7 世纪中叶从中国传入的。日本首都的空间组织参照了中国唐朝长安的城市布局。自 645 年以来的一个半多世纪，日本从浪花（大阪）到平安（京都）共建立了 14 座都城。与这 150 年间的不断变化相反，京都在

1868 年之前的 1000 多年里一直是日本的首都，尽管在某些时期由于幕府军事力量自 12 世纪之后的影响而只具有象征意义。在中世纪晚期，京都大约有 50 万居民（Masuda，1970）。

　　江户（原名江户宿）是在 12 世纪建立的一座城堡小镇，位于今天皇宫的位置（图 5.11）。农业和渔业是这个早期定居点的两项主要活动。第一座城堡是由武藏省的长官在关东地区的平原上建造的。在这一历史时期尽管是统一的国家，但每个地区都充满了不同封建领主（诸侯）之间复杂的政治和军事斗争。尽管江户城堡非常繁荣，但它在关东的规模和作用并不显著。在 15 世纪中期（君士坦丁堡沦陷的时候，在上一小节中描述过），城堡被大田道馆重建和扩建。新城堡有一条 5.5km 长的护城河，3 条防线和 25 个城门。城堡周围有几座神殿和庙宇。总体来说，江户的街道与横贯城市的大路平行。由于江户没有取得关东平原的完全统治地位，它处于该地区的紧张局势中，并于 15 世纪后期到 16 世纪后期之间经历了一定的衰落（Morris，1972；Yazuki，1968）。

图 5.11　千代田皇宫

（来源：作者拍摄）

16 世纪末战争结束后，德川家康（Ieyasu Tokugawa）被任命为幕府将军，于 1603 年成为日本的实际统治者。他选择定居于江户，使之成为当时国家生活的中心。这就是统治日本长达两个半世纪的德川幕府的开端。江户逐渐发生了变化。17 世纪中叶，它有了日本历史上最大的城堡，并且可能是当时世界上最大的城市，人口超过 100 万。人口大幅增加的一个根本原因是封建领主必须居住在东京，至少每隔一年居住在此。封建领主的存在涉及许多人，包括武士。城镇居民的数量应该略高于武士，因此每个城镇应该有 50 万以上的居民。

　　2/3 以上的城市面积为军人阶层服务，而其余 1/3 的一半为城市居民，一半为寺庙或神社人员。不同的专业性街道设置了不同的商业和工业活动。那时的江户由今天东京的千代田（Chiyoda）、中央区（Chuō）、新宿（Shinjuku）、隅田（Sumida）（这 4 个区将在本小节最后进行详细介绍）、南渡（Minato）、文京（Bunkyō）、太町（Taitō）、口东（Kōto）、涩谷（Shibuya）、丰岛（Toshima）、荒川（Arakawa）以及品川（Shiagawa）、喜多（Kita）和板桥（Itabashi）的部分地区组成。在这些地区中，日本桥区（Nihonbashi）、京桥区（Kyobashi）、神田区（Kanda）和浅草区（Asakusa）是最重要的。城镇居民的传统房屋是 1 ~ 2 层楼的建筑，建在地块的前方，由泥墙和山墙屋顶建成；一楼前侧通常有一个开放空间用作商店。另一种住宅建筑是长屋，它位于后街的空地上，容纳几个家庭（租户）。就像奥斯曼帝国的伊斯坦布尔一样，德川幕府时期的江户曾遭受巨大灾难，灾难摧毁了其大部分的城市形态要素。其中之一是 1657 年的大火，造成了 5 万人死亡，破坏了总长 80 多千米的街道（在重建过程中，部分街道已被加宽）（Yasaki，1968）。

　　德川幕府推行的国际孤立政策、外国要求在东亚开放贸易的压力、国内的社会和经济问题，以及幕府支持者和帝国支持者之间的内战，导致了 1868 年恢复帝国统治的明治维新。那一年，江户被立为帝都，更名为东京。在接下来的几年里，东京逐渐从一个封建城市转变为新兴现代化国家的首都，以及在制度和行政（分区重组）、社会分层结构（从幕府统治后期加速诸侯和武士的重新安置）和工商业方面的根本性变化。明治政府推动的这一现代化进程与上一小节所述伊斯坦布尔的坦齐马特改革时期有一些相似之处。日本的全国人口普查始于 19 世纪 70 年代。根据这些数据，1872 年东京人口为 52 万，但在短短 20 年时间里，从 19 世纪 70 年代末到 19 世纪 90 年代末东京人口翻了一番，从 67 万增至 133 万（见图 5.12，19 世纪下半叶东京地图）。随着城市不断扩张，生活仍然受到破坏性事件的影响。首先，1923 年的关东大地震和随后的大火摧毁了几乎一半的东京市区。这座城市开展了密集的重建规划并于 1930 年重建了所有被摧毁的地区，包括土地的重新调整。其次，日本参与第二次世界大战（在 1910 年入侵朝鲜和 1931 年 9 月 18 日入侵"满洲"之后）给这日本及其首都东京带来了巨大的破坏。不过就像大地震一样，尽管破坏程度极其严重，但也以较快的速度得到了恢复。

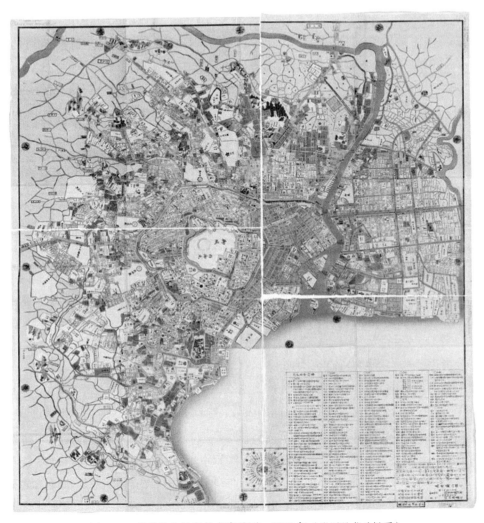

图 5.12　高井兰山绘制的东京地图，1859 年（彩图见书后插页）

战后时期的人口增长是显著的。表 5.4 描述了从 1950—2020 年的演变过程，分为 3 个不同的尺度：都市圈（包括大都会和琦玉县、千叶县和神奈川县这 3 个县）、大都会区和城市区（由 23 个特别行政区组成）。总体来说，在过去的 70 年里，3 个尺度地区的人口均有所增长。在第一个 10 年里，都市圈、大都会区和城市区的人口均大幅增长。然而在 1960 年之后，人口发展过程有所变化：都市圈的人口增长速度大于大都会区，且在 1970—2000 年之间，城市区出现了人口流失。几乎 1/3 的日本人口居住在东京都市圈，如果我们把东京和大阪（包括京都）都市圈加在一起，它们几乎包含了日本一半的人口。2020 年，居住在东京大都会区的人口为 1370 万人，690 万户家庭，即每户约 2 人（低于日本全国平均 2.4 人）。根据经济合作与发展组织（Organisation for Economic Co-operation and Development，OECD）的数据，都市圈的人口密度是每平方公里 3200 人，而核心地区的人口密度将增加到 4700 人。东京的老年人口非常多，年龄构成如下：12.2% 为年轻人，63.6% 为工作适龄人口，24.2% 为老年人（东京的老年人口是伊斯坦布尔的 3.5 倍）。

东京人口演变，1950—2020 年			表 5.4
年份	人口（百万）		
	都市圈	大都会区（县）	城市区
1950	11.3	6.3	5.4
1960	16.7	9.7	8.3
1970	23.3	11.4	8.8
1980	28.5	11.6	8.4
1990	32.5	11.9	8.2
2000	34.5	12.1	8.1
2010	36.8	13.2	8.9
2020	38.3	13.7	9.5

来源：世界城市化前景，东京都政府

接下来的段落着眼于东京的 4 个中心区——千代田、中央区、隅田和新宿。这些分析是基于佐藤茂进行的一项著名的形态学研究，以及他收集的 500m × 500m 方格的城市形态模式（Satou，2003）。千代田区面积为 11.7km²，居住着 63000 人（常住人口最少的地区）。它包括建于 12 世纪的第一个城堡镇的皇宫区域。如前文提到的，千代田在过去的几个世纪里遭受了严重破坏。破坏最严重的地区之一位于皇宫和东京站之间的丸之内（图 5.13 ~ 图 5.15）。这里的城市景观由水和植被所主导。丸之内的街道网络建于 20 世纪 60 年代，为正交网络；大多数街区都是矩形，面积较小。每个街区的地块数量非常少（1 ~ 3 个）；每个建筑的基底面积都非常大，几乎占据整个地块。地块与建筑沿街面重合，使街道与建筑的联系紧密。建筑肌理为高层和中层的建筑多建于 20 世纪 90 年代之后，主要由玻璃和钢铁建造而成。主要的土地用途为办公和商业。

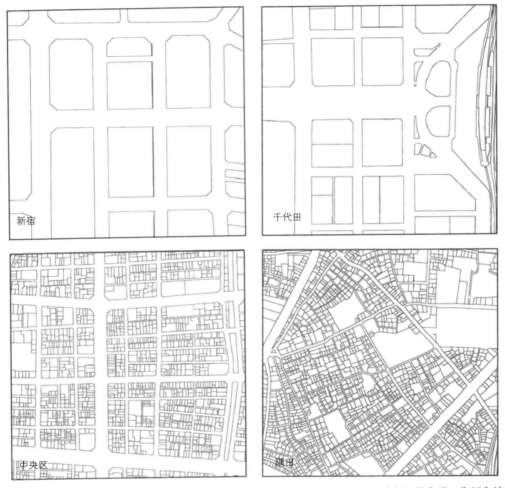

图5.13　新宿（西）、千代田（丸之内）、中央区（人形町）、隅田（向岛）：相同比例下的街道、街区和地块

（来源：Satoh，2003）

　　虽然中央区和千代田的规模差不多，但中央区的人口（16万）是千代田的2.5倍。不过它仍然是东京人口第二低的区域。该区域位于千代田和隅田河/北部湾之间，在东京的城市历史中发挥了关键作用。多年来，它经历了重大的改造和土地调整。图5.13～图5.15描述了其中的一个片区——人形町。人形町的城市景观与东京其他地区一样，最明显的一个特征是由流动空间和建筑体量形成的双重网络。一方面，中高层建筑形成了一个主要的规则网络，用于快速通行（辅以著名的公共交通系统）；另一方面，在前者的限定之下，有一个次级网络用于慢行系统，那里较为安静，以低层建筑为主，具有适宜的人本尺度

（图 5.15c）。流动空间和建筑体量的这种复杂组织模式不断得以改进，并配合持续的土地调整过程，是东京在城市物质形态发展方面的一项主要经验。图 5.16 中的航拍照片是从东京都政府大楼向西拍摄的，用于佐证上文描述。人形町的街区面积比丸之内小，每个街区的地块数量明显更多。丸之内样板区约有 30 个地块，而人形町样板区约有 1300 个地块。人形町样板区的地块面积在 50m² ~ 300m² 之间，一个普通地块通常宽 5m，深 20m。这意味着在人形町，城市主体、发展策略和城市景观的多样性程度明显更高。在主要网络中办公和商业功能较多，而在次级网络中商业和住房占主导地位。

图 5.14　新宿（西）、千代田（丸之内）、中央区（人形町）、隅田（向岛）：相同比例下的建筑基底平面图
（来源：Satoh，2003）

103

图 5.15　a. 新宿（西）；b. 千代田（丸之内）；c. 中央区（人形町）；d. 墨田（向岛）

（来源：由作者拍摄）

　　墨田区（Chioda）位于中央区东北部,比千代田和中央区面积更大、常住人口更多（26.6万）。我们着眼于墨田区中北部的向岛（Mukoujima）。向岛的街道网络明显不同于前两个例子，它呈不规则形，遵循农田、水路和原有道路，与少量的规则街道相互重叠。但是，这种不规则模式并不应该被错误地理解为混乱无序，因为它的街道具有 3 个层级体系和适宜的人本尺度，这与人形町如出一辙。对比图 5.13 和图 5.14 中 500m × 500m 的方格，向岛的街道用地比例较低，约占总用地的 20%，而人形町和新宿（西）为 40%，丸之内为 50%。街区和地块在形状和大小上都有很大的不同。向岛的地块密度高于人形町的地块密度，前者约有 1600 个地区，后者约有 1300 个地区，最常见的地块面积在 30m^2 ~ 90m^2 之间（随着时间的推移，一些地块已被细分）。大多数建筑肌理由 2 层的排屋构成，用作住宅功能，或将住宅与一层的商业或工作坊相结合。仍然有一些木质房屋在经历了大地震和第二次世界大战得以幸存。

图 5.16　由流动空间和建筑体量形成的双重网络

（来源：作者拍摄）

新宿区面积为 18.2km²，居住着 34.7 万人（与墨田一样，其人口密度高于城市平均水平）。我们在该区域内着眼于西新宿——东京都政府大楼附近的地区。该地区是在 20 世纪 60 年代规划的。它的结构是一个正交网格，街区和地块的密度与丸之内类似。这两个地区之间的主要差异在于每座建筑在地块中的位置以及建筑与街道之间的关系，这对城市景观产生重大影响。在丸之内，地块和建筑沿街面重合，创造了一个对行人更加友好的城市景观，而在西新宿，大部分建筑都是退让的。西新宿区包括 21 个地块（大部分在 9000m² ~ 10000m² 之间）和 23 栋建筑，主要用于办公（30 ~ 54 层）和商业（20 ~ 30 层）。

5.2.3 纽约

接下来是本小节重点介绍最古老的两个特大城市之一——纽约。在简要介绍其自然环境以及荷兰人与英国人在曼哈顿的早期定居点后，我们将重点关注这座城市在 18 世纪末独立之后的发展情况。与伊斯坦布尔和东京不一样，纽约的物质形态受到著名的 1811 年规划的强烈影响，该规划创造的街道、大道、街区和地块的布局模式至今仍然影响着曼哈顿。希拉里·巴隆（Hilary Ballon）编辑的《最大的网格：1811—2011 年曼哈顿总体规划》（*The greatest grid: the master plan of Manhattan 1811-2011*）是理解曼哈顿规划制定和实施的重要参考。最后，我们将介绍 5 个行政区在过去几十年的发展情况。

纽约位于美国的东海岸。如图 5.17 所示，水和陆地之间的复杂作用造就了纽约—新泽西港入海口。图中央的曼哈顿岛位于西部的美国大陆（哈得孙河）和东部的长岛（东河）之间；在北部，曼哈顿岛与大陆 [布朗克斯（Bronx）] 被哈勒姆河（Harlem River）相隔；曼哈顿与大西洋的关系涉及上湾区和下湾区。和东京一样，纽约属于湿润的亚热带气候。

为法国效力的探险家乔瓦尼·达·维拉萨诺（Giovanni da Verrazano）和为荷兰效力的探险家亨利·赫德森（Henry Hudson）分别于 1524 年和 1609 年发现了纽约。随后，这片原本被命名为新阿姆斯特丹（于 1664 年被命名为纽约）的土地于 1625 年被荷兰西印度公司接管。第二年，新尼德兰的总干事彼得·米纽伊特（Peter Minuit）从当地部落手中购买了曼哈顿岛。

图 5.18 的地图展现了 17 世纪中叶荷兰占领末期的新阿姆斯特丹。这是一个东西南三面环水、北面为城墙（即华尔街）的小型定居点。街道格局非常不规则，其中的一条主干道布雷德韦格大街在早期土著人占领之前就已经存在，也就是后来的百老汇。图 5.18 展示了大小形状各异的 20 个街区，每个街区所包含的地块数量不同，大小、形状和建筑密度也不一样，南部街区的建筑密度相对更高一些。阿姆斯特丹堡是其中一组特殊建筑群。尽管

如今的曼哈顿下城修建了新的街道，但是其街道格局与 17 世纪时仍然非常相似。

1664 年，新阿姆斯特丹被英国人征服并被重新命名为纽约（新约克）。在英国政府的统治下，这座城市繁荣发展并且人口激增。居民人口从 1650 年的 1000 人增长至殖民后期的 2 万人。一方面，城区出现了一定程度的扩张，一直扩大到公地（如今的市政厅公园），面积比 100 年前的新阿姆斯特丹增加了近 3 倍。另一方面，一种新的正交街道格局和街区模式开始由私营力量而非公共规划推动形成并开始建造。这种情况发生在许多片区，比如百老汇与哈得孙河之间、曼哈顿西部、鲍里巷以东以及岛屿东部片区。

图 5.17　纽约

（来源：必应地图）

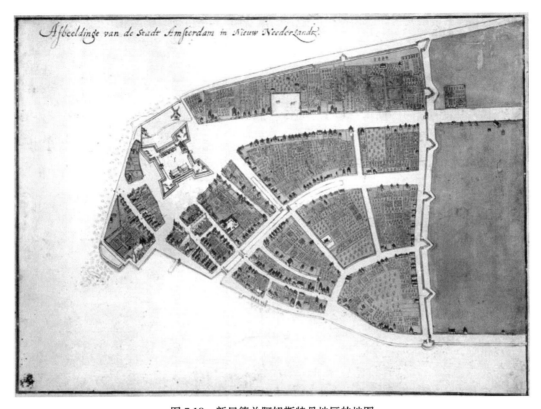

图 5.18　新尼德兰阿姆斯特丹地区的地图

[来源：雅克·科特柳（Jacques Cortelyou）绘制，1665—1670 年]

　　美国从英国独立之后，这种对于规则布局的偏好在 19 世纪初得到最大程度的体现。1807 年，纽约州议会任命并授权 3 名委员古弗尼尔·莫里斯、西米恩·德·威特（Simeon De Witt）和约翰·拉瑟弗德（John Rutherfurd）于 1811 年前制定完成纽约城市规划，同时委任小约翰·兰德尔（John Randel Jr.）为总勘测员。1807 年法案制定了一系列设计准则，将规划边界设定为休斯敦大街密集居民区的边缘，规划了广场和 3 种类型的街道，并制定了具体的实施进程。

　　该规划具有明显的未来主义发展愿景。当时的城市（集中于运河街以南）人口为 9.6 万人，规划预测 1860 年人口将达到 40 万，城市将扩张到第 155 街。实际上，1860 年曼哈顿的人口为 81.35 万人，比规划委员会预测的人口还翻了一番（Ballon，2012）。

　　该规划建议把休斯敦大街以北区域划分为横向 12 条大街、竖向 155 条街道的网格布局。图 5.19 展示了之前的布局（深灰色阴影区块）和包含大约 2000 个街区的规划网格。尽管该网格看起来较为统一，但它其实包含了两种主要模式，能够创造多样化的形式。第一种模式与街道宽度有关，大道宽 30m，标准十字街宽 18m，主要十字街宽 30m（这超过了曼哈顿下城的标准和 1807 年法案规定的最低标准）。第二种模式与街区尺寸有关，所有街区都是 60m 宽（南北向），但是长度（东西向）各异，从岛屿中心向海岸线递减。该规划方案的一个重要特点是所有街道都按照编号进行命名。

由于曼哈顿地价较高，该规划方案减少了广场和公园的数量，认为哈得孙河和东河能提供足够的开放空间。现有的小而分散的公园被保留下来。

该规划没有规定地块尺寸，但街区采用模数系统，都可以按照 6m（20 英尺）和 7.5m（25 英尺）进行划分（图 5.19）。一个标准地块的深度为 30m（半个街区的深度），宽度为 6m 或 7.5m。对于建筑高度的规定也与街道宽度有关：大道两侧的建筑较高，而支路两侧的建筑较矮。

规划方案的实施是一个漫长的过程，从网格划定到 155 街的建成用了大约 60 年。其中的重大调整包括：（ⅰ）插入百老汇（与规整的网格形成对比，尤其是从第 10 街到第 72 街的对角线延伸段）；（ⅱ）修建两条连通岛屿南北的新大道 [第 3 大道和第 4 大道之间的列克星敦大道（Lexington），以及第 4 大道和第 5 大道之间的麦迪逊大道（Madison）]；（ⅲ）创建新的开放空间——第一阶段的邻里公园和广场 [从联合广场（Union Square）到布赖恩特公园（Bryant Park）]，第二阶段的中央公园（Central Park，3 个街区宽、51 个街区长，加强了第 5 大道对东西两侧的分隔）；（ⅳ）部分轴线的扩大 [第 47 街北部的公园大道、列侬大道（Lenon Avenue）、亚当·克莱顿·鲍威尔林荫大道（Adam Clayton Powell Boulevard）以及 17 条东西向街道]；（ⅴ）取消阅兵场（或者说将其规模大幅缩减至麦迪逊广场公园）、天文馆以及大多数拟建广场。

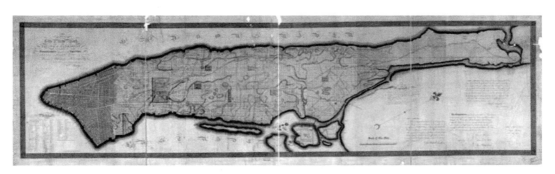

图 5.19　纽约地图

[来源：威廉·布里奇斯（William Bridges）绘制，1811 年]

　　尽管山丘平整和山谷填充使纽约的城市地形变得更加平缓，但如今的环境仍然与 19 世纪早期非常相似。规划中的大部分街道都穿过私人物业。为了修建这些街道，州立法机关制定了街道开放制度。这种早期的征用权形式鼓励私人为城市建造街道和广场，并为业主提供相应的经济补偿（Ballon，2012）。

　　纽约的扩张首先从东区开始。与西区崎岖的丘陵和山谷不同，东区低洼平坦的地形更适于施工建设。19 世纪 30 年代迎来了住宅地产的繁荣；30 年代末期，纽约已经将网格布局扩展到了第 52 街。西区的改善始于 19 世纪 60 年代中期。莫宁赛德公园（Morningside Park）和圣尼古拉斯公园（St. Nicholas Park）的兴建以及起伏的河滨大道（Riverside Drive）均是尊重地形进行设计的范例。同样地，19 世纪 60 年代制定的曼哈顿上城规划（第 155 街以北地区）更加凸显了崎岖不平的景观特征（Ballon，2012）。19 世纪末，布鲁克林大桥（the Brooklyn Bridge）的修建，将曼哈顿和布鲁克林连接在一起。1898 年，这两个地区，与布朗克斯、皇后区和斯塔滕岛合并形成包含 5 个行政区的大都市。

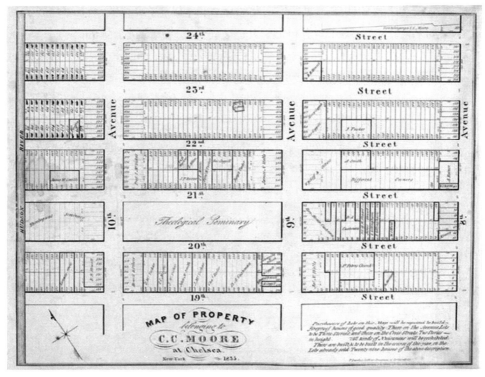

图 5.20　摩尔在切尔西的财产地图（Map of property belonging to C. C. Moore at Chelsea），1835 年

（来源：公共领域）

　　20 世纪的技术进步使得摩天大楼可以借助钢结构和电梯越建越高，这在一定程度上强化了轴网的存在。1916 年之前，网格可以沿着街道和地块的边界径直向天空延伸。1916 年，第一部分区法获得批准，对建筑高度提出限制并要求建筑形体在高度增加时进行退让，以保证街道和较低楼层的采光。针对这一规定，根据街道宽度和后退夹角在不同地区形成了 5 种不同的模式。1961 年，新的分区法获得批准，允许建造更高的建筑，旨在鼓励建造商将开放空间整合到开发地块中（Ballon，2012）。

　　在 20 世纪有一个重要变化，即通过取消一些街道路段，在网格布局中形成了超级街区。有些是由纪念性建筑和建筑群组成的，有些则是由大型住宅项目组成的。尽管住宅超级街区与正交街道系统完美契合，但它们改变了城市肌理，丧失了网格系统的宜步行性特征和混合使用品质。20 世纪与 21 世纪之交的规划趋势是重新定义城市的网格布局，这在近期的炮台公园和世贸遗址项目中得以体现（Ballon，2012）。

　　20 世纪中叶，纽约和东京成为世界上两个特大城市。总体而言，在都市圈和城市区的尺度上，1950—2020 年他们的人口一直增长（表 5.5），最终分别达到 1880 万人和 830 万人。虽然 1980—2020 年这两个尺度上的人口都有所增长，但 1950—1980 年的过程却与其他时间段不同——都市圈尺度的增长更加连续（20 世纪 70 年代是个例外），而城市区尺度的增长则不连续。如今，纽约的人口占美国总人口的 6%，而美国还有另一个特大城市：洛杉矶，以及 8 个人口超过 500 万的城市。根据经合组织（OECD）的统计，都市圈的人口密度为每平方公里 800 人，核心区的人口密度增加至 1500 人。纽约人口的年龄构成如下：17.9% 为年轻人，66.4% 为工作适龄人口，15.7% 为老年人。

纽约人口演变，1950—2020 年　　　　　　　　　　　　　　　表 5.5

年份	人口（百万）	
	都市圈	城市区
1950	12.3	7.9
1960	14.2	7.8
1970	16.2	7.9
1980	15.6	7.1
1990	16.1	7.3
2000	17.8	8.0
2010	18.4	8.2
2020	18.8	8.3

（来源：世界城市化前景，纽约市城市规划部）

在过去 30 年里，纽约 5 个行政区的人口均有所增长，其中斯塔滕岛的增长率最高（表 5.6）。如今，居民数量以布鲁克林和皇后区较多，斯塔滕岛较少。人口密度曼哈顿（最小的行政区，由 12 个区组成）较高，斯塔滕岛（由 3 个区组成）较低。曼哈顿人口密度最高的地区是上西区和上东区（分别是第 7 和第 8 社区）。图 5.21 为曼哈顿这两个地区的平面图，其街道、街区和地块的布局模式是 1811 年城市规划的重要特色。

纽约 5 个行政区的人口演变，1990—2019 年　　　　　　表 5.6

年份 地区	1990	2000	2010	2019
布朗克斯	1203789	1332650	1358108	1418207
布鲁克林	2300664	2465326	2504700	2559903
曼哈顿	1487536	1537195	1585873	1628706
皇后区	1951598	2229379	2230722	2253858
斯塔滕岛	378977	443728	468730	476143
纽约市	7322564	8008278	8175133	8336817

（来源：纽约市城市规划部）

不同社区的多样性是纽约最重要的特征之一。下文将对这方面进行简要介绍，从曼哈顿的南部到北部，再到布朗克斯、皇后区、布鲁克林和斯塔滕岛。

曼哈顿下城的建成环境以荷兰人和英国人聚居区的街道格局为标志（图 5.22b）。它是美国的第一个首都，也是 1792 年后的世界金融首都。2001 年 9 月恐怖袭击之后的世贸遗址就坐落于此，如今成为展示城市实力的地方。在曼哈顿下城的东北部，能找到海港和市民中心，这些主要在独立之后才发展起来。该片区聚集了市政厅、法院和一些重要建筑，例如伍尔沃斯大楼（Woolworth Building）。并且与水有着紧密的联系，其东北部为布鲁克林大桥。下东区位于海港和市民中心的北部以及 1811 年规划网格的南部，是拥有各种文化背景的新移民的传统聚集地。小意大利和唐人街是这些社区中最典型的例子。SOHO 区和特贝里克区（TriBeca）是纽约两个最时尚的社区，也是最昂贵的居住区，其艺术氛围浓厚，到处都是画廊、咖啡馆和商店。SOHO 区因拥有世界著名的锻铁建筑而广为人知（图 5.22d）。

让我们移步至休斯敦街以北。格林威治村将 1811 年规划网格的一部分与相对更加不规则的街道格局整合在一起，前者位于充满活力的华盛顿广场周围，后者位于谢里登广场（Sheridan Square）附近（图 5.22f）。这里曾经是各种"自由精神"的聚集地。与格林威治村不同，格拉梅西（Gramercy）和熨斗区（Flatiron）由 1811 年规划所确定的街道网格所主导。

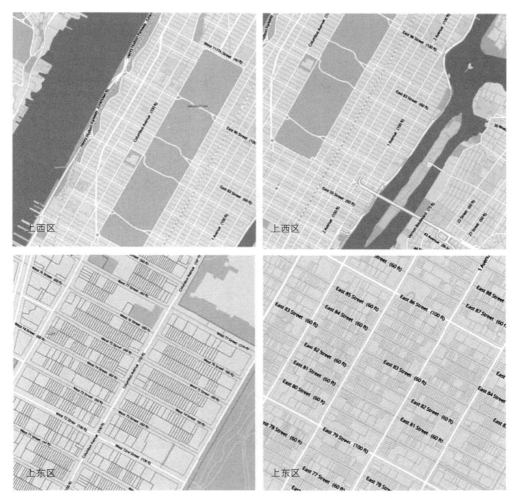

图 5.21　曼哈顿的上西区和上东区：街道、街区和地块

（来源：纽约市城市规划部）（彩图见书后插页）

格拉梅西以住宅区为主，围绕 19 世纪 30 年代的公园而建；而熨斗大厦和麦迪逊广场周边的街区则功能更加混合。中央公园以南是剧院区（ Theatre district ）。继 1883 年大都会歌剧院搬迁至剧院区之后，许多剧院和餐馆也聚集于此。剧院区包括一些重要的建筑物（纽约公共图书馆、洛克菲勒中心）、广场和公园（时代广场、布赖恩特公园）。剧院区以东是市中心区。市中心区以大量的摩天楼为标志，从 1930 年建于下中城的克莱斯勒大厦（ Chrysler Building ）到 20 世纪 50 年代建于上中城的西格拉姆大厦（ Seagram Build ）。市中心有许多重要的博物馆，例如现代艺术博物馆。该片区以第 5 大街为显著标志，是高收入人群的居住地。

图 5.22　纽约：a. 曼哈顿南部；b. 曼哈顿下城；c. 曼哈顿北部；d. Soho；e. 布鲁克林；f. 格林威治村

（来源：由作者拍摄）

自 20 世纪以来，高收入人群就一直生活在上东区，如今他们聚集在第 5 大道和公园大道周边。麦迪逊大道两侧有许多商店和画廊，街道周边的知名建筑中，聚集了一些重要博物馆，例如古根海姆博物馆（the Guggenheim Museum）、惠特尼博物馆（Whitney Museum）和大都会博物馆（Metropolitan Museum of Art）。在轻轨和达科他公寓（the Dakota Apartments）建成之后，百老汇和中央公园西区逐步修建了许多建筑，尽管较晚才投入使用。如今，上西区已变得非常多元化，既包括河滨大道和中央公园西区的高收入人群，也聚集着阿姆斯特丹大道的中低收入人群。它也是重要文化建筑的所在地，如林肯中心和美国自然历史博物馆。曼哈顿岛的北部哈勒姆区（Harlem），是充满活力的非裔美国人文化中心。该片区以第 125 街（小马丁·路德·金林荫大道）为骨架，包括阿波罗剧院（Apollo Theater）等重要的城市文化建筑。

布朗克斯区几乎是曼哈顿的两倍大。它的街道格局与曼哈顿明显不同，更加分散并且主街高低起伏。该区有许多特殊建筑和开放空间，例如洋基体育场（Yankee Stadium）、植物园（the Botanical Garden）和布朗克斯动物园。皇后区是 5 个行政区中面积最大、人口第二多的区域。长岛城（Long Island City）是皇后区最具活力的地方之一，通过皇后区大桥（Queensboro Bridge）或第 59 街大桥与曼哈顿相连。皇后区艺术生活的主要体现之一是 PS1 MoMA，它是现代艺术博物馆的一部分。就人口而言，布鲁克林（图 5.22e）是纽约人口最多、面积第二大的行政区（如果它本身就是一座城市的话，将为美国第四大城市）。该区可能是最具种族多样性的区域。该行政区最重要的 3 个片区是布鲁克林市中心、布鲁克林高地和位于著名的希望公园附近的斜坡公园。布鲁克林区和皇后区的街道格局在某种程度上都与曼哈顿的主导格局非常接近。最后，斯塔滕岛的街道系统比布朗克斯区的街道系统更为分散。它的面积比布朗克斯区大，人口约为 47 万。

5.3　中等城市

5.3.1　马拉喀什

马拉喀什（Marrakesh）是一座"中等城市"，是摩洛哥的四大国都之一。它的阿拉伯人聚居区被联合国教科文组织列入世界遗产名录。接下来的段落将介绍马拉喀什在 5 个朝代的城市历史，从阿尔摩拉维德（Almoravid，始于 11 世纪中期）到阿拉维（Alawite），再到作为法国保护国的 40 年，以及 1956 年独立之后的时期。

马拉喀什位于北非摩洛哥的北部。该国北临地中海，西临大西洋，东部与阿尔及利亚接壤，南部与毛里塔尼亚（Mauritania）接壤。马拉喀什位于坦西特河谷（Transit River Valley，这条河位于城市北部，东西走向，图 5.23 顶部）；在阿特拉斯山脉（Atlas Mountain，东西走向，图 5.23 底部）的北部，将其与撒哈拉沙漠分隔；位于大西洋海岸以东约 150km 处。阿特拉斯和撒哈拉沙漠对这座城市的地域特色产生了强烈影响。马拉喀什是炎热的半干旱气候。

图 5.23　马拉喀什

（来源：必应地图）

马拉喀什与非斯（Fes）、梅克内斯（Meknes）和拉巴特（Rabat）被称为摩洛哥的四大都城。这座以摩洛哥帝国命名的城市由阿尔摩拉维德王朝创建于 11 世纪中叶。阿尔摩拉维德王朝由柏柏尔人（Berber）建立，起于 1056 年，终于 1147 年。这个四处征战的游牧民族将马拉喀什确立为首都，他们成功地将帝国版图从撒哈拉沙漠延伸到西班牙、从大西洋扩张到阿尔及利亚。作为阿拉伯人聚居区的马拉喀什，其原始布局可以追溯到阿尔摩拉维德王朝时期，包括城墙（修建于 1126—1127 年）、宫殿（已被摧毁）、清真寺以及卡塔拉（Khettaras），一种至今仍在使用的复杂的地下灌溉沟渠系统。优素福·本·塔奇费恩（Youssef ben Tâchfine）和他的儿子阿里·本·优素福（Ali ben Youssef）是阿尔摩拉维德王朝时期马拉喀什城市发展的主要推动者。

1147 年，这座"红城"被阿尔默哈德占领（1147—1269 年）。虽然宫殿和清真寺等纪念性建筑大多被胜利者摧毁了，但马拉喀什作为首都的地位得以保持并经历了前所未有的繁荣。这一时期，阿尔摩拉维德王朝的废墟上建立起了宏伟的库图比亚清真寺。阿尔默哈德家族将城墙延伸并建造了新的住所卡斯巴（Kasbah，公元 1185—1190 年）。卡斯巴是城市的南向延伸，拥有自己的城墙和城门以及自己的清真寺、宫殿、市场、医院、阅兵场和花园（UNESCO，2009）。阿尔默哈德王朝（Almohads）的建筑非常简单，没有装饰，与阿尔摩拉维德王朝的建筑形成鲜明对比。

在阿尔摩拉维德和阿尔默哈德王朝之后，马拉喀什经历了不同的衰退期和繁荣期。第一次衰退是在梅里尼德王朝（Merinid）时期。梅里尼德王朝统治了两个多世纪并将非斯定为主要城市。在该王朝的最后几年，马拉喀什受饥荒所困，破败不堪。

萨迪亚人（Saadians）在 1522 年征服了马拉喀什。新的王朝为这座城市带来了一段繁荣期，并兴建了一些重大工程，包括：阿拉伯人聚集区（Medina）此边著名的本·优素福马德拉沙（Madrasa，穆斯林高等教育机构）的重建；受阿尔罕布拉宫（格拉纳达）的灵感启发，在卡斯巴东北部一所废弃的阿尔默哈德花园中巴迪宫的兴建；（El Badi Palace）萨迪亚人墓穴的修建，将精美的建筑与卡斯巴的其余部分用一堵墙分隔开来。美拉区（Mellah），或称犹太区，建于 16 世纪末，是摩洛哥最大的犹太人聚集区。它与阿拉伯人聚居区和卡斯巴共同构成了马拉喀什的三大区（Gottreich 2007；Metalsi et al. 1999）。图 5.24 展示的地图可能是 16 世纪下半叶马拉喀什的第一张城市地图。

1688 年，随着阿拉维王朝（目前仍是摩洛哥的统治家族）对菲斯、梅克内斯和拉巴特等城市的青睐，马拉喀什的发展出现了一段停滞期。尽管如此，阿拉维王朝时期的苏丹人在马拉喀什建设了一些重要工程，包括新的清真寺、伊斯兰学校、宫殿和住宅，并将这些建筑与老城的均质化单元和谐地融为一体。老城的城墙长 10km，由黏土、石灰和玉米秸秆制作而成。历史上的大片绿化区域——棕榈林、梅纳拉公园（Menara）和南部的阿格达尔花园（Agdal Gardens）位于城墙之外（UNESCO，2009）。19 世纪末，巴迪宫的东北部兴建了巴伊亚宫（Al-Bahia）。受欧洲各国操控，19 世纪的马拉喀什内战不断。

20 世纪上半叶，在法国的支持下，阿拉伯人聚居区外（西北部）被设计了一座新城，圭利兹区（Guéliz）。该区由马歇尔·利奥泰（Marshall Lyautey）、朗仁上校（Captain Landais）和规划师亨利·普罗斯特（Henri Prost）设计。图 5.25 的城市平面图显示，圭利兹区通过杜卡拉门（Doukkala gate）与阿拉伯人聚居区相连。

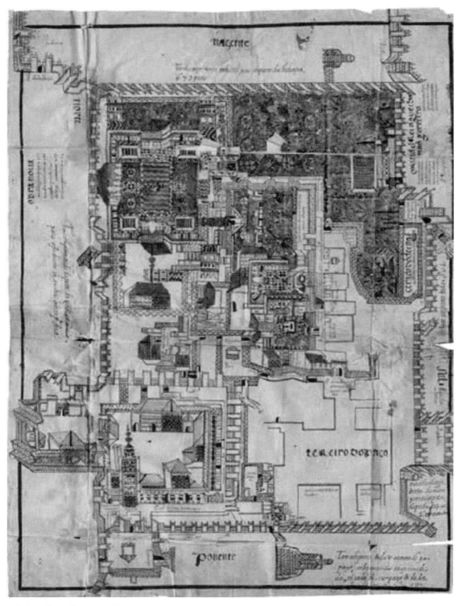

图 5.24　安东尼奥·达·孔西康（Antonio da Conceiçâo）的马拉喀什地图，1549—1589 年（彩图见书后插页）

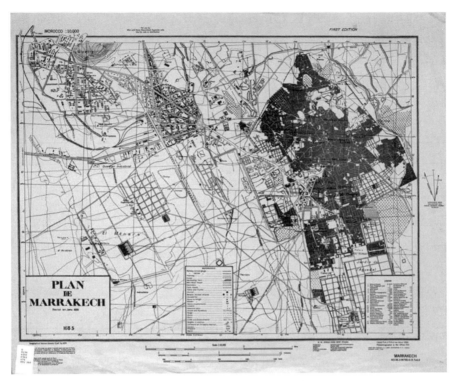

图 5.25　马拉喀什地图，1935 年（彩图见书后插页）

20 世纪中叶时，马拉喀什的人口约为 20 万，从那时起人口持续增长，20 世纪 80 年代和 20 世纪 90 年代人口增长率较高（表 5.7）。如今，马拉喀什的城市人口近百万，充满活力。它是摩洛哥人口第五大城市（这个国家有 3600 万人口，其中 62.5% 居住在城市），排在卡萨布兰卡（Casablanca）、拉巴特、菲斯和丹格（Tanger）之后——这些全部都是中等城市（100 万 ~ 500 万人口）。

马拉喀什城内浓郁的色彩和气息带给人强烈的感官体验。街道、地块和建筑格局在阿拉伯人聚居区的内部和外部具有明显区别（图 5.25）。如第 4 章所介绍，马拉喀什的阿拉伯人聚居区是伊斯兰城市形态的典型案例。它由不规则的城墙环绕，长 10km、高 6m ~ 9m、宽 1.5m ~ 2m。10 座纪念性的城门将阿拉伯人聚居区与其周边地区相连接。

在阿拉伯人聚居区内部，开放空间主要由两类截然不同的元素构成：错综复杂的狭窄街道和大型的祈祷广场（Jemaa-el-Fna）。图 5.26 是其鸟瞰图，图 5.27 是一些日常生活照片。阿拉伯人聚居区确实是宜居型开放空间的著名案例。在建筑空间和外部空间的关系中，前者明显占主导地位。两者之间的比例关系使阿拉伯人聚居区与西方城市有所区别，也将聚居区与其外部的圭利兹区、海神区（Hivernage）区分开来。祈祷广场是一类非常与众不同的广场，它的形状极不规则，长轴方向有 250 多米，周边都是非常普通的建筑。然而，就像纽约时代广场一样，它不论何时总是挤满了居民和游客。广场上的活动应时而异，上午是交易市场，晚上则用作音乐和文化表演。

1950—2020 年马拉喀什人口演变		表 5.7
年份	人口	
1950	209000	
1960	243000	
1970	323000	
1980	416000	
1990	578000	
2000	751000	
2010	880000	
2020	1003000	

（来源：世界城市化前景）

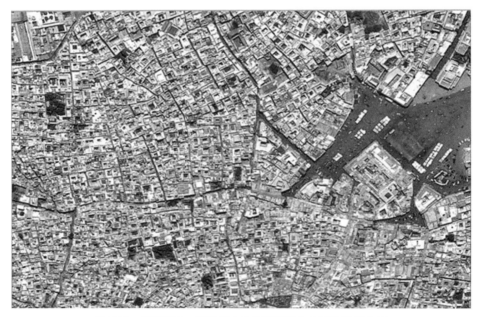

图 5.26　马拉喀什：错综复杂的狭窄街道和大型的祈祷广场

（来源：谷歌地球）（彩图见书后插页）

图 5.27　马拉喀什：a. 祈祷广场；b 和 d. 阿拉伯人聚居区的街道；c. 圭利兹社区的街道；

e. 本·优素福马德拉沙；f. 集市街道

（来源：作者拍摄）

121

如前一章所述，露天市场（Suq）是一种特殊的街道形式，它由大量的个体商店组成，并根据销售的商品类别进行布局（图 5.27f）。马拉喀什的露天市场非常狭窄，位于祈祷广场的北部和东部。最古老的露天市场片区位于南部的斯马林市场（Suq Samarine）和北部本·优素福清真寺之间，包括老广场拉巴科迪玛（Rahba Kedima）（以前的奴隶市场，现在是各种理疗中心）。

与其他都城不同，马拉喀什的卡斯巴（Kasbha）和阿拉伯人聚居区的联系非常紧密。除了宫殿以外，卡斯巴的街道与阿拉伯人聚居区非常相似。美拉区的情况也是如此，随着原有犹太人口的流失，它变得与阿拉伯人聚居区内的其他片区非常相似。

本·优素福区是阿拉伯人聚居区内一个重要的文化和精神场所。该区主要有 3 座特殊建筑：马拉喀什博物馆、本·优素福清真寺和本·优素福马德拉沙（图 5.27e）。马德拉沙是城市里最出色的建筑之一，呈方形，两层楼高。它沿一条中轴线对称布局，包括带矩形游泳池的中心庭院、祷告室和祭坛。位于一层和二层的两个学生画廊也围绕着中轴线进行布置。

从物理意义上来讲，杜卡拉门连接了两个不同的世界，阿拉伯人聚居区和圭利兹区。实际上，十一月十六日广场和穆罕默德五世大道周围的放射状街道布局以及开放空间和建筑结构之间的关系，在阿拉伯人聚居区的内外存在着巨大差别。与阿拉伯人聚居区相比，圭利兹区（和海神区）建成环境的气候适应性较弱。过去几十年，圭利兹区的建成环境由于办公楼和多户住宅的兴建而发生了巨大变化，但是仍然能够找到一些建于 20 世纪上半叶、由花园围绕的现代主义单户住宅（图 5.27c）。

高收入的海神区位于圭利兹区以南。虽然它的街道格局与圭利兹区相似，但是地块却相对更大，建筑覆盖率也较低。不管街道品质如何（比如有树），大部分路段都由高墙围合，阻断了街道与不同地块和建筑之间的视线联系。除了豪华的住宅之外，海神区还分布着旅馆、俱乐部、电影院和赌场。梅纳拉花园位于海神区西部，距迪德门（Bab Jdid）2km。其中的大型水池建于 12 世纪，绿色屋顶的宫殿建于 19 世纪，是一项非常出色的景观设计作品。

5.3.2 波尔图

从 6 世纪时的一个小城堡城镇开始，波尔图（Porto）经过了大规模的扩张，先是在 14 世纪修建了一堵新城墙，然后 18 世纪在城墙外规划建设了一组街道。自 19 世纪早期以来，这座城市和葡萄牙这个国家都面临着重要的政治变革，从专制到君主立宪制，从第一共和国到独裁，再从独裁到 1974 年的民主。

波尔图位于伊比利亚半岛海岸，是欧亚大陆的西部边界。城市区和大都会区位于葡萄牙北部，是葡萄牙面积最大和人口最多的地区。大都会区以大西洋为界，其自然景观由杜罗河（Douro River）所主导（图 5.28）。这条河对波尔图一直具有至关重要的作用，它连接着波尔图和著名的波尔图葡萄酒产地：上杜罗地区（Alto Douro）。波尔图的历史核心区和上杜罗地区被联合国教科文组织列入世界遗产名录。大都会区的另外两条重要河流是阿韦河（Ave）和莱萨河（Leça，杜罗北部）。波尔图是夏季温暖的地中海气候。

图 5.28　波尔图

（来源：必应地图）

　　尽管早在公元前 8 世纪波尔图就出现了一些早期的人类聚居形式，但是波尔图作为城镇的历史始于 1123 年，具有所谓的堡垒属性。12 世纪时，波尔图只是一个 3.5hm² 的小型聚居地（地势较高，比杜罗河高 60m）。它主要由一座城堡小镇组成，小镇四周围绕着罗马式城墙，城墙上有 4 座城门。城墙大约修建于 6 世纪，城内包括教堂、牧师居所、小型市场和一些小房子，城外主要是农业用地。雨果街（Rua D. Hugo）是城内最重要的街道之一。这条街道很短（长约 300m）且不规则，不仅平面上弯弯曲曲，地面也起起伏伏。雨果街两侧的 20 个地块形态各异，沿街长度 3.5m ~ 70m 不等。建筑也非常多样化。大部分地块的建筑覆盖率都很高，当然也有一些例外。建筑层数 1 ~ 4 层不等，大部分为 2 层建筑。

14 世纪时（1336—1347 年），波尔图修建了一条包含 16 个城门的新城墙，其总面积扩张到原来的 12 倍。新城墙围合的区域包含了当时城市的主要港口里贝拉（Ribeira）。16 世纪初，与英国的葡萄酒贸易使港口活动日益频繁，这座中世纪城市也随之发生了许多变化，比如在城内修建了新的街道并修缮了城墙。弗洛雷斯街（Rua das Flores）就是当时新建的其中一条街道。弗洛雷斯街和雨果街在形态上非常不同。弗洛雷斯街始建于 1521 年，连接了现存的两座广场（带有虔诚的宗教氛围）：圣多明各广场和玛利亚圣本托广场。其中圣本托广场紧邻城墙且包括其中的一座城门。弗洛雷斯街长 350m，宽 9m，两侧有 100 个地块。这些地块的结构在几个世纪以来都非常稳定。在 500 年的城市历史中，除了一个地块，其余地块都保持了最初的形态。这些地块沿街面的多样性远远低于雨果街，建筑类型也比雨果街更单一。而建筑高度，也正如所预料的那样，比罗马式城墙以内的区域更高，一般在 2 ~ 6 层不等。

18 世纪初，在巴西黄金和钻石的支持下，波尔图的城市经济得以发展，兴建了一系列巴洛克建筑并对现有建筑进行了巴洛克式改造。18 世纪，波尔图人口剧增：在大约一个世纪内，居民数量从不到 2 万人增长到大约 3 万人。于是，波尔图地方当局请求王国政府介入，并于 1758 年成立了专门负责城市规划和管理的公共机构：公共工程委员会（Junta das Obras Públicas）。委员会着眼于两个区域：历史核心区和城外领地。公共工程委员会在土地法和建筑征用法的有力支持下，不仅完成了街道本身的设计，还设计了每条街道上的建筑立面（包括建筑的高宽、门窗、阳台等）。它还将土地细分为具有标准宽度（5m ~ 6m）和不同进深的规整地块。这些地块与第一道和第二道城墙内的地块非常不同。1784 年，基于委员会提出的愿景和主要行动指南，汇编形成了《改造规划》（Plano de Melhoramentos）。委员会运行的这 80 多年是波尔图城市史上最有意思的时期之一。阿尔马达街（Rua do Almada）是这段时期的一条标志性街道（已在第 2 章提及），它以委员会第一任主席阿尔马达·伊梅洛（João de Almada e Melo）的名字进行命名。这条街道设计于 1761 年，建成于 1764 年，长 800 多米，比弗洛雷斯街和雨果街都长得多，将城墙围合的内城部分与城外北部的一个新建广场连接在一起。阿尔马达街的平均宽度与弗洛雷斯街类似。在第 2 章中我们已经提到，阿尔马达街包括 10 个街区和 215 个地块。其中大部分地块宽 5m，进深 20m ~ 90m。这种地块形式导致了一种特殊建筑类型的出现。由于地块沿街面很窄，建筑必须在进深方向发展，这就意味着建筑进深普遍都大于 15m。

　　波尔图的第一张全城地图是在 1813 年由乔治·巴尔克绘制，被称为圆形地图（Planta Redonda），它参考了 18 世纪的两张地图（图 5.29）。80 年后，由特莱斯·弗雷拉于 1892 年设计的地图，成为葡萄牙制图史上的一个里程碑（图 5.30）。

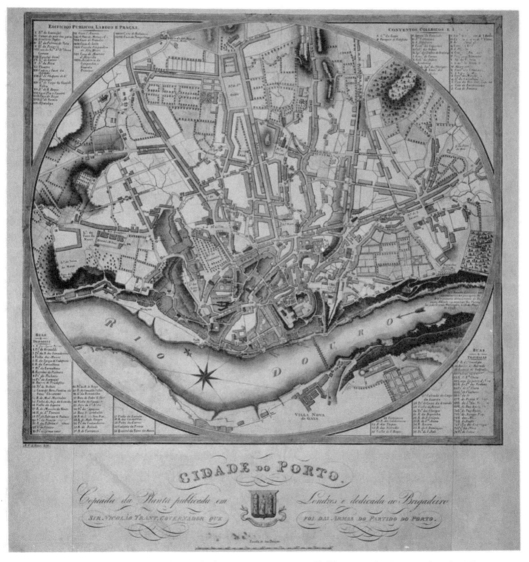

图 5.29　圆形地图，乔治·巴尔克（George Balck）绘制，1813 年（彩图见书后插页）

图 5.30　波尔图城市地图，特莱斯·费雷拉（Telles Ferreira）绘制，1892 年

19 世纪上半叶的波尔图历史以两次军事事件为标志：1809 年的拿破仑二次入侵（法国在 1807—1813 年曾 3 次入侵葡萄牙）和 1826—1833 年发生在民主党和自由党之间的内战。内战中自由党的胜利导致葡萄牙建立了君主立宪制，并废除了公共工程委员会。

波尔图在第二道城墙外继续进行扩张。公共工程委员会设计的第一批街道开通以后，新的道路在以 5 条通往葡萄牙北部 5 座城市的道路规划出来的区域上，规划修建。这一时期的城市景观特征表现为工业活动的发展和新的住宅类型的出现。这种新的住宅类型在当地被称为伊尔哈斯（ilhas），是面向工人阶级的典型住宅方案。它以成排房屋的形式建造在狭长地块上，位于面向街道的面积较大的中产阶级住房后面，通过开放的带状私人空间与街道相连。

1892 年，波尔图沿博阿维斯塔大道（Avenida da Boavista）和宪法大街（Rua da Constituição）这两条轴线向北部和西部扩张。博阿维斯塔区（博阿维斯塔大道和博阿维斯塔街）和宪法区的建设耗费了相当长的时间。波尔图的第一张地图，即圆形地图，已经显示了博阿维斯塔轴线的东部地区（图 5.29）。这条轴线将共和国广场（Praça da República）与 5 条门户道路中的一条连接起来，这条门户道路通向葡萄牙北部一些重要的邻近城市。1813 年，博阿维斯塔大道宽 11m，长 500m，其两侧 80% 的地段已被建筑覆盖。150 多年后的 1978 年，博阿维斯塔大道的长度增加了 13 倍，其主要扩建发生在 1839—1892 年。宪法大街的早期建设可以追溯到 1843 年，但是直到 1892 年这条大街才第一次在地图中出现（图

5.29）。尽管宪法大街的形式比较统一，但是它的建设也经历了 3 个阶段：首先是马奎斯广场和昆塔前门路之间的中心段；其次是西段扩建；最后是东段扩建。宪法大街两侧的建筑立面百分比稳步提高，从 19 世纪末的 20% 提高到 20 世纪 70 年代末的 58%。

　　20 世纪上半叶的波尔图城市景观以第一批社会住房街区的建设为标志，试图从城市中拆除所有的伊尔哈斯。第一阶段的住宅干预措施表现为建于城市郊区的单层或 2 层独户住宅。1940 年，波尔图城市委员会推动建造了第一个多户住宅街区，为工人阶级提供了 117套住房。20 世纪 40 年代，又建造了另外两个居住区。与之形成对比的是，到了 20 世纪50 年代，大量的公共投资集中在住房领域集，引发了上文提到的数量激增。这场投资热潮部分归因于波尔图一项重要的住房计划，也就是所谓的改造规划，推动在 16 个社区修建6000 套住宅。在那之后的 20 年，第二阶段的住房提升计划继续开展，建设了一些大型居住区。这些大型居住区通常由几栋公寓楼组成，建筑 4 层高且与街道相分离。住宅面积很小，遵循严格的内部布局标准。

　　自 1864 年葡萄牙第一次人口普查以来，一直到 1960 年，波尔图人口持续增长。此后20 年时增时减，自 1980 年以来波尔图的城市人口一直在向大都会区（由 9 个自治市组成）和大都市圈（由 17 个自治市组成，2003 年正式成立，表 5.8）流失。这在周边的马亚（Maia）、瓦隆古（Valongo）、马托西纽什（Matosinhos）和加亚新城（Vila Nova de Gaia）等城市最为明显。2020 年，波尔图有 21.7 万居民，而其大都市圈有 170 万人，这一比例在其他城市与都市圈的关系中并不常见（1∶8）。波尔图和里斯本的人口加起来几乎占了葡萄牙人口的一半。根据经合组织（OECD）的统计，大都市圈的人口密度是每平方公里 1300人，而核心地区的人口密度增加到 1600 人。波尔图人口的年龄构成如下：13.5% 为年轻人，66.8% 为工作适龄人口，19.7% 为老年人。如果我们观察最新的人口普查数据就会发现，波尔图的人口（45.5% 的男性和 54.5% 的女性）分布在 10.1 万个家庭中。也就是说，平均每个家庭有 2.4 个人。波尔图有 13.8 万户住宅分布在 4.4 万栋建筑中，平均每栋楼有 3.1 户住宅，这意味着大量独户住宅和小型多户住宅的存在。

　　接下来将介绍波尔图的几个主要区域。这座城市的历史中心区被 14 世纪的城墙所包围（图 5.31a），街道和地块很不规则。建筑密度很高，形体较窄，高度一般为 3 层，也有一些为 5 层。虽然建筑总是临街而建，但建筑覆盖率依然很高。该区域的变化非常缓慢，并且应该继续放缓。最后建成的两条街道是 19 世纪末的莫金霍·圣本街（Mouzinho da Silvera）和 20 世纪中叶的阿丰索·恩思克斯街（D. Afonso Henriques）（表 5.8）。

　　拜沙区（Baixa，市中心）位于波尔图历史中心的北部，紧邻被拆毁的 14 世纪城墙。该区域在一定程度上根据 18 世纪下半叶的规划进行建造，其建筑年代从那时起一直延续

到 20 世纪初。拜沙区的街道和街区都很规则，地块通常呈矩形，平均宽 6m，进深可达
100m。大部分街区在首层有连续的商业面。20 世纪上半叶拆除了几个街区之后，在该区域
兴建了城市的市民中心（图 5.31c）。这里还包含一些中小尺度的花园，如水晶宫（图 5.31e）。

	1950—2020 年波尔图人口演变		表 5.8
年份	人口		
	大都市圈	大都会区	城市
1950	—	730000	285000
1960	1145000	840000	310000
1970	—	924000	302000
1980	1516000	1104000	327000
1990	—	1164000	302000
2000	1731000	1254000	263000
2010	1760000	1285000	238000
2020	1728000	1313000	217000

（来源：世界城市化前景，波尔图国家统计局）

　　20 世纪 60 年代后，连接博阿维斯塔区与杜罗河南岸加亚新城的新桥建成，这片区域
逐渐成为波尔图主要的金融和服务中心。博阿维斯塔区围绕着直径超过 200m 的绿色圆顶
大厅进行布局，汇集了 8 条在地块和建筑形态上都各具特色的街道。在过去的几年里，这
片区域修建了音乐之家（Casa da Música）等特殊建筑，增强了其现代性（图 5.31f）。

　　过去，波尔图西部的居民比东部的居民收入更高一些，住宅面积也更大一些。城市
西区从北向南分别包括海滨城市公园、19 世纪末建成的规则网格布局以及老港湾（Foz
Velha）。老港湾包括不规则的街道、地块和建筑布局，与历史中心非常相似。

图 5.31　波尔图：a、b：历史中心区；c、d、e：拜沙；f：博阿维斯塔

（来源：由作者拍摄）

练习题

A. 知识测试

5.1 如今人类生活在哪里？

i. 56% 的世界人口生活在城市住区，44% 生活在农村。大多数城市人口生活在中等城市（100 万 ~ 500 万人）。

ii. 56% 的世界人口生活在城市住区，44% 生活在农村。大多数城市人口居住在人口不足 30 万人的定居点。

iii. 44% 的世界人口生活在城市住区，56% 生活在农村。

5.2 在过去 70 年里，世界人口分布的重要变化是什么？

i. 城乡二元主导地位的改变和大城市（500 万 ~ 1000 万人）的增长。

ii. 城乡二元主导地位的改变和特大城市（超过 1000 万）的增长。

iii. 城乡二元主导地位的改变和中等城市（100 万 ~ 500 万）的增长。

5.3 伊斯坦布尔城市景观的独特之处是什么？

i. 它的地理环境（在亚洲和欧洲之间，马莫拉和黑海之间）和自罗马帝国沿袭而来的街道、地块和建筑布局模式。

ii. 它的城市历史（作为罗马、拜占庭和奥斯曼帝国的首都超过 1500 年）和现在的政治角色（土耳其的首都）。

iii. 它的地理环境（在亚洲和欧洲之间，马莫拉和黑海之间）和城市历史（作为罗马、拜占庭和奥斯曼帝国的首都超过 1500 年）。

5.4 从以下选项中选择与东京城市物质形态和结构最相关的特征。

i. 由流动空间和建筑体量形成的双重网络：由中高层建筑构成的可快速通行的主要规则网络；以及由低层建筑构成的次级慢行网络。

ii. 沿袭自 12 世纪的街道、地块和建筑的模式（包括特殊建筑和普通建筑）。

iii. 高层建筑在一些中心城区的城市景观中占据主导地位。

5.5　纵观纽约的城市发展过程，对其物质形态最重要、最持久的操作是什么？

i. 荷兰墙（即今天的华尔街）的建造，包括 20 个街区。

ii. 实施 1811 年规划提出的街道、街区和地块的新模式。

iii.20 世纪中期主要道路基础设施的建设。

解答

5.1 - ii

5.2 - ii

5.3 - iii

5.4 - i

5.5 – ii

B. 互动练习

练习 5.1　我们住在哪里？

"我们住在哪里？"的练习旨在让学生对各自国家和各大洲的主要人口动态有初步的了解。它利用了联合国（United Nations，UN）及其经济和社会事务部人口司收集和提供的数据。

学生可以在联合国相关人口调查网站上开始调查。每个学生从自己现在身处的大洲中选择一个国家。第一步是观察 2020 年该国的城市人口分布，区分符合联合国定义的 5 种不同类型的城市：最小城市、小城市、中等城市、大城市和特大城市（参见南欧西班牙的例子，表 5.9 最后一行）；第二步是观察这些城市随时间的演变（参照最后一行确定的范围），重点关注 3 个历史时期：1960 年、1980 年和 2000 年；最后一步是确定每个城市的人口增长和减少时期，以及最高的正负比率。该练习的结果应该收集在类似于表 5.9 的表格中，该练习可以在课堂上进行，也可以作为家庭作业布置。

按城市规模划分的城市人口演变，1960—2020 年　　　表 5.9

年份	最小城市 300000 ~ 500000	小城市 50 万~ 100 万	中等城市 100 万~ 500 万	大城市 500 万~ 1000 万	特大城市 > 1000 万
1960	马拉加 300000 塞维利亚 439000 萨拉戈萨 323000	瓦伦西亚 505000	巴塞罗 2468000 马德里 2392000	—	—

续表

年份	最小城市 300000~500000	小城市 50万~100万	中等城市 100万~500万	大城市 500万~1000万	特大城市 >1000万
1980	毕尔巴鄂 432000 拉斯帕尔马斯 361000 马拉加 494000 巴利亚多利德 323000	塞维利亚 646000 瓦伦西亚 745000 萨拉戈萨 583000	巴塞罗那 3837000	马德里 4253000	—
2000	毕尔巴鄂 353000 科尔多瓦 308000 拉斯帕尔马斯 356000 穆尔西亚 367000 帕尔马 331000 巴利亚多利德 320000	马拉加 526000 塞维利亚 687000 瓦伦西亚 743000 萨拉戈萨 616000	巴塞罗那 4355000	马德里 5014000	—
2020	阿利坎特 370000 毕尔巴鄂 350000 科尔多瓦 344000 拉斯帕尔马斯 402000 帕尔马 467000 巴利亚多利德 305000 维哥 307000	马拉加 590000 穆尔西亚 500000 塞维利亚 704000 瓦伦西亚 834000 萨拉戈萨 731000	—	巴塞罗那 5586000 马德里 6618000	—

（来源：世界城市化展望）

练习 5.2　理解物质形态和社会经济

"理解物质和社会经济"的练习旨在培养每个学生收集物质形态特征和社会经济指标（如第 5 章所示）的能力。根据本章所教和所学的内容（特别是对伊斯坦布尔、东京、纽约、马拉喀什和波尔图的分析），该练习应按如下方式展开：

首先，每个学生从最初的城市列表中选择一座城市，该列表包含其所在国家的主要城市。其次，对每座城市的分析应该明确以下几点：（i）简要的地理和历史背景；（ii）学生所选择的城市片区的当前形态（街道、街区、地块和建筑物），可使用软件对地图和卫星图像（如谷歌地球、必应地图或百度地图）进行交互式可视化呈现；（iii）同一片区的少量人口、社会和经济指标，这些数据通常可从各国的国家统计数据中获得。

每个学生应准备一份简短的幻灯片（5~10 分钟，最多 10 页）在课堂上展示，可使用文本、图像（绘图和照片）或其他合适的方式。

练习 5.3　城市化

"城市化"是一部著名的纪录片，由加里·哈斯威特于 2011 年执导。它为这一练习提供了素材：对全球几座城市的主要优势与劣势、机遇与挑战进行辩论。

除了完整地观看纪录片（可以在教室里或者家里），学生还应选择 2～3 座城市和主题进行讨论（例如，选择巴西利亚这一城市，以密度作为主题）。每座城市和主题对应两组学生，以辩证的方式进行辩论。第一个小组应提出论点，并陈述一系列论据作为支撑（例如基于纪念性轴线的象征性以及住宅轴线上的大量绿地，来论证巴西利亚的低密度）；第二组应提出相反的论点并陈述其基本论据（例如，基于社会正义和环境可持续性，提出巴西首都的低密度不仅体现在所谓的"飞机平面"内，而且在所谓的"飞机平面"外也是如此）。最后，两个小组一起进行整合，在此过程中每个学生都应该去尝试理解每个同学的观点。

参考文献

Ballon H (ed) (2012) The greatest grid: the master plan of Manhattan 1811–2011. Museum of the City of New York and Columbia University Press, New York

Gottreich E (2007) The Mellah of Marrakesh – Jewish and Muslim space in Morocco's red city. Indiana University Press, Bloomington

Kuban D (1996) Istanbul, an urban history. Türkiye İş Bankası Kültür Yayınları, Istanbul

Masuda T (1970) Living architecture: Japanese. Grosser & Dunlap, New York

Métalsi M, Tréal C, Ruiz JM (1999) Les villes impériales du Maroc. Terrail, Paris

Morris AEJ (1972) History of urban form: before the industrial revolutions. George Godwin Limited

Satoh S (2003) Tokyo. in Kim KJ (ed) Development pattern and density of selected world cities. Seoul Development Institute, Seoul

UNESCO (2009) Medina of Marrakesh. http://whc.unesco.org/en/list/331. Accessed 31 July 2015

Yazaki T (1968) Social change and the city in Japan. Japan Publications Inc., Tokyo

第 6 章　城市形态研究的不同方法

摘要：前面几章主要关注研究对象（城市），第 6 章将重点转向了研究人员（城市形态学研究者）。本章分为 3 个部分。第一部分介绍城市形态学和城市研究领域的一些经典著作。第一本著作写于 20 世纪 50 年代末，接下来 5 本写于 60 年代，两本写于 70 年代末，一本写于 80 年代初，最后一本写于20 世纪 90 年代初。第二部分介绍了过去几十年发展的形态学研究的主要方法，从历史地理学方法（由康泽恩学派倡导）到过程类型学方法（由穆拉托里学派倡导），从空间句法到各种形式的空间分析（包括细胞自动机、多智体模型和分形），这一部分补充介绍了一些新兴方法。最后，本章提出了对不同的理论、概念和方法进行比较研究的必要性，了解每种方法的优缺点有助于形态学研究人员根据研究对象的特定属性选用合适的研究方法。

6.1　城市形态学和城市研究领域的经典著作

6.1.1　《威尼斯城市历史的可操作性研究》

萨韦里奥·穆拉托里的《威尼斯城市历史的可操作性研究》（*Studi per una operante storia urbana di Venezia*）于 1959 年首次出版，1960 年再版。这本书为穆拉托里长达 10 年的建筑探索、历史研究和文化教育活动画上了一个圆满的句号。穆拉托里在这段时期的活动可以追溯到 1952 年受邀赴威尼斯建筑学院讲授"建筑分布特征"这门课程。他随后于1954 年底离开威尼斯赴罗马大学担任建筑构成专业的教授。1950 年时，穆拉托里必须确定"建筑分布特征"这门课程的教学大纲。其中一个主要认识是，当时 20 世纪中叶的城市和建筑危机主要归因于这样一种现代主义观点，即基于主要构成元素且独立于外部环境的城市分析可以更加有效地指导规划实践。另外一个重要想法是将这门课程定位为包含特殊建筑和普通建筑的建筑历史课程。

在对一些理论和方法进行反思之后，该书将威尼斯城市划分为 8 个主要区域进行分析。特别关注了构成雷丁区（Area Reltina）的教区系统：从圣巴托洛梅奥区（Quartiere di S. Bartolomeo）到圣乔瓦尼·克里索斯托莫区（Quartieri di S. Giovanni Crisostomo，图 6.1），再到圣索菲亚（Quartiere di S. Sofia）和圣卡泰丽娜区（Quartiere di S. Caterina）。这项综合性研究的基本素材是一系列 1∶10000 和 1∶4000 的平面图。这些平面图不仅涉及 20 世纪 50 年代末的威尼斯现状，还追溯到 11 世纪、12 世纪（和 13 世纪）以及 16 世纪的城市

图 6.1　《威尼斯城市历史的可操作性研究》，圣乔瓦尼·克里索斯托莫区，11 世纪至 20 世纪 50 年代

（来源：Muratori，1959）

形态。除了这一系列关于城市及不同社区（非常重要且具有高度自治权的城市形态要素）的平面图，该书还包括了许多 1 : 500 的威尼斯建筑平面、立面和剖面图。

穆拉托里认为，可以将最初的聚落重新解读为高度理性的教区集群。从这点来看，哥特时期的威尼斯在某种程度上表现出了规划危机，而文艺复兴时期的威尼斯则是连续且多中心的城市集群。

穆拉托里通过重构建筑形态和城市形态从早期构筑物到近期复杂组构的演化过程来考察历史的合理性。该演化过程历经几个世纪，通过简单原始的布局保留了最初形态的痕迹（Marzot，2002）。

书中定义了一些基本概念：类型、城市肌理、有机体和实践史。穆拉托里认为，类型只有在特定的城市肌理中才能够识别出来；城市肌理只有在与其关联的城市有机体中才有意义；城市有机体只有在历史实践过程中才真实存在，它扎根于历史，是时间建构的一部分。该观点指明了历史与规划 / 建筑之间的紧密联系。

《威尼斯城市历史的可操作性研究》出版之后，另外两本重要的著作又在随后几年相继出版。第一本是 1960 年保罗·马雷托（Paolo Maretto）的《威尼斯的哥特建筑》（*L'edilizia gotica Veneziana*），它作为威尼斯实践史的补充，对这座意大利城市的历史建筑进行了系统性调查（Maretto，1960）。第二本是由穆拉托里、雷纳托·博拉蒂（Renato Bollati）、塞尔焦·博拉蒂和圭多·马里努奇（Guido Marinucci）共同完成的《罗马城市历史的可操作性研究》（*Studi per una operante storia urbana di Roma*），是一本关于意大利首都罗马的地图全集（Muratori，1963）。

6.1.2 《城镇平面格局分析：诺森伯兰郡安尼克案例研究》

《城镇平面格局分析：诺森伯兰郡安尼克案例研究》（*Alnwick, Northumberland—a study in town-plan analysis*）由康泽恩所著，1960 年首次出版，1969 年再版。书中的观点和内容很明显地受到 20 世纪 20 年代后期和 30 年代初期康泽恩在柏林所接受的训练及其早期研究的影响（具体参阅本章下节）。如康泽恩所说，这本书的第二版使他有机会修改其中的概念和术语，重新解释一些早期的平面单元并加入技术术语表（118 项），从而对形态学理论进行简明阐述（Conzen，1969）。这本书近期被翻译成了中文和意大利文，葡萄牙语版本也正在翻译中。

这本书试图填补城市形态研究中的某些空白。其动力源于对以下几个问题的思考：一个古老城镇平面格局的地理复杂性是如何形成的，对这一问题的研究可以抽象出哪些具有普世意义的概念以帮助我们分析城镇平面格局，平面格局的发展演变对一个城镇的区域结构有何影响。它试图通过研究城镇平面格局的发展历程来解释其结构（Conzen，1960）。

这本书分为 3 个部分。第一部分论述了城镇平面格局分析的目的、范围和方法。它介绍了城镇景观的三大要素，这也是康泽恩理论的基石之一，尤其侧重于城镇平面格局。城镇平面格局被定义为城市建成区内所有人工地物的空间分布，包含 3 种明确的平面要素复合体：(ⅰ) 街道及其在街道系统中的布局；(ⅱ) 地块及其在街区中的集聚；(ⅲ) 建筑的基底平面。

第二部分根据 5 个形态时期（表现了每个时期如何在城镇景观中留下其独特的物理印记）分析了安尼克建成区（Alnwick's built-up area）的发展：(ⅰ) 盎格鲁时期（Anglian）；(ⅱ) 诺曼时期（Norman）到近代早期；(ⅲ) 乔治时代后期和维多利亚时代早期；(ⅳ) 维多利亚中晚期；(ⅴ) 现代。通过分析安尼克从盎格鲁时期到 20 世纪 50 年代的物质形态发展，康泽恩介绍了许多重要概念。有些概念是新提出的，比如地块循环（burgage cycle，即市民所持有地块的生命周期）；另一些则是对既有概念的发展，如边迹带（fringe belt，当城镇或城市的建成区在某段时期不再扩张或扩张缓慢时在郊区所形成的一类形态要素）。

第三部分分析了安尼克的平面格局现状。这部分研究非常翔实，识别了 14 种主要的平面单元类型和 49 种亚类型（图 6.2）。主要类型如下（图 6.2 中的罗马数字所示）：(ⅰ) 带有三角形市场的中世纪商业街布局；(ⅱ) 中世纪郊区；(ⅲ) 简单的商业街布局；(ⅳ) 带有特定场地的城镇外围街道；(ⅴ) 带有环状道路的闭合边迹带；(ⅵ) 传统的沿路带状分布；(ⅶ) 老城的后期改造；(ⅷ) 维多利亚时代之前的道路结构；(ⅸ) 乔治时代晚期和维多利亚时代早期的居住区扩张；(ⅹ) 维多利亚时代中后期的居住区扩张；(ⅺ) 现代居住区扩张；(ⅻ) 不含传统地块的复合地带；(ⅹⅲ) 中间边迹带和外边迹带；(ⅹⅳ) 农场和其他农业建筑。基于平面分区以及平面格局的三大要素，康泽恩将安尼克的地理结构分为 4 个层次。这本书的 3 个部分共包括 21 张地图，其中 4 张是折叠地图，3 张是彩色的地图。

与之前和之后关于城市物质形态结构的研究相比，这本书有两个特点：一是过程的概念化程度，二是运用专业术语描述该过程的精细化研究方法（Whitehand，2009a）。这本书的基本观点，是各种尺度的形态特征都可以通过简化的逻辑系统进行解释，该系统有助于深刻而细致地理解人与城市之间的关系，而人总是随社会需求的变化不断创造和重塑城市的物质形态（Conzen，2009a）。

在结语部分，康泽恩提出他将在随后几年着重推进两个方向的研究：一是将平面格局的理论与土地利用和建筑类型相关模式的全面调查相结合，以形成对城镇景观的完整解释；二是将该理论分析扩展应用到不同功能类型和不同文化区域的城镇。

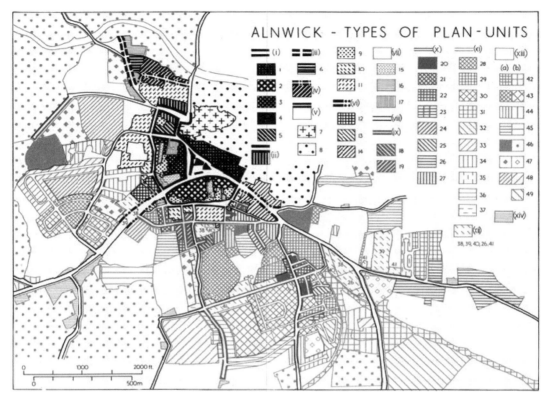

图6.2 《城镇平面格局分析：诺森伯兰郡安尼克案例研究》（*Alnwick，Northumberland—a study in town-plan analysis*），平面单元的类型

（来源：Conzen，1960）（彩图见书后插页）

6.1.3 《城市意象》

《城市意象》（*The image of the city*）由凯文·林奇所著，1960年出版。与前文关于威尼斯和安尼克的著作都不一样，这本书并不是严格意义上或狭义上的城市形态学著作。但是，凯文·林奇的这本著作与卡伦和雅各布斯的著作一样（将在本章进行介绍），是对战后清理和重建计划中体现的现代主义传统观念的质疑。这3本著作推动了城市设计的范式转变，使人们开始认识到延续城市肌理的好处（Samuels，2009）。

《城市意象》这本书主要讨论了城市风貌及其重要性以及改善城市风貌的可能性。凯文·林奇认为，城市的视觉形态是一类新的、特殊的设计问题。在研究这个问题的过程中，他考察了美国的3座城市：波士顿、泽西城和洛杉矶，并提出了在城市尺度上处理视觉形态的新方法，以及城市设计的一些原则。

　　这本书由 5 部分组成。第一部分向读者介绍了环境意象的主要议题。通过研究市民心目中的城市意象来考量美国城市的视觉品质。书中特别探讨了一个核心的视觉品质要素，"可读性"（legibility，或称为可意象性），即城市的不同部分可以被识别为一个连续系统。独特有序的环境有助于居民进行自身定位，将不同区域的城市形态特征进行类型关联，并获得与其周围环境相关的安全感。

　　本书的第二部分聚焦于 3 个案例研究。凯文·林奇研究了波士顿、泽西（Jersey）和洛杉矶的中心地区，对当地居民进行访谈，试图理解环境意象在城市生活中的作用。他进行了两项基本分析：一是由训练有素的观察员徒步对该地区进行系统的实地勘测，绘制若干不同要素的地图；二是对小样本的城市居民（3 座城市共 60 人）进行长时间采访，以唤起他们自己对物质环境的印象。

　　第三部分提出了与物质形态相关的城市意象五要素：(ⅰ) 路径（paths），即人们在城市中的移动通道；(ⅱ) 边界（edges），即连续景观的界线和中段，如河流和火车轨道；(ⅲ) 区域（districts），具有共同特征的片区；(ⅳ) 节点（nodes），具有战略意义的定位点，如广场和交叉口；(ⅴ) 地标

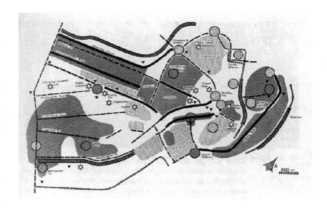
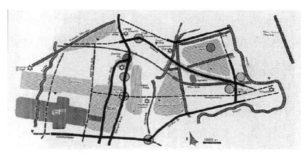
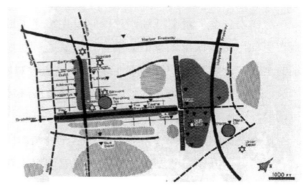

图 6.3《城市意象》——波士顿、泽西和洛杉矶的视觉形态（路径、边界、节点、区域和地标）

（来源：Lynch，1960）

139

（landmarks），外部定位点，通常是城市景观中容易识别的物质对象，如独特的建筑、雕像或景观特征。图 6.3 展示了根据这 5 个要素绘制的波士顿、泽西和洛杉矶的视觉形态。

第四部分内容主要是关于这 5 个要素（特别是路径）的关联性设计、形态品质（从独特性到名称和含义）、整体感、都市圈形态和设计过程。设计过程包括对城市和大都市区的视觉规划，即一系列关于城市形态的建议和导控。第五部分进行概括，提出了新的愿景和尺度。

综合来看，可以说这本书提出了两个基本问题：城市形态对生活在城市中的居民来说究竟意味着什么，以及城市规划师如何营造对居民来说更加生动和难忘的城市意象。为了回答这些问题，凯文·林奇将可读性作为新的评价标准，并阐明了它在指导城市建设和重建方面的潜在价值。但是，20 年后，林奇出版了《好的城市形态》（*Good City Form*）一书，极大地扩充了城市品质评价的维度，却弱化了对可读性的强调（Lynch，1981）。

6.1.4 《城镇景观》

戈登·卡伦的《城镇景观》（*Townscape*）于 1961 年首版，1971 年再版时更新了导言部分，增强了 20 世纪 60 年代初提出的主要论点。

这本书包含大量图纸和照片，它首先描述了城镇景观的基本要素，然后介绍了这些要素在更加广阔的城镇场景中的组合，最后通过对城镇案例和设计提案的研究揭示了城镇景观的全部"诗意"。卡伦的主要目标之一是通过对城镇景观要素的设计来优化使用者的情感体验。事实上，其目的并不是为了创造城镇或环境的形态，而是在可允许的范围内对其进行调控。

这本书提出了一种关系艺术，旨在充分调动所有的环境要素（建筑、树木、自然、交通、广告等）并以"戏剧化"的方式将它们组织在一起。这种关系艺术取决于 3 个基本概念：视觉序列、场所和内容。视觉序列与光学和运动密切相关，尤其是人在城市不同区域的运动。图 6.4 阐述了这一概念：当从城镇平面的一端走到另一端时，即使步调一致，也会获得一系列不同的景象。下文从左至右的一组图片说明了这一点（每个箭头对应一张图片）。这一系列场景可以分为两类：当前场景和即将浮现的场景。

场所（或位置）的概念涉及我们对身体在环境中所处位置的反应，主要是在面对开放或封闭环境时的一系列体验。卡伦认为，如果我们从运动的人的视角来进行设计，那么可将整座城市理解为一种可塑的体验，一场在压力和真空中穿越的旅行，一系列开放和封闭场景的交替。

图 6.4　《城镇景观》——视觉序列

（来源：Cullen，1961）

内容的概念是指城镇的特定肌理：色彩、质地、规模、风格、特征、个性和独特性。由于大多数城镇都比较古老，它们的肌理显示了不同时期的建筑风格和不同的布局模式。

与林奇相同而与穆拉托里和康泽恩不一样的，是卡伦提出了一种规范性方法。与《城市意象》一样，《城镇景观》以个体的视觉感知能力为基础，将城镇作为居民感知的对象。

6.1.5 《美国大城市的死与生》

简·雅各布斯的《美国大城市的死与生》（*The death and life of great American cities*）于1961 年首次出版（Jacobs，1961）。与林奇和卡伦的著作类似，《美国大城市的死与生》这本经典之作属于城市研究领域而非城市形态学领域，它涉及城市的物质、社会和经济层面。这本书是对 20 世纪 50 年代末至 60 年代初发展起来的城市规划和重建的理论实践的一次抨击，也是引入城市规划重建的新原则的一次尝试。在阐述这些不同的原则时，雅各布斯讨论的是城市中的普通事物，比如安全的街道和不安全的街道，或者为什么一些贫民窟始终是贫民窟，而其他贫民窟即使在财政不利和官方反对的情况下也能自我重建。这本书试图理解城市在现实生活中是如何运作的，因为这将是了解哪些规划原则和重建实践能够提升城市社会经济活力的唯一途径。雅各布斯认为，城市应该是学习、发展和检验城市规划理论的实验室。然而，实践工作者和学术工作者却忽视了从现实生活中去研究其方法成败。

这本书的导言部分对现代城市规划和建筑设计中最具影响力的思潮进行了简要回顾。在此之后，本书分为 4 部分。第一部分是关于城市中人的社会行为。这部分的重点是公共空间，尤其是街道。雅各布斯明确了安全街道的 3 个重要品质：（i）公共空间与私密空间必须有一个明确的界限；（ii）必须有眼睛盯着街道，这些眼睛属于街道的自然所有者；（iii）人行道上必须有相当频繁的使用者，既增加了街道上有效眼睛的数量，又引导沿街建筑中足够数量的人注视街道。

第二部分是这本书最重要的部分，主题是城市的经济行为。这部分讨论了多样性及其主要影响因素（或多样性的条件）：（i）主要用途的混合使用，确保有人在不同时间、出于不同目的到户外活动且能够共用许多设施；（ii）小型街区，保证频繁的转弯机会；（iii）不同年代和不同条件的建筑，包括相当比例的老建筑，使它们产生的经济效益有所不同；（iv）较高的人群密度，不论他们是出于什么目的来到这里。

第三部分着重从城市的利用方式、城市及其市民在现实生活中的行为方式等方面来探讨城市的衰败与再生。集中分析了对城市多样性和活力产生积极或消极影响的一些重要因素。

最后一部分提出了住房、交通、设计、规划和行政管理方面的一些改进建议，并按照雅各布斯的说法，是讨论了由城市带来的"类"（Kind）的问题，即处理有组织的复杂性的问题。雅各布斯认为，要了解城市，我们必须：（i）对过程和环境进行思考；（ii）开展从特殊到一般的归纳性工作；（iii）寻找极少数的"不寻常"线索，揭示大多数和更"普遍"的运行方式。

6.1.6 《城市建筑学》

阿尔多·罗西的《城市建筑学》(*L'architettura della cittá*)于 1966 年首次出版(Rossi, 1966)。这本书的理论和方法框架在此 10 年前就开始构思,当时罗西刚刚加入由埃内斯托·内森·罗杰斯(Ernesto Nathan Rogers)担任主编的颇具影响力的杂志《美丽之家——延续性》(*Casabella—Continuitá*)。之后的 20 世纪 60 年代上半叶,罗西在阿雷佐(Arezzo)和威尼斯 [他是卡洛·艾莫尼诺(Carlo Aymonino)的助教] 从事研究和教学活动并开展早期建筑实践,进一步明确了这本书的框架。随后的译本(如美式英语版、德语版或葡萄牙语版)增加了支持该书主要论点的新内容。

这本书的主要目的是在人文科学的语境下建立城市科学的基础。在这门城市科学中,城市——或随时间推移的城市建设——被理解为建筑学。这本书汲取了从地理学(尤其是法国地理学)到历史学等不同领域的知识,它的基本目的之一,是将建筑学研究作为城市科学的一部分进而确定其研究边界和具体内容。这本书本身被视为城市建筑学的一个项目。特殊与一般、个体与集体的对比构成了本书有关城市研究的主要观点之一。这种对比体现在许多不同领域:公共领域与私人领域之间的关系、城市建筑学的理性规划与场所文脉价值之间的关系,以及公共建筑与私人建筑之间的对比。

这本书还提出了一种对定量和定性进行平衡的分析方法。它以城市人工造物理论为框架,将城市视为人工物体,并将城市划分为包含主要元素和居住区的不同部分。然而,它仍然认为整体比各组成部分更加重要。

《城市建筑学》分为 4 部分主要内容。在第一部分中,罗西以描述和分类为主题,介绍了建筑类型学作为建筑学基础这一基本问题。对罗西来说,类型是建筑学本身的"想法",是最接近其本质的东西。关于这一话题,罗西的立场与当时占主导地位的建筑思潮相反,他认为形式是独立于功能的 [葡萄牙语译本中的斯普利特宫(Split),是将宫殿功能改为城市的一个绝佳例证,已在本书第 4 章介绍]。在这一部分中,罗西简要引用了本节介绍的另一部经典著作,林奇的《城市意象》,阐述了人们在城市中的定位方式及其空间感的形成和演变。

这本书的第二部分探讨了城市不同区域的结构,特别关注主要元素和居住区。第三部分的主题是城市与环境的建筑学以及城市作为历史。最后,这本书讨论了城市活力和政策选择的问题,以及理想城市和乌托邦的发展历史。

6.1.7 《建筑模式语言》

《建筑模式语言：城镇、建筑与建造》（*A Pattern Language: Towns, Buildings and Construction*）由克里斯托弗·亚历山大、石川萨拉（Sara Ishikawa）、默里·西尔弗斯坦（Murray Silverstein）、马克斯·雅各布森（Max Jacobson）、英格丽德·菲克斯达尔 - 金（Ingrid Fiksdahl-King）和什洛莫·安杰尔（Shlomo Angel）（加州大学伯克利分校环境结构中心）撰写，于 1977 年出版。这是 20 世纪 70 年代的三部曲论著中的第二本，其他两本为《建筑的永恒之道》（*The Timeless Way of Building*）和《俄勒冈实验》（*The Oregon Experiment*）（Alexander et al.，1975；1977；Alexander，1979）。第一本书提出了一种新的规划和建筑理论，以普通人永恒的建筑方式为核心，被认为是主流建筑实践之外的另一种选择。第二本书《建筑模式语言》则明确介绍了人们如何设计自己的房子、街道和社区，就像他们过去所做的那样。

本书提出了一种可能的建筑语言，由被称为模式的相互关联的实体组成。每种模式都帮助构成其上级较大的模式，而其自身则由其下级较小的模式构成（Alexander et al.，1977）。每种模式都对应着城市景观中的一个设计问题和该问题的一个解决方案。在书中，每种模式都以同样的格式呈现：i、一张图片，举例说明设计问题；ii、一段介绍，对该模式进行介绍并解释它如何帮助构成更大的模式；iii、问题的主体；iv、该问题的解决方案（以不同的确定性来抓住不变的性质）。亚历山大和他的同事们把每种模式看作是一种鲜活的、不断发展的东西，看作是一种科学假说，并且他们邀请读者对每种模式进行改进。

《建筑模式语言》由 3 部分组成，反映了模式的排序方式以及它们之间的相关联系。第一部分是关于城镇和社区，应该采用渐进式的设计和建设模式；第二部分是关于建筑（集群和单体）和建筑之间的空间，应该采用由个人或小群体进行设计和建造的模式；最后一部分是关于建造，基于第二部分定义的空间组织模式非常详细地介绍了如何建造一栋建筑。这本书由 250 种模式组成（城镇和建筑部分分别包括大约 100 种模式，建造部分包括 50 种模式），从大尺度的"独立区域""城镇分布""指状城乡交错"，一直到小尺度的"各种椅子""光线灯具"和"生活琐事"。

《建筑的永恒之道》和《建筑模式语言》中提出的规划过程在位于尤金的俄勒冈大学的总体规划设计中得到了实施。《俄勒冈实验》为这一理论提供了一个具体的实践案例，根据 6 个基本原则描述了其实施过程：有机秩序、参与、渐进增长、模式、"诊断"和协调。

6.1.8 《城市街区的解体》

让·卡斯泰（Jean Castex）、让—夏尔·德波勒（Jean-Charles Depaule）和菲利普·帕内拉伊（Philippe Panerai）合著的《城市街区的解体》（*Formes urbaines: de l'îlot à la barre*）首次出版于 1977 年（Castex et al., 1977）。3 位作者当时均就职于新成立的凡尔赛建筑学院（Ecole d'Architecture de Versailles），并且与意大利形态学传统有着密切联系（Darin, 1998）。多年来，《城市街区的解体》被翻译成不同语言，包括意大利语、西班牙语、荷兰语、德语和塞尔维亚—克罗地亚语。2004 年，英文版本发行，新增了关于英美城市的章节（重点放在 4 个案例研究上）以及由伊沃尔·萨穆埃尔斯（Ivor Samuels）和菲利普·帕内拉伊（Philippe Panerai）撰写的新内容（Panerai et al., 2004）。

这本书着眼于欧洲古典城市中的典型街区，分析了这一界限清晰的空间组织如何消逝（见图 6.5）。对于作者们来说，街区不是一种先验形式，而是一种结果系统，它能够组织起城市领土的各个部分。街区是城区的一部分，通过街道与相邻区域"分隔"开来。因此，街区不是建筑学层面的形态，而是地块和建筑的集合。它的意义通过与街道网络的辩证关系得以展现。传统城市的街区很少是同质的，建筑沿街区周边进行布局，它们遵循一定的逻辑规则，尤其是那些塑造了周围街道的经济逻辑（Panerai et al., 2004）。

这本书试图解释了街道的重要性是如何丧失的以及建筑是如何与城市脱离的。这本书还提出了一种新的建筑学分析尺度，即与城市肌理的局部结构相对应的中间尺度，既不同于总体布局和纪念性的尺度，也不同于内部细节的尺度。

《城市街区的解体》分为两个部分。第一部分包括 5 章，详细分析了城市规划的 5 个主要案例（其中 3 个案例已在第 3 章介绍）：(i) 巴黎的奥斯曼街区（Haussmannien，1853—1882 年）；(ii) 韦林（Welwyn）和汉普斯特德（Hampstead）的田园城市（1905—1925 年）；(iii) 阿姆斯特丹的扩张（1913—1934 年）；(iv) 新法兰克福的不同定居点（Siedlungen，1925—1939 年），从布局相对传统的勒默施塔特（Romerstadt）到以独立建筑为主的韦斯特豪森（Westhausen）；(v) 光辉城市和建筑模数。这些案例清晰展现了街区形态演化的两个阶段：19 世纪相对封闭的街区形态，20 世纪街区逐步开放直至完全消失。图 6.5 展示了这一转型过程。本书的第二部分讨论了街区的形态变异、空间实践以及建筑学模型的发展和推广。

3 年后，在对凡尔赛（Versailles）的研究中，作者们呼吁支持封闭街区。该研究将凡尔赛的城市历史划分为几个时期并考察每个时期城市形态和住房类型的发展（Castex et al., 1980）。作者们强调，城镇不是作为一个整体，而是作为城市街区的集合而发展。

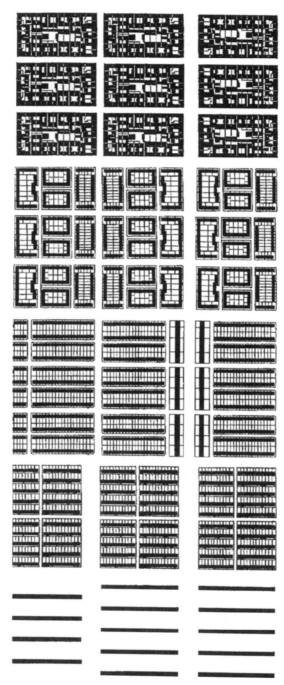

图 6.5 《城市街区的解体》——向恩斯特·梅（Ernst May）致敬

（来源：Panerai et al.，2004）

6.1.9 《空间的社会逻辑》

《空间的社会逻辑》（*The Social Logic of Space*）由比尔·希利尔（Bill Hillier）和朱利安尼·汉森（Julienne Hanson）于 1984 年出版。这本书以某种方式综合了 20 世纪 70 年代以来伦敦大学学院建筑研究所的一系列研究，主要目的是了解建筑设计对当时英国许多居住区社会问题的影响。

《空间的社会逻辑》主要目标是为研究社会与空间的关系提出一种新理论和新方法。它尝试以空间格局的社会内容和社会格局的空间内容为基础，构建研究这一关系的概念模型。然后，建立空间格局的分析方法，重点是局部形态关系与全局格局之间的关系。它建立了关于格局类型的基本描述理论和分析方法。这些理论和方法首先被应用于聚落研究，然后应用于建筑内部。在此基础上，它建立了关于空间格局如何承载社会信息和内容的描述性理论（Hillier and Hanson，1984）。

这本书由 8 章组成。第 1 章建立了重新定义空间问题的框架，同时考虑到空间的社会逻辑和社会的空间逻辑这一广义理论的构建；第 2 章"空间的逻辑"引入了空间秩序的新概念，对过程进行限制以避免其随机发展；第 3 章提出了一种新的方法，在考虑局部结构的前提下对聚落的物质结构进行描述，并将其社会性的起源和结果作为空间描述的一部分。该章还介绍了轴线图和一些句法方法（图 6.6 是在加辛和巴恩斯伯里的应用）；第 4 章"建筑及其基因"从聚落转向建筑，对建筑内部空间进行分析。该方法展示了如何对建筑进行分析和比较，包括如何对不同类型的建筑进行排列和相互关联，以及如何在建筑中协调居住者和来访者之间的关系；第 5 章通过分析基本建筑及其社会关系，并考察一些案例从基本形式演变为不同类型的复杂体的过程，提出了建筑空间形态的一般理论；第 6 章建立了与各种秩序相关的总体框架。它以统一的方式处理空间布局的物质性和概念性以及随机性和秩序性；第 7 章"相遇的社会逻辑"展示了某些基本的社会观念如何通过差异性统一的概念进行空间诠释。作者认为，社会从来不是单一形式的统一体，而是不同形式的统一体之间相互作用，空间始终是这些不同统一体的因变量；最后一章提出了不同类型社会群体所需要的不同空间路径的一般理论。总体上，这本书旨在提供一个相关模型（coherent model），将当代空间中往往通过简单的功能主义或经济学进行解释的不同现象彼此连接在一起并赋予意义。

《空间的社会逻辑》这本书中阐述的社会和空间理论在 20 世纪 90 年代出版的两本著作中得到进一步发展，分别是希利尔的《空间是机器》（*Space is the machine*）和汉森的《解码家园》（*Decoding homes and houses,* Hanson 1998；Hillier 1996a，b）。前者提出了建筑学和城市主义的组构理论，后者考察了英国住宅空间布局和家庭结构的演变。

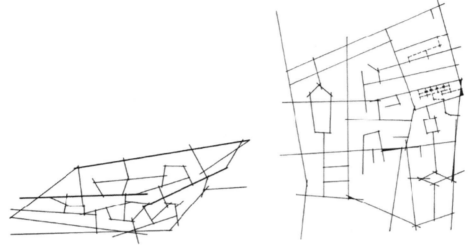

图 6.6 《空间的社会逻辑》——加辛（Gassin）和巴恩斯伯里（Barnsbury）的轴线图

（来源：Hillier and Hanson，1984）

6.1.10 《分形城市》

由迈克尔·巴蒂（Michael Batty）和保罗·朗利（Paul Longley）合著的《分形城市：形式和功能的几何学》（*Fractal cities: a geometry of form and funcion*）于 1994 年出版。该书延续了伯努瓦·曼德尔布罗（Benoit Mandelbrot）自 20 世纪 50 年代发起的一系列研究，并深化了巴蒂和朗利之间自 20 世纪 80 年代中期以来在卡迪夫威尔士大学的合作 [90 年代中期巴蒂在布法罗（Buffalo），朗利在布里斯托尔（Bristol）]。这本书提出了分形几何在城市中的应用。作者认为，城市在形态上是分形的，现有的很多城市理论都是分形城市理论。

这本书的一个重要观点是：从表象的物质形态来看，世界显然是混乱的、不连续的、无规则的，但在这种初始的视觉印象之下，蕴含着规则而复杂的秩序。作者提供了一个框架来捕捉这种不规律之下的规律性和复杂性，关注真实世界的几何学，而非抽象的欧几里得数学。分形在这个框架中起着核心作用。分形是任何一种空间形式不光滑的物体，因此是不规则的，其不规则性在多个几何尺度上不断重复。这种多尺度的几何自相似性和重复性说明存在一个（或一系列）稳定的过程来实现这些形式（Batty and Longley，1994；Mandelbrot，1982）。

该书共 10 章，分为两大部分。前几章从"城市的形状"到"城市形态可视化实验室"，介绍了分形几何的基础知识，并讨论了如何用分形几何来理解城市的物质形态。接下来的章节从"城市边界和边缘"到"将系统几何扩展到分形城市"，提出了一种用于测量和模拟分形城市的新型几何（以二维属性为主）。

该书提出通过分形几何将形式和功能（社会经济机制）联系起来——作者认为，这两个方面在整个 20 世纪下半叶大多是相互独立的。该书提出了一种新的认知城市的方法并表明它可以适用于特定的环境。然而它也指出了分形方法的局限性：这些方法更适用于普遍的城市而非特定的城市，以说明性而非应用性为主。

6.2 不同的形态学方法

本章第二节介绍了过去几十年发展的形态学研究的主要方法：在康泽恩的开创性工作基础上发展起来的历史地理学方法，围绕另一位开创者萨韦里奥·穆拉托里的相关研究而形成的过程类型学方法，空间句法以及包括视域、细胞自动机和智体模型等的"空间分析"方法（借用克罗普夫于 2009 的命名）。本书的这一部分是对一些新兴方法进行概述补充。

6.2.1 历史地理学方法

本小节分为 3 部分。首先是德国人文地理学的早期影响（Whitehand，1981）；然后介绍康泽恩提出的一些观点和概念，包括边迹带、形态区域和地块循环等；第三部分将介绍以康泽恩工作为基础的城市形态学派的发展及其特点，特别关注伯明翰大学城市形态研究团队和杰瑞米·怀特汉德的核心作用。

德国的人文地理学

19 世纪最后 10 年的德国人文地理学有两项重要研究（表 6.1）。1894 年，历史学家（当时由地理学家主导的研究环境下唯一的其他学科）约翰内斯·弗里茨（Johannes Fritz）发表了一项关于 300 多个德国城市的比较研究——《德国城镇设施》（*Deutsche Stadtanlagen*）。该研究的创新之处在于将城市平面图和地图作为城市历史的主要信息来源。这项研究的其中一个发现是根据平面类型对城市进行分类。5 年后，显然受到弗里茨理论的影响，奥托·施吕特（Otto Schlüter）发表了《城市基本原理》（*Über den Grundriß der Städte*）。这篇奠基性的论文发展了弗里茨对城市平面的研究思路，识别了城市中心的不同组成部分。怀特汉德（2007）认为这项研究是日后发展的形态生成方法的先驱。施吕特工作的另一个重要方面是坚信城市研究必然会涉及对更广阔领域的研究分析。

20 世纪 10 年代，弗里德里希·拉策尔（Friedrich Ratzel）的《大城市的地理位置》（*Die Geographische Lage der großen Städte*）延续了 19 世纪晚期开始的研究路线。1903 年这项研究的主要贡献在于，它不仅关注了城市的位置，还关注了人类聚落最初建立时的选址原因和特点。

此后 10 年发表的两项研究在选址和形态生成方面增添了新的维度。每项研究都对单个城市进行了非常细致的研究，分别是维也纳和但泽 [Danzig，今格但斯克（Gdańsk）]。1916 年，雨果·哈辛格（Hugo Hassinger）出版了一本维也纳的艺术历史地图集。在该书中，这位地理学家运用不同的颜色对维也纳平面图中不同的建筑风格和建筑年代进行区分。通过该分析得到的一系列平面图构成了维也纳建筑遗产保护的基本要素。和他的同行一样，哈辛格认为平面图可以显示文字、表格、图形等无法显示的各种方面。两年后，曾是施吕特学生的沃尔特·盖斯勒（Walter Geisler）出版了当时的另一本重要论著（Geisler，1918）。奇怪的是，盖斯勒提到了上述所有作者的工作，唯独没有提及哈辛格。这本关于但泽的书由两个主要部分组成，分为 17 章：第一部分讲述了但泽的自然、地理、人口和经济条件；第二部分着重于城市的空间组织和结构。除了关于但泽的大量表格和照片之外，这本书还包含一项在当时来说非常重要的创新之举，即由作者绘制的包含土地和建筑利用情况以及城市中心区住宅层数的一系列平面图（图 6.7）。

德国人文地理学 1890—1939 年   表 6.1

年代	出版年份	作者（机构）	城市研究
1890—1899 年	1894	约翰内斯·弗里茨 （Johannes Fritz） （斯特拉斯堡）	《德国城镇设施》 （*German city layouts*）
	1899	奥托·施吕特 （Otto Schlüter） （哈雷）	《城市基本原理》 （*On the ground plan of cities*）
1900—1909 年	1903	弗里德里希·拉策尔 （Friedrich Ratzel） （莱比锡）	《大城市的地理位置》 （*The geographical location of large cities*）
1910—1919 年	1916	雨果·哈辛格 （Hugo Hassinger） （维也纳）	《维也纳艺术历史地图集》 （*Art-historical Atlas of Vienna*）
	1918	沃尔特·盖斯勒 （Walter Geisler） （哈雷）	《丹泽：聚落地理学随笔》 （*Gdansk: an essay on the settlement geography*）

续表

年代	出版年份	作者（机构）	城市研究
1920—1929 年	1924	沃尔特·盖斯勒 （Walter Geisler） （哈雷）	《德国城镇：对文化景观形态的贡献》 （ *The German town: a contribution to the morphology of the cultural landscape* ）
	1925	汉斯·德里斯 （Hans Dörries） （哥廷根）	《莱因山谷、哥廷根、诺森和埃因贝克的城市》 （ *The cities of Leinetal, Goettingen, Northeim and Einbeck* ）
	1927	汉斯·博贝克 （Hans Bobek） （维也纳）	《城市地理学的基本问题》 （ *Basic questions of urban geography* ）
	1928	鲁道夫·马丁尼 （Rudolf Martiny）	《德国聚落格局》 （ *The layout of the German settlements* ）
1930—1939 年	1932	康泽恩 （M. R. G. Conzen） （柏林）	《哈维尔城市》 （ *The Havel cities* ）
	1936	赫伯特·路易斯 （Herbert Louis） （柏林）	《大柏林地区的地理结构》 （ *The geographical structure of Great Berlin* ）

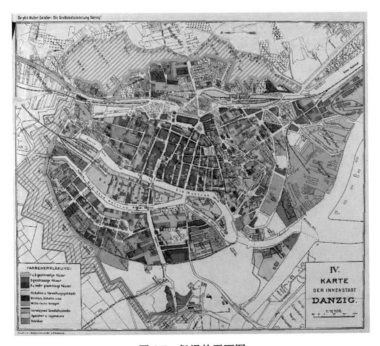

图 6.7　但泽的平面图

（来源：Geisler，1918）（彩图见书后插页）

1924年，盖斯勒出版了一本关于德国城市的非常有影响力的新书《德国城镇》。这本书提出了以城市的建城选址、底层平面和建筑类型为依据的分类方法。1925年，汉斯·德瑞斯（Hans Dörris）延续了哈辛格和盖斯勒十年前所开创的研究方向，在一些历史城市的平面图中对建筑年代和建筑风格进行区分。1928年，在对威斯特伐利亚地区（Westphalia）的城市进行了一系列初步研究之后，鲁道夫·马丁尼发表了一篇关于德国聚落结构的文章。与4年前的盖斯勒一样，马丁尼也打算为德国城市定义一系列通用要素。几乎同时，汉斯·博贝克发表了一篇关于城市地理学基本问题的文章。霍夫迈斯特（Hofmeister，2004）认为，这篇文章为德国人文地理学中一个主要研究领域的方向转变奠定了基础。总体来说，从那时起一直到20世纪最后几十年，城市功能主题在城市形态的相关研究中占据主导地位。

然而，20世纪30年代仍然出现了两项关于历史地理学方法和城市形态学本身起源的重要研究。第一项是康泽恩在1932年（即这位地理学家移民英国的前一年）完成的学位论文，他分析了柏林西北部12座城市的平面和建筑肌理（他提出的城市景观三要素中的第一种和第二种要素）。与盖斯勒一样，康泽恩用不同颜色来表示这些城市的建筑层数和类型。第二项是赫伯特·路易斯（康泽恩的导师之一）关于大柏林地区地理结构的研究。在该书的章节中，路易斯介绍了边迹带的概念，一种由大小形状各异的地块构成的城市形态要素。它产生于建成区的边缘，与该区域的发展停滞或缓慢增长以及若干年后如何再度发展有关。

20世纪初德国地理学家的工作对于将城市形态学确立为一门研究城市物质形态及其成因和过程的学说起到了至关重要的作用。这项工作不仅在德国（虽然影响较晚），而且在其他国家也产生了很大的影响。《城市形态学》期刊曾以"某国的城市形态研究"为题发表了许多国家的研究概览。我在对这些研究的综述中发现，这些德国研究者对波兰、爱尔兰和英国的城市形态研究均产生了重要影响（Oliveira，2013）。这种影响在英国康泽恩的工作中得到了最大程度的体现。尽管从20世纪30年代开始，形态生成学方法在德国人文地理学研究中逐渐衰弱，但它在随后几十年里随着这位德国地理学家的移民在英国得以发展并获得新的活力。

康泽恩的思想

康泽恩1907年出生于柏林。1926—1932年，他在柏林大学修读地理、历史和哲学专业。阿尔布雷希特·彭克（Albrecht Penck）和赫伯特·路易（Herbert Louis）都是他当时的老师。1933年纳粹崛起之后，康泽恩移民到英国。1934—1936年，他在曼彻斯特维多利大学的城乡规划专业学习。毕业以后，他在柴郡麦克尔斯菲尔德（Macclesfied，Cheshire）从事城市与区域规划的咨询工作。与此同时，他也在曼彻斯特维多利大学的历史地理学专业进行研究生学习。然而，第二次世界大战爆发后，作为身居英国的德国移民，康泽恩的生活发生了巨大变化。他失去了城市规划行业的工作，最终转回地理行业任教，先后在曼彻斯特大学（1940—1946 年）、杜伦大学（1946—1961 年）、纽卡斯尔大学（1961—1972 年）工作。2000 年，康泽恩在纽卡斯尔去世。

康泽恩发表的论文很少，但都非常重要（Conzen，1958，1962，1988，2004）。其中，上一节介绍的《城镇平面格局分析：诺森伯兰郡安尼克案例研究》（*Alnwick, Northumberland—a Study in Town-plan Analysis*）是迄今为止城市形态学领域出版的最重要的著作之一。康泽恩的整体工作为城市物质形态的研究和设计提供了一个综合框架。

该框架的其中一个重要方面是城市景观的 3 大要素，包括城镇平面格局（或底层平面）、建筑肌理以及土地和建筑的使用功能。如前文所述，城市平面格局指的是城市建成区内所有人工造物的平面布局，包括 3 个不同的平面要素复合体：（i）街道及其在街道系统中的布局；（ii）地块及其在街区中的集聚；（iii）建筑物的基底平面。

该框架的另一个重要方面是关于城市发展过程的概念深化。在本书中，我们将重点介绍其中的 3 个概念：边迹带（fringe belt）、形态区域（morphological region）和地块循环（burgage cycle）。如前文所述，边迹带的概念由路易斯于 1936 年在柏林首次提出，但是后来由康泽恩在安尼克和纽卡斯尔的研究中将这个概念进行了很大程度的完善。

边迹带的概念基于这样一个认识，即城市扩张是一个非常不均衡的发展过程。实际上，城市的发展由居民区的一系列向外扩张构成，其间有明显的发展停顿。当城市建成区发展停滞或者发展缓慢时，城市的边缘便会形成边迹带。边迹带内有许多相对开放的区域，通常植被茂盛，如公园、运动场、公共设施和各种机构的土地等（Whitehand，2007）。

在对安尼克的研究中，康泽恩把边迹带划分成 3 种不同的类型：内部边迹带、中间边迹带和外部边迹带。前两者嵌于建成区内，后者位于城镇边缘（见图 6.8）。内部边迹带围绕中世纪城墙这一"固结线"（fixation line，康泽恩提出的另一概念）而发展。康泽恩的重要贡献在于将城市的边迹带模式整合为一个详尽的形态学理论，该理论阐述了空间形成和演化过程中多种因素之间的相互作用，并在城市物质形态演化的详细地图记录中得到印证。他在安尼克和纽卡斯尔的研究中对边迹带的形成和演化过程进行了精细的分类。康泽恩将这一概念继续应用到拉德洛（Ludlow）、康韦（Conway）和曼彻斯特都市圈等其他几个英国地区（Conzen，2009b）。

对于康泽恩而言，探索城市物质形态发展的最精彩之处在于将城市划分为不同的形态区域或景观单元（Whitehand，2001）。形态区域是指与周围区域形态有所不同的区域单元。20 世纪 50 年代末至 80 年代末，康泽恩展示了英国传统城市的景观分层方式。这种分层方式体现了不同时代的遗留特征并形成了不同层级的形态区域，可以通过包含不同层级形态

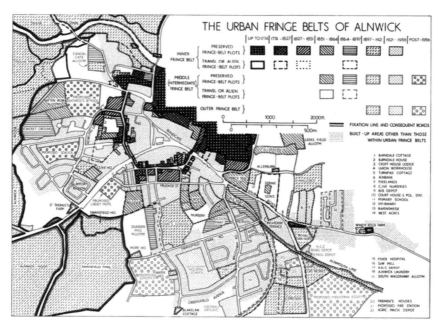

图 6.8　安尼克的城市边迹带

（来源：Conzen，1960）（彩图见书后插页）

区域的地图进行综合表达。在安尼克案例研究中，康泽恩主要根据城镇平面格局确定了 4
个层级的形态区域（康泽恩在分析该城镇时的主要关注点）。而在拉德洛，他不仅根据城镇
平面，还根据建筑肌理以及土地和建筑的使用功能，确定了 5 个层级的形态区域。表 6.2
综合表达了不同形态要素对城市景观特征的贡献。

不同形态要素对城市景观特征的贡献　　　　　　　　　　　　　表 6.2

要素	可持续性	对层级的贡献
基底平面	高	中高，以高为主
建筑肌理	不定，通常较高	中低，以中为主
土地利用	低	中低，以低为主

（改编自：Whitehand，2007b）

康泽恩研究的一个显著特点是细节分析。在这种情况下，地块与建筑基底平面之间的
关系起着重要作用。这种关系充分表现在"地块循环"的概念中：地块是指中世纪自治城市
中特许成员所拥有的土地；循环周期是指不断用建筑去填充地块后部的空隙，直到所有建

筑都被拆除，在地块再次开发之前形成了城市休耕期。在安尼克的案例研究中，康泽恩通过分析 1774—1956 年位于芬克街（Fenkle Street）的蒂斯代尔院落（Teasdale's Yard）的演变过程，对地块循环进行了解释说明。地块循环是较普遍的建筑填充现象的一种特殊变体。在地块循环现象中，地块承受的压力越来越大，且通常伴随城市增长带来的功能需求变化（Whitehand，2007a）。

J.W.R. 怀特汉德和城市形态研究团队

杰瑞米·怀特汉德在迈克尔·康泽恩开创性工作的基础上，富有成效地构建了城市形态学思想的新学派。半个多世纪以来，怀特汉德为城市形态学知识体系的建立作出了重要贡献，他建立了历史地理学方法，提出并完善了许多形态学理论、概念和方法（Conzen and Oliveira，2021；Oliveira，2019）。1974 年，他在伯明翰大学创立了城市形态研究团队。该团队是英国历史地理学城市形态研究领域的主要中心，聚集了该领域的许多著名研究者，在"国际城市形态研讨会"的组织和发展中起着重要作用，包括其年度会议和由杰瑞米·怀特汉德担任主编的颇具影响力的《城市形态学》期刊。

接下来的段落将介绍上节提及的边迹带、形态区域和地块循环 3 个概念的进一步发展。我们不可避免地要提及怀特汉德在边迹带概念发展中的作用，因为他的贡献与路易斯和康泽恩的贡献一样重要。他不仅探索了边迹带在空间维度的新领域，从城市到大都市，从静态到动态（Whitehand，1967），扩展了边迹带在经济（Whitehand，1972a，1972b）、作用者和规划方面的含义（Whitehand and Morton，2003，2004），还证实了其在不同地理环境的有效性（Whitehand et al.，2011；Conzen et al.，2012），并探索了其生态意义（Whitehand，2019）。迈克尔·巴克（Michael Barke）从地块变化和经济视角极大地推动了对这一概念的动态理解（Barke，1974；1990）；迈克尔·霍普金斯（Michael Hopkins）则聚焦于栖息地斑块（habitat patches）来探索边迹带的生态特征（Hopkins，2012）。2009 年，小康泽恩发表论文对边迹带概念在不同文化背景下的应用进行对比评价，反思概念本身的有效性和局限性，以识别和解释不同文化背景下城市形态结构的差异（Conzen，2009b）。图 6.9 展示了欧洲不同大都市区的边迹带景观。我们将在本章最后一节讲述这篇论文。最后，2013 年，城市形态研究团队的成员、位于梅尔辛（Mersin）的托尔加·乌鲁（Tolga Unlu）对边迹带这一概念的研究现状进行综述，强调了空间、经济、社会和规划等 4 种类型的鲜明特征（Unlu，2013）。

在过去几十年中，形态区域的概念和形态区划的方法在所有大洲都进行了应用和改进，展示出了它们在遗产保护规划方面的潜力。奈杰尔·贝克（Nigel Barker）和特里·斯莱特（Terry Slater）在 20 世纪 90 年代初开展了一项重要研究（Baker and Slater，1992）。贝克与

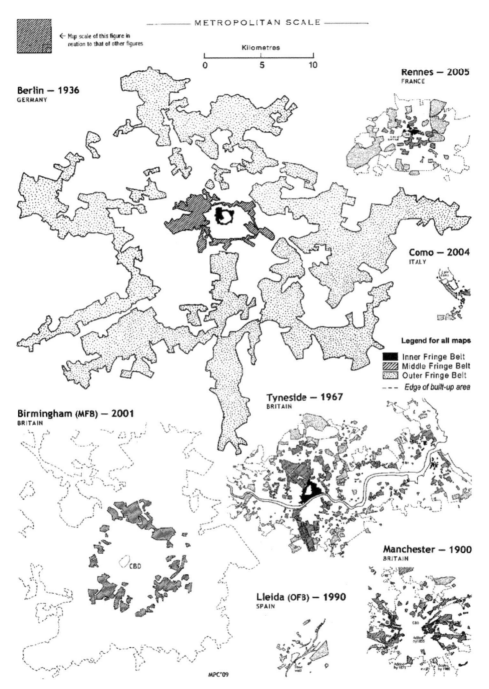

图 6.9　大都市区尺度的边迹带：欧洲案例

（来源：Conzen，2009b）

斯莱特以伍斯特核心区（Worcester）为例，论述了有些平面单元是短期扩张的产物，而其他平面单元则是渐进发展的产物，并非常细致地介绍了该方法的运用。巴雷特（Barrett，1996）首次将该方法应用于大城市。他以伯明翰和布里斯托的城市中心保护区为研究对象，制定了一套方法，特别关注如何阐释各种形态组合单元的不同地图，并将它们组成一个复合地图。比恩斯特曼（Bienstman，2007）对相关概念和方法的探讨或许是最全面的，他解释了复合地图的制作与区划的细节等重要问题。这是第一次就不同国家的城市进行比较性区划研究。怀特汉德和谷凯（2007）把康泽恩的方法在平遥进行了应用，这是首次在亚洲进行综合应用。他们运用康泽恩的平面分析方法（Conzen，2018）定义了平面布局的组成要素和阶段。虽然没有定义平面单元的边界，但是明确了划分单元的几个组成要素。前几年发表了两篇关于这一概念的综述（Whitehand，2009；Oliveiraand Yaygin，2020）。它们指出需要在区划与历史地理知识体系之间加强联系，需要更加明确描述单元特征和划定单元边界的方法，并需要对其在规划中的作用形成更广泛的认识（杰瑞米·怀特汉德和苏珊·怀特汉德主持的巴特格林规划是展现其应用潜力的杰出代表）。

特里·斯莱特（Terry Slater）延续了关于地块的研究，尤其是在地块的边界和尺寸方面。他展示了如何运用计量分析来重建地块边界的历史。通过分析拉德洛的地块宽度，斯莱特能够推测出中世纪勘测员在最初开发该区域时的想法，并推断出原始地块的宽度以及随后如何对其进行细分（Slater，1990）。

6.2.2 过程类型学方法

本小节分为 3 部分。第一部分和第二部分是关于萨韦里奥·穆拉托里和詹弗兰科·卡尼吉亚的探索性研究，分析了他们在研究、教学和建筑实践方面的活动。最后一部分介绍了包括第二代和第三代研究者在内的过程类型学方法的最新进展。

萨韦里奥·穆拉托里及其前辈

萨韦里奥·穆拉托里 1910 年出生于意大利摩德纳（Modena）。1928 年至 1933 年，他在罗马茱莉亚山谷（Valle Giulia）的雷吉亚高等建筑学院（Regia Suola Superiore di Architettura）学习建筑学。他的老师中有阿纳尔多·福斯基尼（Arnaldo Foschini）、恩里科·卡兰德拉（Enrico Calandra）和古斯塔沃·焦万诺尼（Gustavo Giovannoni）。20 世纪 30 年代后半期，他开始和卢多维科·夸罗尼（Ludovico Quaroni）、弗朗切斯科·法列洛（Francesco Fariello）合作，也独自进行了一些规划设计项目。在战后重建的几年时间里，穆拉托里深度参与了由福斯基尼协调组织的国家保险协会住房规划项目（Istituto Nazionale della

Assicurazioni，INA）。1952 年，他受邀到威尼斯任教，两年后又回到罗马。在威尼斯的岁月对穆拉托里的理论和实践非常重要，上节介绍的《威尼斯城市历史的可操作性研究》（*Studi per una operante storia urbana di Venezia*）以及下章将要介绍的圣朱利亚诺巴雷拉竞赛（the Competition for Barene di S. Giuliano）都是这段多产期的部分成果。随着穆拉托里的思想和作品彻底脱离当时的流行趋势，他越来越受到学生和同事们的孤立。1973 年，穆拉托里在罗马去世。

如上所述，穆拉托里的老师们中有古斯塔沃·焦万诺尼。焦万诺尼最重要的作品《老城市与新建筑》（*Vecchie cittá ed edilizia nuova*）是一本关于城市设计的著作（Giovannoni，1931）。这本著作从历史框架出发，通过对不同地理环境的历史性分析，讨论了城市增长和转型的基本原理。焦万诺尼认为，传统性和现代性可以在有机城市的概念中相互融合。在有机城市中，历史中心区倡导文脉主义行为，而新的增长可以通过卫星城来实现。与过去的情况一样，要解决的主要问题是新城与老城的衔接融合。通过具体的案例研究，焦万诺尼提出了平面格局的永久性和复写性两大观点。他认为城市包含密集的不同层次，这些层次显示了在最初的人工造物基础上如何逐渐地进行部分增添和消减（Marzot，2002）。

贾恩卡洛·卡塔尔迪（过程类型学方法的主要倡导者之一）在其收录于《建筑师萨韦里奥·穆拉托里》（*Saverio Muratori: il debito e l'eredità*）这本书的"萨韦里奥·穆拉托里：争论与传承"章节中，将穆拉托里的活动划分为 5 个阶段，对应于 5 个不同的年代（Cataldi，2013）。第一个阶段（1930—1940 年）被称为"专业实验阶段"，对应穆拉托里获得学位后的最初几年。在这段时期，他为《建筑学》（*Archittetura*）期刊撰写了一系列关于当时欧洲最新建筑项目的文章。他在这 10 年的规划和建筑实践包括阿普里利亚（Aprilia）和科尔托基亚纳（Cortoghiana）采矿城的规划以及一系列以意大利广场构成为主要城市议题的项目，这些项目附近的既有环境为广场设计及其周边的纪念性建筑提供了情境合理性。

第二个阶段，即 20 世纪 40 年代，以理论性和实践性视角的发展为标志。在这段时期，穆拉托里写了许多论文，城镇作为有机生命体和集体艺术作品的思想以及新的建筑设计需要延续当地文化的思想似乎开始成型。同时，穆拉托里作为福斯基尼和卡兰德拉（他以前在茱莉亚山谷的老师）的助教，开始了他的第一次教学实践。包括图斯科拉诺（Tuscolano）在内的多个罗马地区的国家保险协会住房规划项目于 20 世纪 40 年代末启动。那时，比萨的圣乔瓦尼加塔诺教堂（the church of S. Giovanni al Gatano）已经建成并试图表现罗马式建筑的基本特征。

城市是穆拉托里第三阶段活动的主题。在这段时期，穆拉托里设计了两座大型公共建筑，位于博洛尼亚的国家福利和社会保障局（Ente Nazionale di Previdenza ed Assicurazione

Sociale，ENPAS）以及位于罗马世界博览会（Esposizione Universale Roma，EUR）区域的基督教民主党总部。就像比萨的圣乔瓦尼加塔诺教堂一样，这些项目分别涉及意大利建筑历史上最重要的两个时期：第一个项目是哥特式建筑，第二个项目是文艺复兴建筑。在穆拉托里活动的早期，对于这些复杂既有建筑的态度与整个片区的规划思想之间具有一定差异。但是在 20 世纪 50 年代末，特别是在圣朱利亚诺巴雷拉的竞赛中，穆拉托里在研究与建筑规划实践之间建立起了强有力的联系。这个竞赛项目的规划方案在环礁湖两侧对威尼斯城市历史上的 3 个重要时期进行了现代转译（我们将在第 7 章再次介绍这个规划方案）。在这个阶段的初期，穆拉托里首次在威尼斯担任"建筑分布特征"课程的主讲教授，后来他于 1954 年回到罗马接替福斯基尼担任建筑构成专业的教授。

　　国土和文明是穆拉托里在 20 世纪 60 年代工作的基本主题。借鉴关于威尼斯的研究经验，穆拉托里于 1963 年出版了《罗马城市历史的可操作性研究》，形成了关于意大利首都罗马的综合地图集（图 6.10）。那时，穆拉托里开始把他的哲学思考延伸到建筑学具体专业领域之外更广泛的问题上。分析自我意识过程的《危机中的建筑与文明》（*Achitettura e civilità*

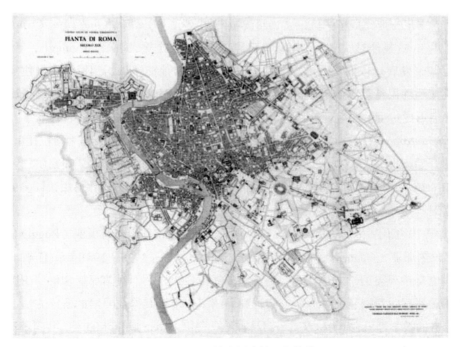

图 6.10　罗马城市历史的可操作性

（来源：Muratori et al.，1963）（彩图见书后插页）

in crisi）和将建筑危机视为更普遍危机的《国土文明》（civilitáe territorio），是这一思想脉络的两个例证（Muratori 1963，1967）。对穆拉托里而言，解决危机的唯一途径取决于人类在全球范围内与其领土建立平衡关系的能力（Cataldi et al.，2002）。

在他生命的最后几年里，穆拉托里在异常艰难的环境中致力于教学和研究。他教学活动的最后阶段在很大程度上以概括性的表格和图解为基础。研究方面，在未完成的亚特兰蒂斯国土规划和塔贝洛尼项目（ the project of Atlante territorial and Tabelloni）中，穆拉托里试图建立一个普适性的人工造物分类体系。

詹弗兰科·卡尼吉亚

20 世纪 60 年代初，穆拉托里的助手团队在罗马开始成形，其中一位助手正是詹弗兰科·卡尼吉亚。卡尼吉亚 1933 年出生于罗马，他在 20 世纪 50 年代早期进入茱莉亚山谷的建筑系学习，而穆拉托里正好在那里担任老师。当时，包括穆拉托里等教授在内的意大利主要建筑师正全力参与国家保险协会的住房项目。

1963 年，在与父亲伊曼纽尔（Emanuele）[位于罗马天主圣三一教堂区域的住宅建筑以及位于利里岛（Isola Liri）的小学和医院] 以及阿德莱德·雷加索尼（Adelaide Regazzoni）[位于科莫市阿比诺镇（Albiolo，Como）的住宅和商业建筑] 合作设计了他的第一批建筑作品之后，卡尼吉亚完成了学位论文《阅读城市：科莫》（Lettura di una città: Como）（导师为穆拉托里），这是他对城市形态学和建筑类型学的第一个重大贡献（Caniggia，1963）。卡尼吉亚对城市发展过程的"倒推"（Swithback）解释使他能够认识到罗马联排住宅持续性地以内院作为深层特征（Cataldi et al. 2002）。这一基本认知开启了关于欧洲历史城市中世纪合院住宅形成过程的研究，这在卡尼吉亚于 10 年之后出版的《人类空间结构》（Strutture dello spazio antropico）一书中有所探讨（Caniggia，1976）。1960 年，作为穆拉托里的助手，卡尼吉亚开始研究城市结构问题 [与雷纳托·博拉蒂（Renato Bolatti）和塞尔焦·博拉蒂（Sergio Bolatti）一样]，而保罗·马雷托则专注于建筑语言学领域，亚历山德罗·詹尼尼关注区域范围。

20 世纪 70 年代，卡尼吉亚不得不离开罗马，先后在雷焦卡拉布里亚（Reggio Calabria，1970 年）、热那亚（Genoa，1971—1978 年）和佛罗伦萨（1979—1981 年）任教。这个漫长的旅程也是过程类型学方法在意大利各地传播的原因之一。在热那亚和佛罗伦萨，卡尼吉亚在他的课程中开展了一系列研究，详细介绍了城市及其构成要素的研究方法。他逐渐积累了丰富的教学经验，为他和吉安·路易吉·马费伊（Gian Luigi Maffei）共同撰写的《建筑构成与房屋类型》（Composizione architettonica e tipologia edilizia）提供了素材。这本书分为两卷。第一卷发表于 20 世纪 70 年代末，是对基本建筑的解读（Caniggia and Maffei，

1979）。这本书按照不同的地理层级进行组织：从建筑层级（建筑类型的历史发展）开始，然后是建筑集群，再到作为实体的整个聚落，最后是聚落之间的关系，特别是连接不同聚落的路径。

1982 年，卡尼吉亚回到罗马的建筑系任教。两年后，他出版了《建筑构成与房屋类型》（*Composizione architettonica e tipologia edilizia*）的第二卷，侧重于基本建筑的设计（Caniggia and Maffei，1984）。20 世纪 80 年代，卡尼吉亚承担了一项非常重要的建筑项目——位于热那亚的第五片区（the Quinto Quarter）。在这里，他终于有机会把他所理解的热那亚城市环境的独特特征付诸实践。

卡尼吉亚的主要关注点之一是用建筑学术语来传播穆拉托里的思想，他认为穆拉托里思想的传播在某种程度上受困于其固有的理解困难。因此，卡尼吉亚倾向于简化和减少理论体系，而突出其更直接的操作方面。从这个意义上来讲，他的著作中所使用的类型、建筑肌理和基本建筑（以及特殊建筑的形成环境）等术语和概念非常重要（Cataldi et al.，2002）。

表 6.3 列出了穆拉托里和卡尼吉亚研究的一些不同之处。穆拉托里的研究具有演绎性，其目标是构建一个能够通过建筑来解释文明历史进程的哲学体系。相反，卡尼吉亚的研究具有归纳性，其目的是建立一种能够从建筑设计的角度来解释人居环境演化的类型学方法（Cataldi，2003）。

穆拉托里和卡尼吉亚的主要区别	表 6.3
穆拉托里	卡尼吉亚
理论	方法
有机体	结构
有机的	序列
建筑有机体	建筑类型
建筑学	建造
领土	城镇

（来源：Cataldi，2003）

卡塔尔迪（2003）总结了卡尼吉亚对过程类型学方法的 6 个主要贡献：（i）检验和发展了穆拉托里的类型、类型学、结构、肌理、序列和序列性概念；（ii）建立了过程类型学方法；（iii）发现并明确了罗马住宅内院这一深层特征是罗马规划中所有后续基本类型的母体；

（ⅳ）区分了基本建筑与特殊建筑；（ⅴ）提出了中世纪化理论，以解释关于规划结构的自发性利用过程；（ⅵ）提出了将城市历史阶段与基本类型过程相结合的解释性方法。

詹弗兰科·卡尼吉亚于 1987 年英年早逝。他的后期论著大部分都没有发表，在其去世 10 年后由吉安·路易吉·马费伊结集出版在《类型学思考》（*Ragionamenti di tiplogia*）一书中（Maffei，1997）。

研究进展

和卡尼吉亚一样，穆拉托里的其余助理在 20 世纪 80 年代初期也不得不离开罗马。1970 年建筑学研究领域的改革推动了新的院系成立，因此也带来了新的教学机会。穆拉托里的同事路易吉·瓦格内蒂（Luigi Vagnetti）在此过程中发挥了重要作用。他先是邀请了保罗·马雷托（和卡尼吉亚一起）到雷焦卡拉布里亚，然后又邀请了亚历山德罗·詹尼尼和博拉蒂兄弟到热那亚和佛罗伦萨。马雷托的研究工作有两个明显的兴趣点，一是根据人类环境相互关联的 4 个基本尺度建立类型学研究的框架，二是语言学实验。自马雷托的学生时代起，威尼斯这座城市就在他的研究中发挥重要作用（图 6.11）（Maretto，1960，1986）。基于国土尺度的分析是亚历山德罗·詹尼尼研究的主要议题，它包括对于埃塞俄比亚和意大利（利古里亚大区和奥斯蒂亚古城遗址）的研究。雷纳托和塞尔焦·博拉蒂则关注城市肌理，他们在罗马、威尼斯以及卡拉布里亚大区和西西里大区的一些城市开展了系统性研究和建筑实践。

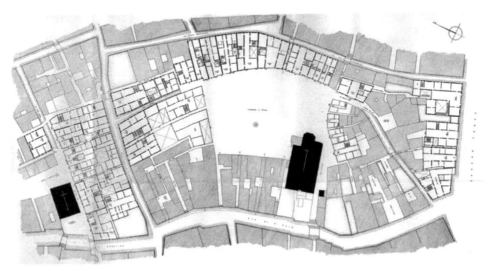

图 6.11　《威尼斯的哥特建筑》（*L'edilizia gotica Veneziana*）

（来源：Maretto，1960）

过程类型学方法的近期发展主要由两个组织推动，国际城市和国土进程研究中心（Centro Internazionale per lo Studio dei Processi Urbani e Territoriali，CISPUT）以及作为 ISUF 区域网络分支的意大利城市形态研究论坛。CISPUT 创立于 1981 年，由其协调员吉安卡洛·卡塔尔迪和一些意大利、美国同事共同创建。其目的是为建筑师和建筑史学家提供一个平台以进行交流并开展比较研究，从不同学科的视角去验证穆拉托里的方法和结论（Cataldi et al. 2002）。近 30 年来 CISPUT 一直在积极开展活动，包括在皮恩扎（Pienza）、摩德纳（Modena）等不同的意大利城市举办了 20 多场会议。意大利 ISUF 于 2007 年在罗马首次创立，2014 年又进行了重建，我有幸在当时受邀发言。意大利 ISUF 由朱塞佩·斯特拉帕担任主席，其重建恰逢 2015 年罗马 ISUF 会议筹备伊始，当时还发行了一本新的期刊《U+D 城市形态与设计》（*U+D Urbanform and Design*），以增进建筑学与城市形态学之间的联系。

CISPUT 和意大利 ISUF 的起源和发展以两位意大利研究者为代表，吉安卡洛·卡塔尔迪（2013 年至 2017 年担任 ISUF 主席）和朱塞佩·斯特拉帕。吉安卡洛·卡塔尔迪曾是穆拉托里在佛罗伦萨任教时的学生，在过去二三十年为推动过程类型学方法的发展发挥了重要作用。卡塔尔迪研究工作的很大一部分集中在对穆拉托里学派的历史重建方面。他的主要研究领域包括国土解析和类型过程，涉及原始建筑等主题。最近 3 篇关于罗马、佛罗伦萨和瓦伦西亚的论文都与前者相关（Cataldi，2016，2017；Cataldi and Lorens，2018）。在这些论文中，卡塔尔迪明确了深层永久结构的作用，即确保不同历史时期之间过渡的连续性。关于罗马的那篇论文明显发展了卡尼吉亚提出的中世纪化理论。著名的《原始住居》（*Primitive dwellings*）一书表现了卡塔尔迪对世界建筑类型演化过程的兴趣。该书根据主要材料——木材、泥土和石头，对不同地区的避难所、帐篷、小屋和房屋进行了类型学上的解读（Cataldi，2015）。最后，我们应该强调皮恩扎这座城市在卡塔尔迪工作中的核心作用，比如促使他出版了《皮恩扎城市形态》（*Pienza Forma Urbis*，Cataldi and Formichi，2007）。

朱塞佩·斯特拉帕以罗马为根据地 [在他巴里（Bari）的经历之后] 也发展了一些过程类型学的主要思想。与卡塔尔迪工作的一个主要区别是其明确关注城市景观分析（基于路线、节点、普通建筑和特殊建筑的概念）与设计之间的关系（Strappa，2018），最近一本关于拉齐奥地区（Lazio region）小城镇的书说明了这一点（Strappa et al.，2016）。斯特拉帕作品中的另一个核心概念是有机体（organism）和过程（process），比如《作为过程的建筑》（*L'architettura come processo*，Strappa，2014）。

另一位在第二代研究中发挥了重要作用的研究者是吉安·路易吉·马费伊。如上文所提到的，马费伊在卡尼吉亚去世后整合并出版了他未完成的研究。马费伊延续了其 20 世纪 70 年代末与卡尼吉亚一起进行的研究，并在 20 世纪 80 年代中期将其发展后，出版了《特殊建筑读本》（*Lettura dell'edilizia special*，Maffei and Maffei，2011）。这本书的主要贡献是扩展了类型过程（typological process）的概念，明确地将其应用于特殊建筑。除此之外，马费伊还出版了两本关于佛罗伦萨和罗马住宅的书 [与保罗·卡洛蒂、吕西安·巴夏（Lucian Bascià）合著]，分析了城市背景下居住建筑的演化（Maffei，1990；Bascià et al.，2000）。

最后，我们可以识别出过程类型学方法的第三代追随者，这些学者并不直接认识穆拉托里或卡尼吉亚。其中两个重要人物是尼古拉·马尔佐特（Nicola Marzot）和马尔科·马雷托 [（Marco Maretto）保罗·马雷托的儿子]。和卡塔尔迪、斯特拉帕、马费伊一样，他们都继续推动了穆拉托里和卡尼吉亚工作的不同方面。马尔佐特将过程类型学方法与意大利学派的其他方法进行比较，也就是前面章节分析过的阿尔多·罗西的理论 [例如《意大利城市形态研究》（*The study of urban form in Italy*），Marzot，2002]。马雷托出版的两本重要著作是《萨韦里奥·穆拉托里——城市设计遗产》（*Saverio Muratori—a legacy in urban design*）和《伦敦广场》（*London squares*）。前者从城市尺度探讨了穆拉托里的建筑实践，分析了阿普里利亚、圣朱利亚诺巴雷拉等地的规划方案。后者分析了城市形态的特殊要素——广场（Marreto，2013）。除了对穆拉托里和卡尼吉亚作品的阅读，他们还都探索了可持续性、历史地理学方法和过程类型学方法之间的关系以及理论和实践之间的关系等议题。

6.2.3 空间句法

本小节分为两部分。首先介绍空间句法的起源以及比尔·希利尔和朱利安尼·汉森的开创性著作，然后介绍这种构型方法在过去 20 年的基本发展，最后介绍其主要特征。

比尔·希利尔、朱利安尼·汉森与空间句法的起源

20 世纪 60 年代，城市形态研究领域的量化分析方法以莱斯利·马丁（Leslie Martin）和莱昂内尔·马奇（Lionel March）领导的剑桥大学土地利用和建筑形态中心（Land Use and Built Form，LUBFS）为核心。20 世纪 70 年代中期，随着伦敦大学学院（University College London，UCL）创建了由比尔·希利尔领导的建筑研究中心，城市形态量化分析方法获得了新的动力。空间句法研究始于该中心，其主要目的是探究建筑设计对当时英国住宅区社会问题的影响。

除了 20 世纪 70 年代该中心成立初期所发表的一系列开创性论文之外（Hillier 1973；Hillier et al.，1976），必须提及比尔·希利尔和朱利安尼·汉森的三部著作，《空间的社会逻辑》（*The social logic of space*，Hillier and Hanson，1984）、《空间是机器》（*Space is the machine*，Hillier，1996b）和《解码家园和房子》（*Decoding homes and houses*，Hanson，1998）。第一

本书已在上一节介绍过。第二本书《空间是机器》，综合介绍了 20 世纪 80 年代和 90 年代初空间句法的发展，强调了该理论的构形和分析性维度（与规范性相对）。这本书分为 4 部分。第一部分"导论"，阐述了建筑理论试图回答的最基本问题：什么是建筑，什么是理论；第二部分"不可言的规律性"介绍了一系列研究，这些研究利用"不可言的技术"来控制建筑变量，建立了建成环境的空间组构与感知功能之间的关系规律；第三部分"建筑领域的规则"，利用这些规律来重新思考建筑理论的基本问题：如何对可能发生空间关联的广阔领域进行限定从而创造那些实际感知的建筑；这本书的最后一部分"理论的综合"，汇集了第一部分提出的问题、第二部分显示的规律性和第三部分提出的规则，以重新认识建筑理论中的两个中心问题，即形式—功能的问题，以及形式—意义的问题。综上所述，这本书关注建筑和城市是什么样的，为什么它们是这样的，它们如何运行，它们如何通过设计来实现，以及它们可能会如何不同。

第三本书比《空间是机器》晚两年出版，通过对历史住房、投机性住宅案例以及创新性当代居住建筑的大量分析，考察了英国住宅空间布局和家庭结构的演变。《解码家园和房子》展示了居住空间如何为日常生活提供共享框架，如何在家庭中构建社会意义，以及不同的社会群体如何通过居住空间和生活方式相互区分。

主要特点与发展

对空间的关注以及对空间与运动之间关系的关注是空间句法这一方法的两个基本方面。其影响深远的研究，如《空间的社会逻辑》，强调了新兴的空间句法方法与其他方法之间的区别。希利尔和汉森认为其他方法大多是从界面的角度讨论空间，另外一些则是讨论空间本身而非空间之间的关系，而这种关系正是空间句法的目的。希利尔和汉森（1984）倡导建立一种具有描述自主性（descriptive autonomy）的空间理论，使其具有更广泛的形态多样性来反映空间和社会之间的不同关系。综合来讲，他们提出了一种新的建筑和城市观点，重点关注那些有人流通行和社会经济活动的城市空间。空间组构（Spacial configuration）是该方法的一个关键概念，它指的是空间系统内两个空间之间的关系，且该关系同时考虑到了这两个空间与系统内所有其他空间之间的关系（Hillier et al.，1987）。因此，空间组构是一个比只考虑两个空间的"空间关系"更加复杂的概念。

空间句法在城市空间与运动（无论行人还是车辆）之间的关系提供了一个新的视角。当时的理论认为，不同地点之间的流动主要受土地利用功能的影响。与之相反，空间句法认为城市布局本身的组构特征是运动模式的主要影响因素。希利尔等人（1993）把由城市空间组构导致的运动称为自然运动。他们认为运动具有形态学的维度，或者换句话说，运动是空间布局内在属性的功能性产物。因此，一般意义上的运动问题和空间使用问题都无法与城市形态本身的问题分开。

如何表达建筑或城市的空间关系是空间句法的另一个突出特征。其表达方式可以是不同的地图。多年来，空间句法主要通过轴线模型进行表达（Hillier and Hanson，1984）（图 6.12），该模型由覆盖整个空间系统的最少轴线组成，系统中的任意一个凸空间都被其

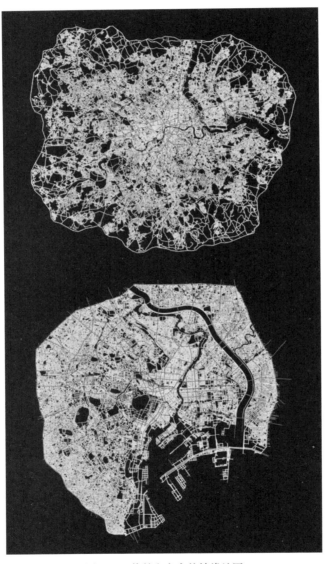

图 6.12　伦敦和东京的轴线地图

（来源：Hillier，2014）（彩图见书后插页）

中一条线穿过（Hillier and Hanson，1984）。轴线对应于空间组构中通过任意一点绘制的最长直线。轴线模型可以转换为包含有限节点的图形，这些节点称为顶点，它们之间的连线称为边。

从该图形中可以提取出一些拓扑度量对空间组构特征进行量化表达。其目的是对空间系统中各项关系的空间模式进行量化呈现。全局整合度（拓扑半径 N）、局部整合度（半径较小，通常为 3）、选择度是轴线分析中使用的一些拓扑度量。全局整合度（global intergration）度量了系统中每条轴线到其他所有线的相对深度。局部整合度（local intergration）度量了每条线几步（通常为 3 步）之内的可达性。选择度（choice measures）度量了每条线作为系统最短路径的潜力。这些度量分析了两种类型的运动：整合度侧重于"到达性运动"（to-movement），选择度侧重于"穿越性运动"（through-movement）。第一个与中心性有关，第二个与等级性有关。空间句法非常重要的一点是通过对真实移动模式的现场测量来验证这些地图反映的移动潜力（步骤指南见 Vaughan，2001）。

轴线模型是新千年以来空间句法文献中最常出现的主题之一。在轴线模型的定义和生成中的一个关键问题是从手工绘图到计算机辅助绘图的转换过程。一些研究者对此提出批评，认为它没有使得轴线模型的绘制和生成更加客观，而且它仍然允许不同的用户基于相同的制图方法却得到不同的模型。空间句法的一些主要支持者为改进轴线模型的严谨性作出了重要贡献，如卡瓦略和佩恩（Carvalho and Penn，2004）以及特纳等人（Turner et al.，2005）。卡瓦略和佩恩（2004）建议不同模型样本的线长范围应保持尺度不变。特纳等人（2005）花了 20 年的时间用数学术语解释轴线模型的定义，最终提出了一种构建建筑空间轴线模型的算法。

在过去十几年中，线段分析被越来越多的研究者使用。使用者数量增长的一个重要推动力来自于 DepthMap 软件的应用。线段分析的基本要素是交叉口之间的路段。DepthMap 从最短线、轴线地图或道路中心线数据自动生成线段地图。DepthMap 可以对线段之间的距离进行三种定义：（ i ）实际距离（metric），即一个路段的中心与其相邻路段中心之间的米制距离；（ ii ）拓扑距离（topological），如果一个路段与其相邻路段之间发生方向变化，则赋值为 1；如果没有变化，则赋值为 0；（ iii ）几何距离（geometric），指路段之间的角度变化，如果直线连接则赋值为 0，一条直线就是一系列 0 赋值的线段，以此获得城市的线性结构。然后，它运用这 3 种距离概念来进行两种度量。一是句法整合度或数学接近度，衡量每个路段在每种距离定义下与所有其他路段之间的距离；二是句法选择度或数学中间度，衡量不同距离定义下每对路段之间有多少条路径可以实现距离最小化。因此，利用实际距离，我们可以得到用于整合度和选择度的最短路径模型；利用拓扑距离，我们得到转折次数最少的模型；利用几何距离，我们得到角度变化最小的模型（Hillier，2009）。

轴线分析和线段分析都可以对街道系统进行不同尺度的分析，从对公共空间的详细阐述到对整座城市、地区甚至国家的全面理解（Serra and Pinho，2013；Serra and Hillier，2019）。通过构建分析模型来描述和解释现在或过去的街道系统（Pinho and Oliveira，2009），也可以对街道系统未来演变的不同可能进行评估。空间句法并不"绘制"新的方案，方案是由建筑师或规划师制定的，只是使用空间句法进行评估。空间句法既不是意识形态的也不是标准的，对新方案的评估是基于这些方案与现有城市的关系展开的。

另外两种表现形式也应提及：视域（isovists）和可视性图表（visibility graph）分析。视域是指从某一空间位置所看到的一定环境范围内的所有点的集合。视域的形状和大小随空间位置的移动而发生变化（Benedikt，1979）。可视性图表分析是对某一空间所有视域的综合，衡量城市空间的联系。该方法以栅格分析代替凸空间分析，计算栅格空间范围内每个单元格与所有其他单元格之间的关联（Turner et al.，2001；van Nes and Yamu，2021）。

在过去几十年里，空间句法已经证明了城市街道系统是一个双重网络。一方面是前景网络，即城市的主要结构，由少量较长的街道组成，以非居住功能为主，与微观经济相关；另一方面是背景网络，其邻近性更高，由许多较短的街道组成，以居住功能为主，并与社会文化因素相关。

另一个关键问题是边界效应（Eisenberg 2007；Ratti 2004）。通过对两种截然不同情况下的理想城市系统，即一种情况是自给自足，另一种情况是系统之间有所交流进行分析，拉蒂（Ratti，2004）认为空间句法结果受到所研究城市范围大小的影响。多年来，学者们提出了许多方法来处理这个问题：用目标区域的"承载区的承载区"来扩展网络模型分析（Hillier et al.，1993），用分析半径作为移动边界来进行局部度量（Penn et al.，1998；Hillier and Penn，2004；Turner，2007），或者根据系统中整合度最高的线的平均拓扑深度来计算具体"半径的半径"（Hillier，1996）。在最近的一项研究中，吉尔（Gil，2016）证明了一些测量方法受到边界效应的不同影响，同样的测量方法受到的不同影响取决于使用的距离类型。

将三维信息纳入空间句法的图示表达是学术讨论的另一个主题（Hillier and Penn，2004；Ratti，2004，2005；Wang et al.，2007；Kim et al.，2019）。一方面，空间句法的主要目的之一是理解空间组构对社会生活的影响。因此，它的主要支持者一直反对在空间模型中引入其他变量。另一方面，一些研究者认为三维信息的缺失（即建筑高度）弱化了研究成果，特别是在运动模式层面。基于对伦敦 5 个区域的研究，佩恩等人（1998）认为，步行运动受到整个区域的建筑高度和路面宽度的影响。但尽管如此，该研究发现，与组构变量相比，这两个变量的影响都较小。

总体来说，运用空间句法开展的早期研究对空间分析和土地利用分析进行了区分——学术讨论的另一个主题。希利尔和佩恩（2004）认为，这种区分在研究组构和运动对土地利用的影响（Hillier，1996b）、中心和次中心的形成（Hillier，1999）以及从空间维度来分析空间组构与土地利用的相互影响过程等方面极其有效（Hillier，2002）。

目前，空间句法领域的交流主要有两个渠道。第一个是两年一次的"国际空间句法研讨会"（ISSS）。该研讨会于 1997 年开始在伦敦举办，在过去 20 年里曾在美（北美和南美）、亚、欧三大洲举办。第二个是《空间句法期刊》（*The Journal of Space Syntax*，JOSS），发行于 2010 年，一年两期，最初由朱利安尼·汉森担任主编，后来是索菲亚·普萨拉（Sophia Psarra），然后是丹尼尔·科赫（Daniel Koch）。然而，自 2017 年以来，过去 3 年该杂志似乎并不活跃。

6.2.4　空间分析

本小节包括 3 种空间分析工具——细胞自动机（cellular automata）、智体模型（agent-based models）和分形（fractals），分别与每部分内容相对应。但是，这 3 种空间分析工具并不是相互排斥的，而是可以互补运用的。重要的是，我们要认识到，空间分析方法比本节之前介绍的其他 3 种方法更具多样性。

迈克尔·巴蒂的工作

像怀特汉德、卡塔迪和希利尔一样，或许我们在推动空间分析方法发展的研究者中也能找到一位关键人物，他就是迈克尔·巴蒂。1962—1966 年，巴蒂在曼彻斯特大学学习城乡规划。1983 年，他在威尔士大学获得了城乡规划学的博士学位。从 1985 年起，他担任期刊《环境与规划 B：规划和设计》（*Environment and Planning B*）的主编，这个期刊是探讨空间分析方法的主要平台之一。在过去的 20 年，继在 5 个不同的机构任教（分别是曼彻斯特、雷丁、滑铁卢、卡迪夫和布法罗）之后，巴蒂一直在伦敦大学学院（UCL）的高级空间分析中心（Centre for Advanced Spatial Analysis，CASA）工作（与希利尔一样）。

巴蒂运用一系列概念、方法和模型，试图将城市的空间结构和运行机制（流动和网络）理解为复杂的、涌现的现象，其中的全局结构从局部进程发展而来（图 6.13 展示了伦敦的局域中心）。他把城市看作一个有组织的复杂性问题，并运用涌现（emergence）和演化（evolution）的概念来理解这个问题。模型与其模拟对象的规模之间并没有很强的相关性（Batty，2005）。模型可能表现城市集聚区或者城市内部的区域。根据数据来源情况，模型中的单元可以表示相应的地块，或介于地块和人口普查区之间的区域，或其他行政区（Batty，2005；2013）。

巴蒂（2008，2012）认为，空间模型的发展总体上呈现从聚合的静态模型向非聚合的动态模型演变的态势。这标志着从土地利用和交通的交互模型（Land Use Transportation Interaction models，LUTI）向细胞自动机（Cellular Automata，CA）和智体模型（Agent-Based Models，ABM）进行转变，也意味着规模和关注点的转变。就 CA 模型来说，关注点从社会经济进程转变为物质形态的土地开发。ABM 模型更具通用性；但是就城市模型而言，大多应用于步行和局域运动的精细空间尺度。然而，即使有了这一套全面的理论、概念、方法和模型，巴蒂仍然认为城市是不可预测的，因为城市是一个复杂系统，其演化过程汇集了不同主体的各种行为（Batty，2018）。

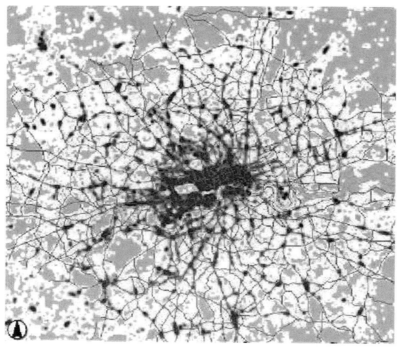

图 6.13　迈克尔·巴蒂绘制的伦敦中心地图

（来源：Hillier，2009）（彩图见书后插页）

细胞自动机

细胞自动机的历史可以追溯到约翰·冯·诺伊曼（John von Neumann）的自复制自动

机理论以及他与斯坦尼斯劳·乌拉姆（Stanislaw Ulam）的合作，当时他们正在研究人工生命和生物系统的概念。自复制自动机理论描述了能够进行自我复制的机器的概念性原理。早在 20 世纪 30 年代，艾伦·图灵（Alan Turing）就已经在研究自动机了。当时他定义了一种简单的抽象计算机，后来被称为图灵机，其中的自动机概念就与我们今天所说的细胞自动机非常接近（Iltanen，2012）。

　　细胞自动机模型是一种对城市现象进行动态建模的工具，它试图捕捉空间现象的复杂性。细胞自动机模型的构成非常简单，使其非常易于应用到城市研究领域。它有 5 个基本组成要素：（ⅰ）细胞；（ⅱ）细胞的状态（开或关）；（ⅲ）邻域（相邻的细胞）；（ⅳ）转化规则（比如使细胞状态改变所需的相邻细胞的数量）；（ⅴ）时间。细胞是产生某些现象的空间分区，例如国土管理单元。在每个时刻，每个细胞都具有来自有限可能的细胞状态集的一种状态——土地可能具有的不同用途。邻域（neighborhood）确定了细胞之间发生空间相互作用的程度，与细胞状态相关（例如不同土地用途之间的相互作用）。邻域通常被定义为摩尔邻域（Moore neighborhood）或冯·诺依曼领域。摩尔邻域指的是中央细胞周围 8 个方位点上的所有细胞，冯·诺依曼邻域指的是中央细胞东南西北方向的 4 个细胞。转化规则会随时间改变细胞状态，模拟领域的运行机制。时间为这些模型提供了动态的特征。这些基本组成要素的结合使得模型具有了形式（细胞和邻域）和功能（细胞状态和转化规则）（Pinto，2013）。

　　"细胞"的名称与空间结构的概念有关；"自动机"的名称表示根据转换规则处理代码（细胞状态）的能力。由不同细胞构成的空间模型称为细胞自动机模型。得益于 20 世纪 50年代至 70 年代计算机技术的发展，细胞自动机模型在物理和数学等不同领域得到了非常深入的研究。沃尔弗拉姆（Wolfram）的专著《新科学》（*A new kind of science*，Wolfram，2002）和约翰·康威（John Conway）的《生命游戏》[*Game of Life*，由马丁·加德纳（Martin Gardner）于 1970 年在《科学美国人》（*Scientific American*）期刊上首次发表] 就是两个著名的例子。《生命游戏》在栅格上随机设置一系列有生命的细胞，由其周围的细胞决定它们如何生长和生存。对于一个存活的细胞而言，如果它周围的 2 个或 3 个细胞是存活的，它就继续存活（生存）。如果它相邻的细胞少于 2 个（孤立）或超过 3 个（拥挤），那么细胞就死亡。如果一个死亡的细胞周围恰好有 3 个细胞是存活的,那么这个细胞就变成存活状态（繁殖）。《生命游戏》的流行归因于行为的显著多样性以及通过简单规则所产生的复杂模式。

　　尽管在 20 世纪 50 年代和 60 年代有过一些研究实验（Hagerstand，1952；Lathrop and Hamburg，1965），瓦尔多·托布勒（Waldo Tobler）在其著作《细胞地理》（*Cellular Geography*，1979）中首次将 CA 应用于城市研究。受《生命游戏》和冯·诺依曼（von

Neumann）邻域概念的影响，托布勒提出了一种新的地理模型。在托布勒的工作之后，一些研究者也开始运用细胞自动机模型进行城市现象模拟，特别是在 20 世纪 80 年代中期微型计算机拓宽了计算机运算的应用范围之后——海伦·库克利斯（Helen Couclelis，1985）提出将细胞自动机理论和系统理论结合起来研究城市系统；怀特（White）和恩伦（Engelen）（1993）提出了第一个约束模型，将细胞状态转化规则的微观和宏观机制结合在一起。库克利斯（1997）列举了一些关键问题（关于空间及其建模，邻域及其定义，以及转化规则及其普遍性），使细胞自动机模型在模拟空间现象和分析空间现象的动力机制时更具现实可操作性，这对城市研究和规划实践更加有用。史蒂文斯（Stevens）和德拉季克维奇（Dragicevic，2007）以及平托（Pinto）等人（2017）运用不规则的细胞单元来表示地块，使细胞自动机模型可以更加精确地描述城市景观。

智体模型

在整个 20 世纪，地理学吸收了其他学科的思想和理论。这些思想促进了在不同时空维度上来理解个体因素影响和地理系统异质性并对其进行建模。智体模型能够模拟不同驱动力的个体行为，并衡量随时间推移所产生的系统行为和结果。自动机方法的发展对智体模型的进步至关重要。如上所述，自动机是一种过程机制，其特征会根据内部特征、规则和外部输入而随时间变化。自动机处理来自周围环境的信息输入，其特征会根据一定的规则进行改变，这些规则控制着自动机对信息输入的反应。在研究文献中，有两类自动机工具占据主导地位——细胞自动机和智体模型（Crooks and Heppenstall，2012）。

虽然对术语"智体"没有明确定义，但是大多数智体具有一些共同特征：智体是自主的、异构的和主动的。它的表现形式可以是任意类型的自治实体（人、建筑、地块等）。每一种无生命的和有生命的智体都具有规则，这些规则将影响其行为及其与其他智体和周围环境的关系。周围环境定义了智体运行的空间，以支持它们与环境和其他智体之间的相互作用（Crooks and Heppenstall，2012）。

智体模型具有细胞自动机模型的许多特征，不过在它的系统中环境和人口是分开的。人口部分实质上就是包含这些智体的部分，对智体的行为有相当详细的规定。智体在空间意义上往往是可移动的。即使没有在空间中实际移动，也会与不同的空间相关联，并且随时间变化反映出隐含的运动过程。从这个意义上说，人口推动了环境的变化，所以环境的处理比人口更加被动，尽管原则上两者并没有优先次序。智体具有特定的行为特征并且有目的地采取行动，这是智体模型定义的核心。在聚集和规模方面，虽然一些土地利用模型会在较大范围内进行预测，但智体模型的范围往往比区域或大都市更小。智体模型在保留关键要素数量方面往往不会受到限制，尽管模型框架可能就是为了产生或保留一定数量的人口，特别是像步行模型那样关注固定空间内的运动时。智体模型的机制及其与更广泛环境的关系与细胞自动机相似，并且它们往往高度分化，直到以个体作为模型的基本构成单元（Batty，2012）。

分形

欧几里得几何由一维、二维或三维的概念主导。直线只有一维，即长度；平面有二维，长和宽；立方体有 3 个维度，长、宽、高。20 世纪 50 年代初，数学家伯努瓦·曼德尔布罗（Benoit Mandelbrot）开展了一系列研究来挑战这一观点，并在 70 年代中期发表了两篇重要论文，最终出版了《自然的分形几何》（*The fractal geometry of nature*，Mandelbrot，1982）一书。曼德尔布罗在这本具有开创性的著作中指出，自然界的许多模式是不规则和支离破碎的，所以与欧几里得几何学相比，大自然不仅表现出更高程度的复杂性，而且呈现出不同层次的复杂性。曼德尔布罗基于"分形"的概念提出了一种新的自然几何，并论证了它在不同领域的用途。1977 年，他发表的一篇名为《分形：形式、机会和维度》（*Fractals: form, chance and dimension*）的文章揭示了这个概念的主要特征及其本质：（i）分形的形式是不规则的，看起来是破碎的；（ii）大多数分形与偶然性有关，其不规则性具有统计学意义；它们的形状趋向于"分维"——它们不规则和（或）破碎的程度在任何层级上都是相同的；（iii）分形

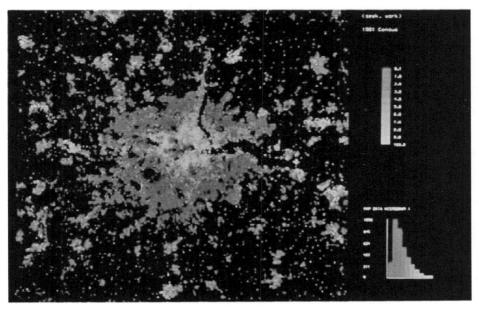

图 6.14　分形伦敦：就业密度

（来源：Batty and Longley，1994）（彩图见书后插页）

的维数不是整数值：在欧几里得几何中（正如我们所看到的），直线、正方形和立方体都具有整数的维度，而分形图案的维数在平面上介于 1 和 2 之间，在空间上介于 2 和 3 之间。

在随后的几十年里，分形几何逐渐被应用到建成环境中。1994 年出版了两本关于分形的重要著作。正如我们之前所介绍的，迈克尔·巴蒂和保罗·朗利的《分形城市：形式和功能的几何》（*Fractal cities: a geometry of form and function*）是将分形几何应用于城市的首次尝试。图 6.14 提供了一个具有分形特征的伦敦就业密度图。巴蒂和朗利（1994）认为，城市在形态上具有分形特征，而许多已有的城市理论都是关于分形城市的理论。与此同时，皮埃尔·弗兰克豪泽（Pierre Frankhauser）出版了《城市结构的分形》（*La fractalité des structures urbaines*）。弗兰克豪泽（1994）认为是自组织过程或内部秩序原则的存在推动了"不规则"城市模式的发展。与巴蒂和朗利一样，弗兰克豪泽提出运用分形来测量和描述这些不规则结构。

另一个研究方向着重于城市和聚落。20 世纪 90 年代末，在《非洲分形：现代计算和土著设计》（*African fractals: modern computing and indigenous design*）一书中，罗恩·艾格拉什（Ron Eglash）介绍了分形模式、计算和理论在非洲文化中是如何表达的。他研究了非洲文化中数学从无意识存在到自觉存在的过程，并与本土知识系统中的抽象理论案例相对应（Eglash，1999）。4 年后，克利福德·布朗（Clifford Brown）和沃尔特·威特希（Walter Witschey）证实了古代玛雅人的聚落模式在社区内部和跨区域层面都表现出分形几何特征（Brown and Witschey，2003）。

卡尔·博维尔（Carl Bovill）在 1996 年出版的《建筑和设计中的分形几何》（*Fractal geometry in architecture and design*）关注的不是城市，而是单独的建筑物。博维尔（1996）研究了分形维数在建筑评价和可能的设计生成方面的应用。这一研究方向在过去 20 年得到进一步发展，即茹瓦（Joye，2011）回顾了分形几何用于分析和创造实际建筑形式的不同方法。

最后，分形也被用于分析街道景观特征。这主要是由乔恩·库珀（Jon Cooper）在过去 20 年推动发展的。库珀首先利用分形方法来评估城市和自然天际线的复杂性，接着对街道边界的分形特征进行检验，最后对街道视觉景观进行分析，将分形维数的计算与对城市街道视觉多样化程度的日常感知联系起来（Cooper and Oskrochi，2008）。

6.2.5　新兴观点

本小节汇集了关于城市形态的一系列观点，尽管这些观点与上述 4 种主要方法有共同之处，但也有一些创新和特色。城市街道网络分析是近几十年来的一个重要话题。塞尔焦·波尔塔（Sergio Porta）就这一话题提出了不同于空间句法的系统理解。21 世纪 00 年代中期，与保罗·克鲁奇蒂（Paolo Crucitti）、维托·拉托拉（Vito Latora）合著的一系列论文中，波尔塔将中心性作为结构属性，用不同的方法对其进行测量，来理解复杂的网络（Porta et al.，2006）。此外，波尔塔和奥姆布雷塔·罗米斯（Ombretta Romice）是斯特拉斯克莱德大学城市设计研究小组（Urban Design Studies Unit，UDSU）的负责人。波尔塔、罗米斯及其同事发展了两个重要的研究方向以支持规划实践：第一个是城市形态计量学，一种对城市形态进行测量和分类的定量方法。该研究方向探讨城市形态的历时性演变，以及描述城市当前物质形态的无监督方法（Dibble et al.，2019；Fleischmann et al.，2020）；第二个研究方向是韧性与城市形态之间的关系（Feliciotti et al.，2016；Romici et al.，2020）。

另一个重要的研究团队是查尔默斯理工大学的空间形态学小组（Spatial Morphology Group，SMoG）。该团队的研究人员在过去 20 年开展了许多重要工作。拉尔斯·马库斯（Lars Macus，SMoG 的联合领导者）提出的创新性观点以空间资本概念和场所句法度量为核心，前者与给定区域的可达多样性有关，后者在空间句法对街道的定义中信息增加了地块信息（Marcus，2010）。梅塔·伯豪瑟·庞特（Meta Berhauser Pont，SMoG 的另一位联合领导者）从另一种视角对密度与城市形态之间的关系进行了全面解读，并提出了一种度量工具——空间矩阵（spacematrix，Pont，2009）。最后，豪尔赫·吉尔（Jorge Gil）探索了数据挖掘在城市类型学中的应用（Gil et al.，2012）。SMoG 的近期研究包括上述几种不同视角，并与 UDSU 有明显的相似之处，他们主要关注基于街道、地块和建筑的城市类型识别以及对地块这一城市形态要素进行详细解读（Bobkova et al.，2019；Pont et al.，2019）。

这些新兴观点从对不同城市形态要素的综合理解到对某一种要素的详细研究。斯蒂芬·马歇尔（Stephen Marshall）关注于街道，就像波尔塔在新千年第一个 10 年中的工作一样。他探讨了街道及其主要模式如何与城市系统的结构相联系，以及它们如何在发挥功能的同时为创造更好的场所作出贡献——将城市设计和交通领域联系起来（Marshall，2005）。接着，他结合复杂性、涌现和演化等概念对城市结构的形成过程进行分析，从而进一步完善了对城市结构的解读（Marshall，2009）。

最后，我应该介绍一下形态学（Morpho）方法，这是我与波尔图大学的同事一起设计和开发的（Oliveira，2013，Oliveira et al.，2020）。形态学方法所开展的结构分析包括城市形态的主要元素（街道、地块、街区和建筑物）以及这些元素如何以不同模式构成城市景观。分析的核心是城镇平面要素，重点是可达性、密度和物质形态的连续性。根据研究对象的尺度（社区和街道）和属性（有重要建筑遗产），建筑肌理、土地和建筑用途可以在分析中加以考虑。

6.3 城市形态的比较研究

如前两节所述，城市物质形态的多样性和复杂性在某种程度上反映在对其进行描述和解释的各种形态学方法上。新理论、新概念和新方法的蓬勃发展是一种积极信号，然而，它也具有重要缺陷，因为城市形态学研究尚无法提供一个基本的比较框架，来帮助学者和从业人员理解：(i)面对特定的具体案例时应采用哪种方法；(ii)是否有可能将不同方法结合起来；(iii)某种特定方法应该在什么时候或什么情况下使用。

许多学者在不同场合都提出需要开展这些方法之间的比较研究，尤其是杰瑞米·怀特汉德最近在《城市形态学》期刊发表的论文和评论以及在 ISUF 会议的一些演讲中也这样提到（Whitehand 2009c，2012，2015）。2014 年，我有幸在波尔图举行的第 21 届 ISUF 会议中担任协调组织工作。这次会议非常有趣的一项内容是关于"城市形态研究不同方法"的讨论。会议同时召集了历史地理学、过程类型学和空间句法等方法的主要倡导者——杰瑞米·怀特汉德、吉安卡洛·卡塔尔迪和比尔·希列尔，以及代表德国形态生成学传统的于尔根·拉弗伦茨（Jurgen Lafrenz，图 6.15）。在关于每种研究方法的个人演讲之后，4 位学

图 6.15 2014 年城市形态国际研讨会：城市形态研究的不同方法

（来源：由作者拍摄）

者参与了由皮埃尔·高蒂尔（Pierre Gauthier）主持的圆桌会谈。他们讨论了关于开展比较研究的许多关键问题，比如城市形态学作为一门学科汇集了不同方法、每种方法的特殊性、潜在的共同点以及如何在这些方法之间搭建桥梁。

为了对城市形态进行比较研究，一些研究着重于在世界不同地区的不同类型城市中使用同一种形态学方法或同一种概念。怀特汉德（2009b）、奥利韦拉和亚银（Yaygin，2020）介绍了运用形态分区方法在不同地理环境下识别和绘制城市景观单元。康泽恩（2009b）对边迹带概念在不同文化背景下的应用情况进行了比较评价。希列尔（2002）运用轴线分析方法对 3 个大陆的 60 座城市进行研究，基于社会文化因素来解释城市之间的几何差异并基于微观经济因素来解释其相似之处。其他研究者也在同一案例研究中探讨了不同方法的使用。ISUF 本身就是历史地理学方法与过程类型学方法结合的产物。在其框架下，怀特汉德（2001）、马弗伊和怀特汉德（2001）开始探讨康泽恩提出的形态时期与卡尼吉亚提出的类型过程之间的关系。怀特汉德等（2014）将这两个概念分别应用于英国语境和中国语境中——运用不同类型来描述不同形态时期的特征，并识别这些类型之间的联系。历史地理学方法与空间句法之间的关系也引起了一些学者的关注。格里菲斯（Griffiths）等（2010）运用这些方法来分析伦敦的 3 个郊区，以识别建成环境形态的历史痕迹，并理解主要的社会经济活动。李和张（2021）明确了平面单元和街道组构概念之间的关系，并重点关注整合度和选择度的度量以及线段分析。叶和内斯（Ye and Nes，2014）在另一项研究中综合运用空间句法、空间矩阵和功能混合指数对荷兰 4 座城镇的城市化区域进行分类，他们的关注点是整合度、密度和土地利用混合度。

关于不同方法之间的比较研究，最具影响力的论文之一是卡尔·克罗普夫的《城市形态的几个方面》（*Aspects of urban form*）。克罗普夫（2009 年）首先批判性地分析了与本章讨论的 4 种方法相关的代表性论著。然后，他明确了作为城市形态研究对象的不同现象的范围。然后，他识别了所有方法的共性之处，可用来对不同方法进行精确协调。最后，他提出了由不同方法相互印证的一个复合观点以便更好地理解人类住区。但是，在介绍这一观点时，该文并没有深入讨论如何有效地综合和协调这些方法（它没有提供任何应用或例证）。

对不同方法进行比较研究的第二步来自论文《城市形态的比较研究》（*A comparative study of urban form*，Oliveira et al.，2015）。与克罗普夫不同，作者并没有对每种方法进行整体介绍，而是关注每种方法中的一个重要概念：形态区域（历史地理学方法），类型过程（过程类型学方法），空间组构（空间语法）和细胞单元（空间分析）。然后将这 4 个概念应用到波尔图的单个案例研究中。该研究揭示了 4 个概念之间的主要联系：城市形态要素（最重要的方面）、分辨率水平和时间。通过分析这 4 个概念之间的关联可以发现，形态区域或许具有一些必要特征，能够推动建立一个框架来协调和整合不同概念。鉴于每个概念的属性及其可以提供的分析结果，建议按以下顺序运用这4个概念：（i）形态区域；（ii）空间组构；（iii）类型过程；（iv）细胞单元。不过，尽管在上述方面有所进步，这篇论文并没有提供一个综合的方法。

比较研究的第三步是由克拉迪亚·蒙泰罗（Cláudia Monteiro）和保罗·皮尼奥（Paulo Pinho）推动的。蒙泰罗和平尼奥（2021a）有效整合了历史地理学、过程类型学和空间组构方法（通过形态区划、过程类型和角度线段分析的概念），提出了一种方法论：形态分析和诊断（Morphological Analysis and Prescription，MAP）。该方法分为6个步骤（3个与分析相关，3个与诊断相关）：（i）形态单元的划定和特征提取；（ii）识别每个单元的类型过程；（iii）进行角度线段分析；（vi）街道系统的管控（基于角度线段分析）；（v）提出城市形态设计导则（基于形态区划和类型过程）；最后，（vi）对区划地图和法规提出建议。形态分析和诊断法被应用于波尔图，并将其提议的区划地图和法规与该市现行的市政规划进行了比较（Monteiro and Pinho，2021b）。

练习题

A. 知识测试

6.1　《城市街区的解体》（*de l'îlot à la barre*）出版于1977年，这本由卡斯泰、德波勒和帕内拉伊合著的书的主要内容是什么？

i. 街区作为城市形态重要元素在20世纪得以出现和巩固。

ii. 街区作为一种建筑形式在20世纪消失。

iii. 街区作为由地块和建筑构成的城市形态要素在20世纪消失。

6.2　城市景观的三元论是什么？

i. 基于历史、地理和建筑的城市景观视角。

ii. 基于街道、地块和建筑对城市景观进行描述和解释的框架。

iii. 基于城镇平面、建筑肌理、土地和建筑功能来理解城市景观的框架。

6.3　过程类型学方法的基本关注点是什么？

i. 加强新旧城市景观之间的割裂。

ii. 通过强调建筑风格，重新建立现状和未来城市景观之间的连续性。

iii. 通过关注类型和过程，重新建立现状和未来城市景观之间的连续性。

6.4　空间句法提出了一套对城市空间进行建模和测量的工具。这些测量工具旨在说明什么？

i. 基于街道系统组构的移动潜力。

ii. 真正的移动模式。

iii. 基于居民、工作者和游客密度的移动潜力。

6.5　细胞自动机模型的基本组成是什么？

i. 细胞、细胞状态（开或关）、邻域（相邻的细胞）和时间。

ii. 细胞、细胞状态（开或关）、转化规则（比如使细胞状态改变所需的相邻细胞的数量）和时间。

iii. 细胞、细胞状态、邻域、转化规则和时间。

解答

6.1 - iii

6.2 - iii

6.3 - iii

6.4 - i

6.5 - iii

B. 互动练习

练习 6.1　形态区域

该练习涉及历史地理学方法中最重要的概念之一——形态区域，它是指与周围区域形态有所不同的区域单元（在"康泽恩的思想"小节中介绍过）。练习的第一步是定义案例研究的区域：学生应该在他/她的家周围画一个圆圈，建议半径为 1000m，不过研究区域的大小可以根据城市景观的复杂性和多样性进行调整。第二步是一级区域的识别，主要由城镇平面确定。因此，每个区域都应该有独特的街道、地块和建筑组合模式。在制作出一级区域的地图后，学生应该选择其中一个区域进行下一步研究。在选定的区域内，学生应继续探索其中存在的形态差异。这些差异应该主要基于城镇平面和建筑肌理。第三步是结果的呈现，包括两张区划图（一级区域和二级区域）、每张地图对应的照片（每个区域一张）和一个表格，用于描述每个一级区域和二级区域的主要物质形态特征（见表 6.4 的例子）。学生应准备一份简短的幻灯片在课堂上演示（约 10 分钟）。

练习 6.1——形态区域 表 6.4

	城镇平面（街道、地块、建筑）	建筑肌理	土地和建筑功能
一级区域			
形态区域 1.1			
形态区域 1.2			
形态区域 1.n			
二级区域			
形态区域 2.1			
形态区域 2.2			
形态区域 2.n			

练习 6.2　类型过程

类型过程是穆拉托里、卡尼吉亚和他们的同事提出的形态学方法的主要概念之一。它指的是同一文化区域内一系列类型的历时性变化，或者同一时间空间的几个文化区域内一系列类型的共时性变化。该练习从定义案例研究的区域范围开始（和前一个练习一样），学生应在他/她的家周围定义一个圆（建议半径为 250m，但也可以调整）。学生应该关注所研究区域的建筑。基于实地考察、图纸以及对地图和卫星图像进行可视化交互呈现的软件，学生应该识别主要的建筑类型。虽然不太可能获得建筑平面图（房间的内部组织），但这个练习的目的是对案例研究区域进行简化的类型过程分析。在识别建筑类型之后，学生应该定义一个类型过程，将所有的建筑类型集中展现在一个时间演进轴上。最后，学生应在幻灯片（5~10 分钟）中展示练习的结果，包括一个类型过程表格，辅以建筑立面或简化的平面图（参见图 6.16 卡尼吉亚和马费伊的例子）以及一系列照片（每种类型一张）。

180

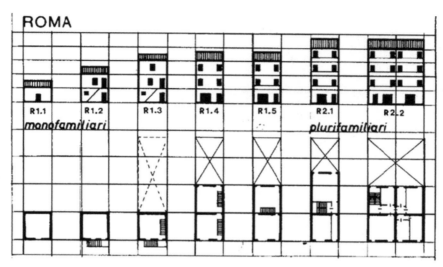

图 6.16　过程类型学

（来源：Caniggia and Maffei，1979）

练习 6.3　轴线地图

该练习旨在让学生接触空间句法领域使用的 Depthmap 软件（可以公开获取，https：//varoudis.github.io/depthmapX/）并完成一个简单的任务：绘制轴线地图并进行一些简单的度量计算。

首先，学生应该确定案例研究区域，学生应在他／她的家周围定义一个圆（建议半径1000 米，可以扩展到更大的半径）。然后，利用计算机辅助设计软件（如 Autocad）绘制轴线。这一步应该以案例研究区域的街道地图为基础。从研究区域的任意一点开始，学生应该绘制所有街道的可视线／移动线，以最少的轴线覆盖整个街道系统。所有的线都应该连接起来（建议每组线的末端进行适当交叉），并且地图应该保存为 .dxf 格式。

下一步是从 Autocad 转到 Depthmap，导入并转换成轴线图：

地图—输入

地图—转换绘图—轴线图

生成的轴线图有两个度量：连通度和线长。

接下来的步骤是计算全局整合度（半径 n）和选择度，然后是局部整合度（半径 3，空间句法最常用的半径之一）：

工具 - 轴线法／凸多边形法／视区分割法 - 运行图形分析 - 轴线分析选项：半径 n，包括选择度

工具 - 轴线法 / 凸多边形法 / 视区分割法 - 运行图形分析 - 轴线分析选项：半径 3

最后，提取地图：

编辑—导出屏幕

更多细节请参见空间句法在线平台 https：//www.spacesyntax.online/。

每个学生应准备一个简短的幻灯片在课堂上展示（约 10 分钟），可使用文本、图像（图纸和照片）或其他合适的方式。

参考文献

Alexander C (1979) The timeless way of building. Oxford University Press, New York

Alexander C, Silverstein M, Angel S, Ishikawa S, Abrams D (1975) The Oregon experiment. Oxford University Press, New York

Alexander C, Ishikawa S, Silverstein M, Jacobson M, Fiksdahl-King I, Angel S (1977) The pattern language. Oxford University Press, New York

Baker NJ, Slater TR (1992) Morphological regions in English medieval towns. In: Whitehand J W R, Lakham P J (eds) Urban Landscapes: international perspectives. Routledge, London, p 43-68

Barata F (1996) Transformação e permanência na habitação Portuense - as formas da cidade na forma da casa. FAUP Publicações, Porto

Barke M (1974) The changing urban fringe of Falkirk: some morphological implications of urban growth. Scott Geogr Mag 90:85–97

Barke M (1990) Morphogenesis, fringe belts and urban size. In: Slater TR (ed) The built form of Western cities: essays for MRG Conzen on the occasion of his eightieth birthday. Leicester University Press, Leicester, pp 279–299

Barrett HJ (1996) Townscape changes and local planning management in city conservation areas: the example of Birmingham and Bristol, unpublished PhD thesis, University of Birmingham, UK.

Bàscia L, Carlotti P, Maffei GL (2000) La casa Romana: nella storià della città dalle origini all' Otocento. Alinea, Florence

Batty M (2004) A new theory of space syntax - Working Paper 75. Centre for Advanced Spatial Analysis, London

Batty M (2004) Distance in space syntax - Working Paper 80. Centre for Advanced Spatial Analysis, London

Batty XE (2005) Cities and complexity: understanding cities with cellular automata, agent-based models, and fractals. The MIT Press, Cambridge

Batty M (2008) Fifty years of urban modelling: macro statics to micro dynamics. In: Albevrio S, Andrey D, Giordano P, Vancheri A (eds) The dynamics of complex urban systems: an interdisciplinary approach. Physica, Heidelberg p 1–20

Batty M (2012) A generic framework for computational spatial modelling. In: Heppenstall AJ, Crooks AT, See LM, Batty M (eds) Agent-Based Models of Geographical Systems. Springer, Dordrecht, pp 19–50

Batty M (2018) Inventing future cities. MIT Press, Cambridge

Batty M, Longley P (1994) Fractal cities: a geometry of form and function. Academic Press, London

Batty M, Rana S (2004) The automatic definition and generation of axial lines and axial maps. Environ Plann B Plann Des 31:615–640

Batty M, Jiang B, Thurstain-Goodwin M (1998) Local movement: agent-based models of pedestrian flow - Working Paper 4. Centre for Advanced Spatial Analysis, London

Benedikt ML (1979) To take hold of space: isovist and isovist fields. Environ Plann B Plann Des 6:47–65

Bienstman H (2007) Morphological concepts and urban landscape management, unpublished PhD thesis, University of Birmingham, UK

Bobkova E, Pont MB, Marcus L (2019) Towards analytical typologies of plot systems: quantitative profile of five European cities. Environment and Planning B: Urban Analytics and City Science

Bovill C (1996) Fractal geometry in architecture and design. Birkhauser, Basel

Brown C, Witschey W (2003) The fractal geometry of ancient Maya settlement. J Archaeol Sci 30:1619–1632

Caniggia G (1963) Lettura di una città: Como. Centro Studi di Storia Urbanistica, Roma

Caniggia G (1976) Strutture dello spazio antropico - studi e note. Uniedit. Florence

Caniggia G, Maffei GL (1979) Composizione architettonica e tipologia edilizia I: lettura dell'edilizia di base. Marsilio, Venice

Caniggia G, Maffei GL (1979) Composizione architettonica e tipologia edilizia II: il progetto nell'edilizia do base. Marsilio, Venice

Caniggia G, Maffei GL (2001) Architectural composition and building typology: interpreting basic building. Alinea Editrice, Florence

Carvalho R, Penn A (2004) Scalling and universality in the micro-structure of urban space. Physica A 332:539–547

Castex J, Depaule JC, Panerai P (1977) Formes urbaines: de l'îlot à la barre. Dunod, Paris

Castex J, Celeste P, Panerai P (1980) Lecture d'une ville: Versailles. Moniteur, Paris

Cataldi G (2003) From Muratori to Caniggia: the origins and development of the Italian school of design typology. Urban Morphology 7:19–34

Cataldi G (2013) Saverio Muratori: il debito e l'eredità. In: Cataldi G (ed) Saverio Muratori Architetto. Aión Edizioni, Florence, p 10–15

Cataldi G (2015) Primitive dwellings. Aión Edizioni, Florence

Cataldi G (2016) A double urban life cycle: the case of Rome. Urban Morphol 20:45–57

Cataldi G (2017) Florence: the geometry of urban form. Urban Morphol 21:143–160

Cataldi G, Formichi F (2007) Pienza Forma Urbis. Aión Edizioni, Florence

Cataldi G, Llorens VM (2018) The substratum permanent structures of Roman Valencia. Urban Morphol 22:109–117

Cataldi G, Maffei GL, Vaccaro P (2002) Saverio Muratori and the Italian school of planning typology. Urban Morphol 6:3–14

Conzen MP (eds) (2004) Thinking about urban form: papers on urban morphology. 1932–1998. Peter Lang, Oxford

Conzen MP (2008) Retrieving the pre-industrial built environment of Europe: the Historic Town Atlas programme and comparative morphological study. Urban Morphol 12:143–156

Conzen MP (2009) Conzen MRG 1960: Alnwick. Northumberland Response. Prog Hum Geogr 33:862–864

Conzen MP (2009b) How cities internalize their former urban fringes: a cross-cultural comparison. Urban Morphol 13:29–54

Conzen MP (2018) Core concepts in town-plan analysis. In Oliveira, V. (ed.) Teaching urban morphology. Cham: Springer.

Conzen MP, Oliveira V (2021) Becoming an urban morphologist: Jeremy W. R. Whitehand, Urban Morphol 25:76–88

Conzen MP, Gu K, Whitehand JWR (2012) Comparing traditional urban form in China and Europe: a fringe-approach. Urban Geogr 33:22–45

Conzen MRG (1958) The growth and character of Whitby. In: Daysh GHJ (ed) A survey of Whitby and the surrounding area. Shakespeare Head Press, Eton, pp 49–89

Conzen MRG (1960) Alnwick Northumberland: a study in town-plan analysis, Institute of British Geographers Publication 27. George Philip, London

Conzen MRG (1962) The plan analysis of an English city centre. In: Norborg K (ed) Proceedings of the IGU symposium in urban geography Lund 1960. Gleerup, Lund, p 383-414

Conzen MRG (1969) Alnwick Northumberland: a study in town-plan analysis, Institute of British Geographers Publication 27 (2nd edn). Institute of British Geographers, London

Conzen MRG (1988) Morphogenesis, morphological regions and secular human agency in the historic townscape, as exemplified by Ludlow. In: Denecke D, Shaw G (eds) Urban historical geography: recent progress in Britain and Germany. Cambridge University Press, Cambridge, pp 253–272

Cooper J, Oskrochi R (2008) Fractal analysis of street vistas: a potential tool for assessing levels of visual variety in everyday street scenes. Environ Plann B Plann Des 38:814–828

Couclelis H (1985) Cellular worlds – a framework for modeling micro-macro dynamics. Environ Plan A 17:585–596

Couclelis H (1997) From cellular automata to urban models: new principles for model development and implementation. Environ Plann B Plann Des 24:165–174

Cullen G (1961) Townscape. Architectural Press, London

Crooks AT, Heppenstall AJ (2012) Introduction to Agent-Based Modelling. In: Heppenstall A J, Crooks A T, See L M, Batty M (eds) Agent-Based Models of Geographical Systems. Springer, Dordrecht p 85–105

Dalton N (2001) Fractional configuration analysis and a solution to the Manhattan problem. In: Proceedings of the 3rd International Space Syntax Symposium. Georgia Institute of Technology, Atlanta, 7–11 May 2001

Dalton RC (2007) Social exclusion and transportation in Peachtree City. Prog Plan 67:264–286

Darin M (1998) The study of urban form in France. Urban Morphol 2:63–76

Dibble J, Prelorendjos A, Romice O, Zanella M, Strano E, Pagel M, Porta S (2019) On the origins of spaces: morphometric foundations of urban form evolution. Environ Plann B. Urban Analytics City Scie 46:707–730

Eglash R (1999) African fractals: modern computing and indigenous design. Rutgers University Press, New Brunswick

Eisenberg B (2007) Calibrating axial line maps. In: Proceedings of the 6th International Space Syntax Symposium, Istanbul Technical University. Istanbul, 12-15 June 2007

Feliciotti A, Romice O, Porta S (2016) Design for change: five proxies for resilience in the urban form. Open House Inter 41:23–30

Figueiredo L (2015) A unified graph model for line and segment maps. In: Proceedings of the 10th International Space Syntax Symposium. University College London, London, 13–17 July 2015

Figueiredo L, Amorim L (2005) Continuity lines in the axial system. In: Proceedings of the 5th International Space Syntax Symposium. Technische Universiteit Delft, Delft, 13–17 June 2005

Figueiredo L, Amorim L (2007) Decoding the urban grid: or why cities are neither trees nor perfect grids. In: Proceedings of the 6th International Space Syntax Symposium. Istanbul Technical University, Istanbul, 12–15 June 2007

Frankhauser P (1994) La fractalité des structures urbaines. Anthropos, Paris

Fleischmann M, Feliciotti A, Romice O, Porta S (2020) Morphological tessellation as a way of partitioning space: improving consistency in urban morphology at the plot scale. Comput Environ Urban Syst 80:101441

Gardner M (1970) Mathematical games: the fantastic combinations of John Conway new solitaire game life. Sci Am 223:120–123

Geisler W (1918) Danzig: ein siedlungsgeographischer Versuch. Kafemann, Danzig

Gil J (2016) Street network analysis 'edge effects': examining the sensitivity of centrality measures to boundary conditions. Environ Plann B 44:819–836

Gil J, Beirão JN, Montenegro N, Duarte JP (2012) On the discovery of urban typologies: data mining the many dimensions of urban form. Urban Morphol 16:27–40

Giovannoni G (1931) Vecchie cittá ed edilizia nova. Unione Tipografico-Editrice Torinese, Turin

Griffiths S, Jones CE, Vaughan L, Haklay M (2010) The persistence of suburban centres in Greater London: combining Conzenian and space syntax approaches. Urban Morphol 14:85–99

Hagerstrand T (1952) The propagation of innovation waves. Lund Stud Geogr B - Human Geogr 4:3–19

Hanson J (1998) Decoding homes and houses. Cambridge University Press, Cambridge

Hanson J, Zako R (2007) Communities of co-presence and surveillance: how public open space shapes awareness and behaviour in residential developments. In: Proceedings of the 6th International Space Syntax Symposium. Istanbul Technical University, Istanbul, 12-15 June 2007

Hillier B (1973) In defense of space. RIBA J 539–544

Hillier B (1996) Space is the machine. Cambridge University Press, Cambridge

Hillier B (1996) Cities as movement economies. Urban Des Int 1:41–60

Hillier B (1999) Centrality as a process: accounting for attraction inequalities in deformed grids. Urban Des Int 4:107–127

Hillier B (2002) A theory of the city as an object. Urban Des Int 7:153–179

Hillier B (2004) Can streets be made safe? Urban Des Int 9:31–35

Hillier B (2009) Spatial sustainability in cities: organic patterns and sustainable forms. In: Koch D, Marcus L, Steen J (eds) Proceedings of the 7th International Space Syntax Symposium. Royal Institute of Technology KTH, Stockholm, p 16–35

Hillier B (2014) Space syntax as a method and as a theory. Paper presented at the 21st International Seminar on Urban Form, Universidade do Porto, Porto, 3–6 July 2014

Hillier B, Hanson J (1984) The social logic of space. Cambridge University Press, Cambridge

Hillier B, Penn A (2004) Rejoinder to Carlo Ratti. Environ Plann B Plann Des 31:501–511

Hillier B, Vaughan L (2007) The city as one thing. Prog Plan 67:205–230

Hillier B, Janson G, Graham H, (1987) Ideas are in things: an application of the space syntax method to discovering of housing genotypes. Environ Plann B Plann Des 14:363–385

Hillier B, Leaman A, Stansall P, Bedford M, (1976) Space Syntax. Environ Plann B Plann Des 3:147–185

Hillier B, Turner A, Yang T, Park HT (2010) Metric and topo-geometric properties of urban street networks: some convergences, divergences and new results. Journal Space Syntax 1:258–279

Hillier B, Penn A, Hanson J, Grawewski T, Xu J, (1993) Natural movement : or, configuration and attraction in urban pedestrian movement. Environ Plann B Plann Des 20:29–66

Hofmeister B (2004) 'The study of urban form in Germany'. Urban Morphol 8:3–12

Hopkins M (2012) The ecological significance of urban fringe belts. Urban Morphol 16:41–54

Iltanen S (2012) Cellular automata in urban spatial modelling. In: Heppenstall A J, Crooks A T, See L M, Batty M (eds) Agent-Based Models of Geographical Systems. Springer, Dordrecht p 60–84

Jacobs J (1961) The death and life of great American cities. Random House, New York

Joye Y (2011) A review of the presence and use of fractal geometry in architectural design. Environ Plann B Plann Des 38:814–828

Kim G, Kim A, Kim Y (2019) A new 3D space syntax metric based on 3D isovist capture in urban space using remote sensing technology. Comput Environ Urban Syst 74:74–87

Kropf K (2009) Aspects of urban form. Urban Morphol 13:105–120

Larkham PJ, Morton N (2011) Drawing lines on maps: morphological regions and planning practices. Urban Morphol 15:133–151

López M, Nes A (2007) Space and crime in Dutch built environments: macro and micro scale spatial conditions for residential burglaries and thefts from cars. In: Proceedings of the 6th International Space Syntax Symposium. Istanbul Technical University, Istanbul, 12-15 June 2007

Li X, Zhang Y (2021) Combining the historico-geographical and configurational approaches to urban morphology: the historical transformations of Ludlow, UK and Chinatown, Singapore. Urban Morphology 25:23–41

Lynch K (1960) The image of the city. MIT Press, Cambridge

Lynch K (1981) Good city form. MIT Press, Cambridge

Maffei GL (1990) La casa fiorentina nella storia della città. Marsilio, Venice

Maffei GL (ed) (1997) Ragionamenti di tipologia. Alinea, Florence

Maffei GL, Whitehand JWR (2001) Diffusing Caniggian ideas. Urban Morphol 5:47–48

Maffei GL, Maffei M (2011) Interpreting specialised buildings. Alinea, Florence

Mandelbrot B (1982) The fractal geometry of nature. W H Freeman, New York

Marcus L (2007) Social housing and segregation in Sweden. Prog Plan 67:251–263

Maretto M (2012) Saverio Muratori, a legacy in urban design. FrancoAngeli, Milan

Maretto M (2013) Saverio Muratori: towards a morphological school of urban design. Urban Morphol 17:93–106

Maretto M (2019) London squares – a study in landscape. Franco Angeli, Milan

Maretto P (1986) La casa veneziana nella storia della città – dalle origini all' Ottocento. Marsilio, Venice

Marshall S (2005) Streets and patterns. Routledge, London

Marshall S (2009) Cities, design and evolution. Routledge, London

Marzot N (2002) The study of urban form in Italy. Urban Morphol 6:59–73

Meneguetti KS, Costa SAP (2015) The fringe-belt concept and planned new towns: a Brazilian case study. Urban Morphol 19:25–33

Marcus L (2010) Spatial capital: a proposal for an extension of space syntax into a more general urban morphology. J Space Syntax 1:30–40

Monteiro C, Pinho P (2021a) MAP: a methodology for Morphological Analysis and Prescription. Urban Morphol 25:57–75

Monteiro C, Pinho P (2021b) An integrated morphological approach to planning practice. Urban Des Int 26

Muratori S (1959) Studi per una operante storia urbana di Venezia I. Palladio 3-4

Muratori S (1963) Architettura e civiltà in crisi. Centro Studi di Storia Urbanistica, Roma

Muratori S (1967) Civiltà e territorio. Centro Studi di Storia Urbanistica, Roma

Muratori S, Bollati R, Bollati S, Marinucci G (1963) Studi per una operante storia urbana di Roma. Consiglio Nazionale delle Ricerche, Roma

Nubani L, Wineman J (2005) The role of space syntax in identifying the relationship between space and crime. In: Proceedings of the 5th International Space Syntax Symposium, Technische Universiteit Delft, Delft, 13–17 June 2005

Oliveira V (2013) The study of urban form: reflections on national reviews. Urban Morphol 17:21–28

Oliveira V (2013) Morpho, a methodology for assessing urban form. Urban Morphol 17:149–161

Oliveira V (ed) (2019) JWR Whitehand and the historico-geographical approach to urban morphology. Springer, Cham

Oliveira V, Monteiro C (2014) As origens da morfologia urbana e a geografia alemã. Revista de Morfologia Urbana 2:37–40

Oliveira V, Yaygin M (2020) The concept of morphological region: developments and prospects. Urban Morphol 24:35–52

Oliveira V, Monteiro C, Partanen J (2015) A comparative study of urban form. Urban Morphol 19:73–92

Oliveira V, Medeiros V, Corgo J (2020) The urban form of Portuguese cities. Urban Morphol 24:145–166

Panerai P, Castex J, Depaule JC, Samuels I (2004) Urban forms – the death and life of the urban block. Architectural Press, London

Partanen J (2012) Exploring complex dynamics with a CA-based urban model. In: Dourado J, Natálio A, Pinto NN (eds) Proceedings of CAMUSS. Department of Civil Engineering of the University of Coimbra, Coimbra, pp 257–268

Penn A, Hillier B, Banister D, Xu J (1998) Configurational modelling of urban movement networks. Environ Plann B Plann Des 25:59–84

Peponis J, Wineman J, Rashid M, Kim S, (1997) On the description of shape and spatial configuration inside buildings: convex partitions and their local properties. Environ Plann B Plann Des 24:761–781

Peponis J, Wineman J, Bafna S, Rashid M, Kim S (1998) On the generation of linear representations of spatial configuration. Environ Plann B Plann Des 25:559–576

Peponis J, Wineman J, Rashid M, Bafna S, Kim S (1998) Describing plan XE "plan" configuration according to the covisibility of surfaces. Environ Plann B Plann Des 25:693–708

Pinho P, Oliveira V (2009) Different approaches in the study of urban form urban form. J Urban 2:103–125

Pinto NN (2013) Modelos de autómatos celulares como ferramentas de análise da forma urbana. Revista de Morfologia Urbana 1:57–58

Pinto N N, Antunes AP, Cladera JR (2015) Modelos de autómatos celulares para a simulação da evolução das estruturas urbanas. In: Oliveira V, Marat-Mendes T, Pinho P (eds) O estudo da forma urbana em Portugal. UPorto Edições, Porto, p 123-146

Pinto NN, Antunes AP, Cladera JR, (2017) Applicability and calibration of an irregular cellular automata model for land use change. Comput Environ Urban Syst 65:93–102

Pont MB (2009) Space, density and urban form. PhD thesis. TU Delft

Pont MB, Stavroulaki G, Bobkova E, Gil J, Marcus L, Olsson J, Sun K, Serra M, Hausleitner B, Dhanani A, Legeby A (2019) The spatial distribution and frequency of street, plot and building types across five European cities. Environ Plann B: Urban Analytics City Sci 46:1226–1242

Porta S, Crucitti P, Latora V (2006) The network analysis of urban streets: a dual approach. Physica

A 369:853–866

Ratti C (2004) Space syntax: some inconsistences. Environ Plann B Plann Des 31:487499

Ratti C (2005) The lineage of the line: space syntax parameters from the analysis of urban DEMs. Environ Plann B Plann Des 32:547–566

Romice O, Porta S, Feliciotti A (2020) Masterplanning for change: designing the resilient city. RIBA Publishing, London

Rossi A (1966) L'architettura della città. Marsilio, Padova

Sahbaz O, Hillier B (2007) The story of the crime: functional, temporal and spatial tendencies in street robbery. In: Proceedings of the 6th International Space Syntax Symposium, Istanbul Technical University, Istanbul, 12–15 June 2007

Samuels I (2009) Conzen MRG 1960: Alnwick, Northumberland Commentary 2. Prog Hum Geogr 33:861–862

Serra M, Pinho P (2013) Tackling the structure of very large spatial systems – space syntax and the analysis of metropolitan form. J Space Syntax 4:179–196

Serra M, Hillier B (2019) Angular and metric distance in road network analysis: a nationwide correlation study. Comput Environ Urban Syst 74:194–207

Slater TR (1990) English medieval new towns with composite plans. In: Slater TR (ed) The built form of Western cities. Leicester University Press, Leicester, pp 71–74

Steadman P (2004) Developments in space syntax. Environ Plann B Plann Des 31:483–486

Stevens D, Dragicevic S (2007) A GIS-based irregular cellular automata model of land-use change. Environ Plann B Plann Des 34:708–724

Strappa G (2014) L'architettura come processo. FrancoAngeli, Milan

Strappa G (2018) Reading the built environment as a design method. In: Oliveira V (ed) Teaching urban morphology. Springer, Cham, pp 159–184

Strappa G, Carlotti P, Camiz A (2016) Urban morphology and historical fabrics. Gangemi Editori, Roma

Tobler WR (1979) Cellular geography. In: Gale G, Olsson G (eds) Philosophy in Geography. Boston, Reidel, p 379–386

Turner A (2004) Depthmap 4, a researcher's handbook. Bartlett School of Graduate Studies, London

Turner A (2007) From axial to road-centre lines: a new representation for space syntax and a new model for route choice for transport network analysis. Environ Plann B Plann Des 34:539–555

Turner A, Penn A (1999) Making isovists syntactic: isovist integration analysis. In: Proceedings of the 2nd International Space Syntax Symposium. Universidade de Brasilia, Brasilia, 29 March - 2 April 1999

Turner A, Penn A, Hillier B (2005) An algorithmic definition of the axial map. Environ Plann B Plann Des 32:425–444

Unlu T (2013) Thinking about urban fringe belts: a Mediterranean perspective. Urban Morphol 17:5–20

Van Nes A, Yamu C (2021) Introduction to space syntax in urban studies. Springer, Cham

Vaughan L (2001) Space syntax observation manual. UCL, London

Vaugha L (2007) The spatial form of poverty in Charles Booth's London. Prog Plan 67:231–250

Wang J, Zhu Q, Mao Q (2007) The three-dimensional extension of space syntax. In: Proceedings of the 6th International Space Syntax Symposium, Istanbul Technical University, Istanbul, 12–15 June 2007

White R, Engelen G (1993) Cellular automata and fractal urban form: a cellular modelling approach to the evolution of urban land-use patterns. Environ Plan A 25:1175–1199

Whitehand JWR (1967) Fringe belts: a neglected aspect of urban geography. Trans Inst Br Geogr 41:223–233

Whitehand JWR (1972a) Building cycles and the spatial pattern of urban growth. Trans Inst Br Geogr 56:39–55

Whitehand JWR (1972b) Urban-rent theory, time series and morphogenesis: an example of eclectism in geographical research. Area 4:214–222

Whitehand JWR (1977) The basis for an historico-geographical theory of urban form. Transaction of the Institute of British Geographers NS2, 400–416

Whitehand JWR (ed) (1981) The urban landscape: historical development and management. Academic Press, London

Whitehand JWR (2001) British urban morphology: the Conzenian tradition. Urban Morphology 5:103–109

Whitehand JWR (2007a) Conzenian urban morphology and landscapes. Proceedings of the 6th International Space Syntax Symposium. Istanbul Technical University, Istanbul

Whitehand JWR (2007b) Origins, development and exemplification of Conzenian thinking. Paper presented at the 14th International Seminar on Urban Form, Universidade Federal de Ouro Preto, Ouro Preto, 28–31 August 2007

Whitehand JWR (2009a) Alnwick, Northumberland Commentary 1. Prog Hum Geogr 33:859–860

Whitehand JWR (2009b) The structure of urban landscapes: strengthening research and practice. Urban Morphol 13:5–27

Whitehand JWR (2009c) Comparing studies of urban form. Urban Morphol 13:87–88

Whitehand JWR (2012) Issues in urban morphology. Urban Morphol 16:55–65

Whitehand JWR (2014) Conzenian research and urban landscape management. Paper presented at the 21st International Seminar on Urban Form, Universidade do Porto, Porto, 3-6 June 2014

Whitehand JWR, Gu K, Conzen MP, Whitehand SM (2014) The typological process and the morphological period: a cross-cultural assessment. Environ Plann B 41:512–533

Whitehand JWR (2015) Urban morphology: taking stock. Paper presented at the 22nd International Seminar on Urban Form, Sapienza University of Rome, Roma, 22–26 September 2015

Whitehand JWR (2019) Green spaces in urban morphology: a historico-geographical approach. Urban Morphol 23:5–17

Whitehand JWR, Morton N, (2003) Fringe belts and the recycling of urban land: an academic concept and planning practice. Environ Plann B Plann Des 30:819–839

Whitehand JWR, Morton N (2004) Urban morphology and planning: the case of fringe belts. Cities 21:275–289

Whitehand JWR, Gu K (2007) Extending the compass of plan analysis: a Chinese exploration. Urban Morphol 11:91–109

Whitehand JWR, Gu K, Whitehand SM (2011) Fringe belts and socioeconomic change in China. Environ Plan B Plan Des 38:41–60

Wolfram S (2002) A new kind of science. Wolfram Media, Champaign

Yang T, Hillier B (2007) The fuzzy boundary: the spatial definition of urban areas. In: Proceedings of the 6th International Space Syntax Symposium. Istanbul Technical University, Istanbul, 12-15 June 2007

Ye Y, Nes A (2014) Quantitative tools in urban morphology: combining space syntax, spacematrix and mixed-use index in a GIS framework. Urban Morphol 18:97–118

第7章 从理论到实践

摘要：第7章着重讨论城市形态学领域日益关注的一个重要问题，即从对形态学现象的描述和解释转向对新的城市形态设计成或既有城市形态改造的指导。城市形态学研究可有效支撑两类实践：城市规划（和城市设计）和建筑设计。第一类在较大的尺度与形态学的理论、概念和方法发生关联，第二类则在建筑层面受到形态学方法的影响。

最近，我探索了不同知识领域的研究和实践之间的关系（Oliveira，2021）。有关健康（心理学）、教育、法律、经济学（商科、管理、会计）的调查显示，科学理论和专业实践之间存在明显的分歧，这些领域与城市形态学面临的问题具有相似之处。以心理学领域为例，在20世纪80年代中期，艾伦·罗斯（Alan Ross）发现由于过度专注于理论发展和技术改进，行为疗法有失去动力的风险（Ross，1985）。琳达·索贝尔（Linda Sobell）继续推进了罗斯关于弥合这一分歧的呼吁。她认为，如果科学家要对临床实践产生影响，他们就必须学习一种新的工作方式（Sobell，1996）。在20年后发表的一篇综述论文中，香农·斯特尔曼（Shannon Stirman）和她的同事们指出：大多数诊所并没有借鉴研究结果来指导护理，在常规护理环境中并没有施行循证式诊疗（evidence-based treatments，Stirman et al.，2016）。

这项调查表明科学和实践之间的分歧并不仅限于城市景观领域，对城市形态学历史的回溯分析，包括起源于20世纪早期的历史地理学（Whitehand，2021）和过程类型学方法（Cataldi et al.，2002）也表明这种差距并不新奇。

正如我们在本书中所看到的，城市形态学是一个复合的知识体系，它整合了一些理论、概念、方法和技术来阐述城市的物质形态。它可以在不同的分辨率水平上严谨地描述城市形态要素及其组合模式。它关注不同的城市景观，从历史核心区到边缘地区、从规划区到非正式定居点。此外，它可以解释这些要素是如何随时间推移被不同的主体和演变过程所塑造的。最后，城市形态学可以评估城市形态变化的影响，它不仅以城市景观作为标准，还包括环境、社会和经济方面的标准。

描述实践特征比描绘研究蓝图更为困难，因为实践更加多样化。规划实践和建筑实践之间有很大的区别。规划是在立法／政治框架下进行的，解决城市生活的基本方面，旨在制定城市发展的规则；而建筑主要是在商业框架下进行的，关注建筑物的设计。城市设计介于这两者之间。在大多数国家城市设计更接近城市规划，但在少数国家它可能更接近建筑、或者可能不存在。实践所依托的法律体系是需要考虑的一个主要方面——从强制体系到自由裁量体系，从更接近法国传统的"城市主义"体系到更接近英国传统的"城镇规划"体系。无论如何，与城市景观相关的实践进行得很好。它包括旨在制定政策、规划和项目以改造或保护城市物质形态的若干过程和程序。关于实践内容的持续和详细思考应该包括对所处专业环境的调查。

城市形态学对专业实践有何意义？如何通过研究来改进实践？城市形态学通过描述和解释城市形态的动力机制，可以为优化设计提供建议。此外，还可以精确评估由政策、规划或项目所限定的每项行动决议对城市形态的影响。城市形态学提供的城市形态知识在规划实践中往往是匮乏的。城市物质形态的重要性在规划中逐渐丢失，经常与土地利用混淆。研究可以为实践提供一个关于过程和程序的独立视角，一个在时间范畴方面不同于专业惯例的视角。另一方面，实践为研究提供了理解城市形态的新框架，它包括政治、立法和商业方面，以及与城市物质形态相关的更广泛的环境方面。与此同时，大多由学者进行的研究应该面向实践。

7.1 城市形态学、城市规划与城市设计

近年来，城市形态学研究与城市规划实践之间的关系是国际上城市形态相关学术讨论的一个重要话题。其中，2011 年《建成环境》（*Built Environment*）期刊开设了一期专刊，《城市形态学》期刊也收录了大量观点，ISUF 专门成立了一个工作组致力于研究两者之间的关系（Samuels，2013），以及最近的一本书也对此进行了探讨（Oliveira，2021b）。

城市形态学研究与城市规划实践之间的关系并不是最近才被人们注意到，正如上文所提到的，这一话题在不同的形态学方法中都拥有悠久的传统。在过程类型学方法中（Cataldi et al.，2002）的一个最为著名的案例，是由穆拉托里在 20 世纪 50 年代末开展的。1959 年，穆拉托里将他关于威尼斯城市历史的研究成果，尤其是这座富于特色的意大利城市的 3 种基本历史肌理，应用于圣朱利亚诺巴雷拉的竞赛中，形成了一套具有清晰城市历史延续性的提案（此例将在下节介绍）。

在历史地理学方法中，以康泽恩的研究为基础，有两个概念一直被持续应用。"形态区域"（morphological region）的概念被应用于布兰特·格林规划（Barnt Green，Whitehand，2009）以及埃文河畔斯特拉特福（Stratford-on-Avon）的一个居住区研究中（Larkham et al.，2005）。与此相似，"城市肌理"（urban tissue）的概念被应用于许多法国城市的规划中，包括圣热尔韦（St. Gervais-les-Bains，Samuels，1999）和雷恩（Rennes）的规划，以及埃文

河畔斯特拉特福和罗瑟勒姆（Rotherham）等许多英国城市的设计导则和"补充性规划指南"中。在运用形态区域和城市肌理概念作为规划工具的大部分案例中，突显了根据城市形态而非用地进行分区建议的优越性。另一个在专业实践中运用的概念是"边迹带"。克罗普夫（Kropf，2001）介绍了该概念在埃文河畔斯特拉特福的设计导则中的应用。"边迹带"概念彰显了在规划过程中保护城市历史地理结构关键要素的重要性。此外，霍尔（Hall，2008）介绍了在英国的切尔姆斯福德镇（Chelmsford）项目中，城市形态学对日常开发管控的作用以及对塑造城市形象的一系列渐进性政策的影响。

本章旨在阐明城市形态学对城市规划实践的潜在贡献。这些思考建立在后文提到的3个案例分析的基础上。我们试图选择一组在方法（从过程类型学到空间句法）、时间段（从 20 世纪 50 年代起）和规划体系（灵活性、裁量权）方面具有多样性的案例来展示城市形态学的应用。这些案例包括：20 世纪 50 年代末由萨韦里奥·穆拉托里制定的以过程类型学方法为框架的圣朱利亚诺巴雷拉规划（意大利威尼斯）；20 世纪 90 年代初由艾弗·萨缪尔斯和卡尔·克罗普夫主持的以历史地理学方法为框架的法国瓦兹河畔阿涅尔（Asnieres-sur-Oise）规划（法国）；过去 20 年由空间句法公司 [Space Syntax Limited，凯万·卡里米（Kayvan Karimi）担任项目负责人] 完成的以组构方法为框架的吉达（Jeddah）规划（沙特阿拉伯）。

7.1.1 萨韦里奥·穆拉托里的圣朱利亚诺巴雷拉规划

在《威尼斯城市历史的可操作性研究》这本开创性著作出版的当年，穆拉托里有机会将他的形态学研究成果应用于历史古城威尼斯东北部一个地区的规划竞赛中。该地区位于泻湖和大陆居民点之间，即圣朱利亚诺地区（图 7.1）。竞赛要求创造一个能够容纳约 4 万居民的新城市，包括一系列具有当代城市特色的、难以在威尼斯历史中心实现的现代城市功能。

在这次竞赛中，穆拉托里运用了"分阶段设计"（designing in stages）的方法（有关该方法的详细描述请参阅 Cataldi，1998 和 Maretto，2013）。他所提交的并不是一个最终方案，而是与威尼斯城市发展历史的 3 个阶段相对应的 3 个方案。3 个方案都以河口的名称进行命名，分别对 10—11 世纪、哥特时期以及文艺复兴时期的威尼斯城市结构进行重新演绎，而并非像若干年后许多后现代建筑师所做的那样对过去建筑语言进行复制或"模仿"。穆拉托里的河口三号方案赢得了竞赛的胜利，河口一号方案获得了荣誉奖。竞赛二等奖颁给了曾在 20 世纪 30 年代与穆拉托里共事过的卢多维科·夸罗尼（Ludovico Quaroni）。

图 7.1　圣朱利亚诺巴雷拉（a）和'威尼斯历史地区'（b）

（来源：谷歌地球）（彩图见书后插页）

河口一号方案（图 7.2）是对 10—11 世纪威尼斯的重新演绎（当时的主导性城市格局是一个位于群岛中央的广场，且水道明显多于陆路）。它提出的城市规划方案包括由岛屿组成的若干社区，这些岛屿相互连接并通过桥梁与大陆相连，在圣朱利亚诺河口两岸形成了一系列独立的单元。每个岛屿的核心都是一个面积约 33000m^2 的居住单元。

河口二号方案是对哥特时期威尼斯的重新演绎（梳状城市结构，运河与车行道平行布局）。它设计了一系列半岛形式的自给社区（每个社区约 10000 名居民），这些半岛围绕泻湖布置，轴线呈向心型。该方案包含许多建筑单元，建筑单元的庭院与半岛轴线正交排布。住宅建筑类型单一，3 层高且一层带拱廊。

最后，赢得竞赛胜利的河口三号方案，是对文艺复兴时期威尼斯的重新演绎（整个方案以架空在运河之上的车行道为主轴，沿运河边缘进行建设，从而腾出内陆空间）。它提出了河口城市的思路，沿平行于河口两岸的两条带状区域进行布局，逐渐向泻湖开放，并且能看到威尼斯的景色。运河（纵向和横向）的双重格局形成了两个系列的侧翼岛屿，在某种程度上与另外两个设计方案的主要特征相关联：岛屿体系和半岛体系。此外，有效的纵向联系有助于统一性和连续性（Maretto，2013）。尽管设计相当不错，但该规划（尤其是河口三号方案）并没有得到实施，而且圣朱利亚诺巴雷拉这块区域直到现在也没有采取明显

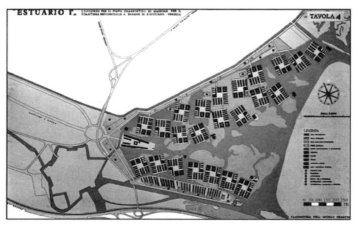

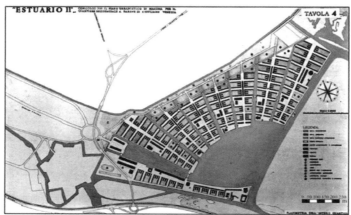

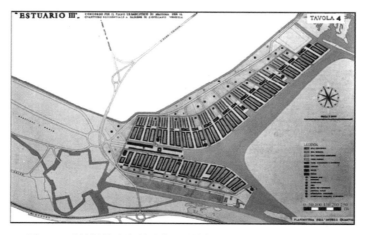

图 7.2 威尼斯的圣朱利亚诺巴雷拉规划：河口方案Ⅰ、Ⅱ、Ⅲ

（来源：Maretto，2013）

的规划干预，如图 7.1 所示。

7.1.2　伊沃尔·萨穆埃尔斯和卡尔·克罗普夫的瓦兹河畔阿涅尔规划

20 世纪 90 年代初，伊沃尔·萨穆埃尔斯（Ivor Samuels）担任牛津理工学院城市设计联合中心一个学术项目的协调人，该中心位于瓦兹河畔阿涅尔（图 7.3）。这是一个人口约 2400 人的法国小镇，距巴黎 35 公里。卡尔·克罗普夫是本项目的参与者之一，他于 1986 年在萨穆埃尔斯的指导下完成了硕士论文，并将于 1993 年在杰瑞米·怀特汉德的指导下完成博士论文。在这两篇论文中，克罗普夫对康泽恩提出的"形态区域"概念进行了简化（形态区域在平面、建筑肌理和土地利用方面具有区别于周边区域的统一特征），并探讨了它与卡尼吉亚的研究之间的关系。克罗普夫（1993）认为，"城市肌理"（与形态区域相近的概念）是一个有机整体，其形态可以通过不同的"分辨率"级别进行描述（图 7.4）。分辨率级别对应于不同情况下通过形态类型分析可以识别出来的不同城市形态要素——街道和街区、地块、建筑物、不同类型的房间和空间、结构、材料。这些不同的要素在层级结构中是相互关联的，较低级别的要素组合在一起形成较高级别的要素。以这种层级为框架，城市肌理可以通过不同的具体化程度进行系统定义，以描述不同分辨率层次的构成要素。每个要素可以用 3 个具体特征进行描述：位置（position）、轮廓（outline，要素外部边界的形状、大小和比例）和内部排列（internal arrangement，组件的类型、数量和相对位置）。

图 7.3　瓦兹河畔阿涅尔

（来源：谷歌地球）

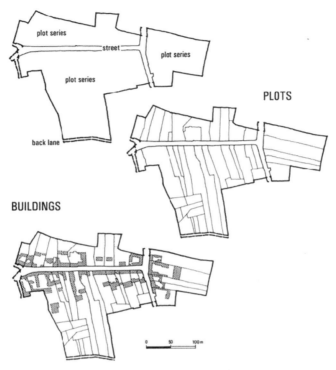

图 7.4　分辨率逐渐增加的城市肌理

（来源：Kropf，1996）

　　在完成上述学术研究工作之后，由萨缪尔斯率领的团队接受当地政府邀请，制定一个新的土地利用规划（Plan d'Occupation des Sols，POS）以取代 1987 年的旧规划。新规划的主要目标是保持当地特色（以良好的建筑遗产为标志），避免发生类似巴黎周边市区那样的郊区化进程（Mairie d'Asnieres-sur-Oise et al.1992）。新规划的其他目标包括：激活旧区，加强传统的购物功能，振兴废弃的工业区（混合了贸易、服务、工业和住宅用途），并将新建的住宅区与其余定居点整合在一起（Samuels，1993）。就成果内容而言，新规划主要由导则、分区规划和报告组成。需要强调的是，与萨韦里奥·穆拉托里的规划相比，该土地利用规划更倾向于达到持久性而非创新性方面的目标。

　　运用"城市肌理"和"分辨率层级"的概念，该团队将阿涅尔的城市形态分为 6 个分辨率级别，作为描述 / 解释和指导建议的基础：整个小镇（whole commune）、片区（districts）、街道（streets）和街区（street blocks）、地块（plots）、建筑（building form）、构造元素（elements of construction）。这意味着，阿涅尔领土每个分区新规划的城市形态都以该分区的既有形态为依据。

该规划采用了形态类型分区法，而不是传统的功能分区法，划分出了 7 个区域：4 种城市区域类型和 3 种自然区域类型。每个区域都列举了一些可接受的和不可接受的城市形态——这是英国设计导则的传统。与较高的分辨率层级相比，较低层级的形态选择受到更多限制，这意味着地块尺寸与建筑物布局比窗户细节具有更多的选择。

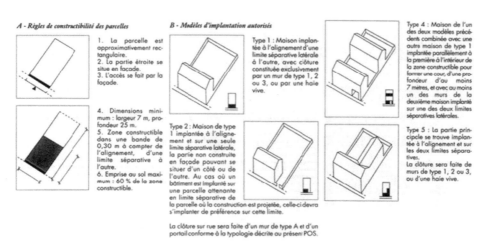

图 7.5 阿涅尔的土地利用规划：拉维莱日区域

（来源：Mairie d'Asnières-sur-Oise et al., 1996）

图 7.5 展示的是拉维莱日历史片区（Le Village）的一系列图示。就阿涅尔规划而言，关于地块在街区中的位置列举了 4 种可能的情况：（ i ）地块位于街区的前部；（ ii ）地块位于街区的后部；（ iii ）地块位于街区的角落；（ iv ）地块位于规划指定的特殊角落位置。关于第一种情况，即地块位于街区前部，如图 7.5 所示，分析表明新地块大致呈矩形，其短边一侧与街道相邻并包含进入地块内部的通道。如规划所示，新地块的最小尺寸应为 7m×25m，并从地块前端划定一整块区域作为建设区域，建筑覆盖率最多为 60%。对于建筑在地块中的位置，土地利用规划也提供了 4 种不同可能：（ i ）建筑位于地块前部，占据整个地块宽度；（ ii ）建筑位于地块前部，占据地块一半以上的宽度，通过一面墙与地块前部的其余部分进行分隔；（ iii ）建筑位于地块前部，占据整个地块宽度，在建筑地面层有一条通道通往另一个位于地块内部且占据整个地块宽度的建筑（与第一个建筑平行）；（ iv ）L 形建筑的一部分位于地块前部且占据整个地块宽度。萨穆埃尔斯（1993）强调该土地利用规划并不是提供一个范例，而是在每个

分辨率级别提供一系列选择，引导一系列可能涉及的要素构成一个整体。规划目标是在本应具有多种形态类型的分辨率级别上促成这些规划的产生，从而保证阿涅尔地区的形态多样性。

在规划制定完成的 5 年之后，萨穆埃尔斯又回到了瓦兹河畔阿涅尔来评估规划的实施过程（在规划实践中不同寻常但至关重要的一个步骤）。通过对规划实施过程中一些主要参与者的采访，萨穆埃尔斯探讨了一系列重要问题，比如需要建立更强大的政治共识来支持形态学方法，需要一个合适的团队来制定和实施规划，并且需要实现每种特定情况下的设计细节把控（Samuels and Pattacini，1997）。

7.1.3 空间句法公司的吉达规划

非正式住区问题（显然与穆拉托里、萨穆埃尔斯和克罗普夫在规划中提及的问题非常不同）是全球范围内越来越多的城市在规划中面临的一个重要挑战。在过去几年中，空间句法公司在该领域开展研究，证明了空间组构对于非正式住区的渐进化、内生型改善具有重要意义（Hillier et al.，2000；Karimi et al.，2007）。基于此，空间句法公司提出了一种方法，通过识别这些住区中整合度最高的区域并进而对这些区域进行较小程度的物质形态干预（提高选择性和效率），使得这些住区的形态与城市整体结构更加契合。不仅改善了这些住区自身的整合度，也改善了周边区域的整合度。

大约 10 年之前，空间句法公司受沙特阿拉伯的吉达市政府委托制定规划，包括战略规划、分区规划、结构规划和一组地方规划。吉达是一座拥有超过 300 万居民的城市（其人口数量预计会在 20 年后翻倍），位于麦加和梅迪纳这两座圣城之间，是整个红海地区重要的商业中心。在吉达大约有 50 个非正式住区，容纳了大约 100 万居民。因此，这里的现实情况与前两节介绍的两座欧洲城市截然不同。

在凯万·卡里米的协调下，空间句法公司开始介入规划。他们首先对城市进行调查分析，利用轴线分析来理解这座城市在历史上如何发展演变并最终形成现在的密度、土地利用和主要的社会经济特征。然后，他们识别了阻碍社会凝聚的空间原因。研究发现，非规划区域具有较高的局部选择度，而具有较高全局整合度的城市巨型网格从这类区域的外围经过，甚至不经过那些位于城市最中心部位的非规划区域。与此形成鲜明对比的，是这些区域形成了一种非常独特的局部结构。该结构在较小半径的空间句法分析中可以被捕捉到，但是并没有融入非规划住区边界以外的空间结构（Karimi and Parham，2012）。

最终，空间句法公司提出了 3 份城市规划提案，并且建议在以下区域进行干预，包括历史区域（约 1 平方公里）、几个非正式住区（面积较大，很大程度上分隔了历史区域与城市其他区域）、一组中心区域、机场曾用地以及滨水区域（图 7.6、图 7.7）。空间句法公司得以运用城市空间（广义上来说即街道和广场）作为手段来降低极度贫困人群的社会隔离。

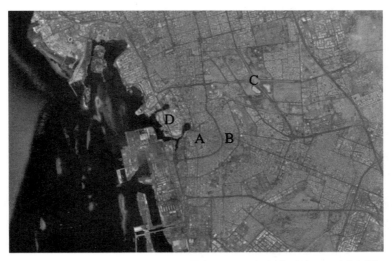

图 7.6　吉达：A. 历史中心；B. 非正式住区；C. 飞机场曾用地；D. 滨水区域

（来源：谷歌地球）

图 7.7　吉达的轴线地图：备选方案

（来源：Karimi，2012）（彩图见书后插页）

这项提案的一个重要贡献在于对吉达非正式住区的处理方式。空间句法提出了一种理论和分析方法，而并没有推行某种城市布局。相反，它对每座城市的特定布局进行优化（以提高空间可达性和社会互动）。因此，这项针对非正式住区的规划提案试图识别局部结构中整合度最高的轴线，然后加强它与城市全局结构之间的联系。

7.1.4 走向一体化

如前3个小节所述，城市形态学和职业规划实践之间确实相互关联。这种关联存在于不同的形态学方法、不同时期和不同的规划系统中。然而，这种关联对于主流的规划实践来说是微不足道的。确实，要使城市形态学的理论、概念和方法在日常规划实践和开发管控中得到更广泛的运用，还有很长的路要走。

这种理论和实践之间的隔阂与社会科学和人文科学中的情况并没有太大差异。尽管城市形态学是支撑城市规划的学科之一，但是在实践中城市形态学和主流规划在很大程度上是分开的。这种现象在某种程度上已经制度化并形成了一种氛围，一些机构几乎完全致力于研究和教育，还有一些私营或公共机构则几乎完全致力于实践。除此之外，似乎很明显的，是最近几十年规划理论提出的各种方法和模型虽然对其他专业问题有用，但并没有在处理实际城市问题方面发挥作用。这意味着城市形态学和城市规划这两种活动之间有限的交流途径以及城市形态学所提供的为数不多的有效支持并没有因为规划理论的投入而得以加强。

知识日趋专业化是削弱这一关联的另一个原因，这一现象在许多学科中广泛存在。条块分割的知识结构体系大大削弱了人们在实践与其他研究领域之间建立关联的能力。这一现象可从4个方面进行解释：与其他的物质科学领域相比，城市形态学中英语的主导地位相对较弱（这使得全球性的交流较为困难）；研究者往往倾向于基于自己的国家进行城市形态相关研究，使得这些独立研究之间的联系愈加微弱；研究者并没有恰当地探索现有交流渠道来展现他们的研究成果并论证其对当代城市和社会的重要性；最后，城市形态学汇聚的不同学科（建筑学、地理学、历史学是其中最为重要的几个学科）并没有培养学生在不同知识领域之间的融会贯通（Whitehand，2010）。在这种情况下，最基本的挑战是在一体化与专门化这两极之间找到平衡点。重要的是记住这一点：科学主要专注于天地万物中那些不变的东西，其目的必然是专业化的，而非纠结于地表上发生的不同现象之间如何彼此关联来创造人们居住的不同城市环境（Whitehand，2006）。

下述事实也削弱了这一关联：不同的形态学方法明显在分析方面科学严谨，在对策方面却不然。事实上，一个多世纪以来，城市形态学已经发展了许多理论、概念和方法来精确地描述并解释城市形态的发展机制。这些缜密的描述和解释能够提供许多规范性的指导和建议。然而，在从解释到建议的过程中总有那么一些特殊时刻，专业人士或政界人士的价值观会影响决策制定并影响城市形态的发展方向。

资源问题（不只是人力和财力，还有时间因素）同样非常重要。研究与规划实践的特殊属性几乎不可避免地导致了这两种活动主要关注点的分歧（分歧程度取决于具体的相关制度）。比如，地方政府的规划部门不太可能会改变优先级，将更多资源投入到城市形态学新兴分析技术的设计研发而非已授权的开发管控项目评估。因此，更好地协调这两类活动是十分重要的。在对阿涅尔规划的制定和实施过程进行评估之后，伊沃尔·萨穆埃尔斯提出了一套新方法用于形态学分析和指导，这种方法所需要的人力和财力更少，被应用于 20 世纪 90 年代末圣热尔韦莱班的规划中（Samuels，1999，2021）。

最后，另一个削弱理论与实践之间关联的方面在于，很大一部分形态学研究都专注于历史中心和小城市，例如瓦兹河畔阿涅尔地区。当然，建筑遗产保护始终是城市形态学的重点关注对象，但应用在这种环境中的理论、概念和方法没有理由不能应用在新兴城市形态的分析和设计中。事实上，虽然新兴城市形态的格局模式与有一些传统城市形态有所区别，但它们所包含的城市形态元素与历史地区或小城镇是相同的——街道、街区、地块系统和建筑。穆拉托里制定的 40000 居民的新城规划以及空间句法公司的规划就是支撑这一观点的范例。

7.2 城市形态学与建筑学

本节旨在挖掘城市形态学对建筑实践的潜在贡献。相关思考以 3 个案例分析为基础，我们从方法（从过程类型学到空间句法）、时间（从 20 世纪 80 年代开始）和地理位置（从拉丁美洲到东亚）3 个方面选择了一系列不同的案例。选定的案例包括：由朱塞佩·斯特拉帕（Giuseppe Strappa）设计于 20 世纪 80 年代末、采用过程类型学方法的泰尔尼墓地（Terni cemetery，意大利）；由弗雷德里科·德·霍兰达（Frederico de Holanda）设计于 20 世纪 90 年代末、采用空间句法方法的巴西利亚住宅（巴西）；丁沃沃设计于 2017 年、采用相对折中方法的黄庄民宅。

7.2.1 泰尔尼墓地——朱塞佩·斯特拉帕

泰尼尔墓地的设计始于 1986 年的一次全国竞赛，朱塞佩·斯特拉帕和他的同事在竞赛中获胜。该项目精心设计了十多年。其建设分为 3 个阶段：第一阶段于 2011 年完成，第二阶段于 2018 年完成，第三阶段于 2021 年动工（图 7.8）。这个墓地设计是斯特拉帕认知研究与实践之间关系的一个例证：建筑项目源于对城市景观的解读，源于对形成过程和建筑类型的分析。根据这一点，建筑师的贡献是设计一个属于特定类型过程的建筑。

图 7.8　泰尼尔墓地

（来源：Oliveira，2021）

　　斯特拉帕对墓地的处理类似于城市本身。相应地，泰尼尔墓地由以下几个部分组成：（i）两层拱廊形成的内部路线和作为围合层次结构的外部路径；（ii）由沿路排列的坟墓所组成的基础建筑；（iii）由家庭礼拜堂组成的特殊系列建筑；（iv）特殊的节点建筑，包括会众塔、火葬场、位于墓地新入口的小礼拜堂（未来几年将建设）；（v）节点，主要由楼梯塔楼组成，被视为与水平路线相交的垂直路线；（vi）由更大尺度的交叉点组成的极点（Strappa，2021）。除了根据过程类型学方法的主要形态元素对墓地进行解读，还因建筑设计始于 35 年前，且已建造了几十年而有强烈的时间存在感。

之所以采用被斯特拉帕称为"塑料砌体"（plastic-masonry）的结构（更接近于建筑语言的问题）主要基于两个原因。首先是"文化区"的概念。泰尼尔所在的翁布里亚地区（Umbrian area）的所有建筑都由坚固的石头建成，这一特征是该地区文化延续的最重要因素之一。其次是这种材料所固有的有机属性，在砌体墙内部建立必要的连续性并以稳定的方式调节要素位置（Strappa，2021）。

7.2.2　巴西利亚住宅，弗雷德里科·德·霍兰达

弗雷德里科·德·霍兰达的住宅是在 20 世纪 90 年代末设计和建造的（他是这栋建筑的建筑师和所有者），位于巴西利亚的卫星城索布拉迪纽（Sobradinho）。该住宅位于格兰德科罗拉多区的一个封闭社区内，地块面积为 20m×60m，建筑覆盖率约为 30%。该住宅由不同体块组合而成，涂以原色，围绕着一个 50m² 的庭院布置（图 7.10）。

霍兰达对空间句法的研究以及他在特奥蒂瓦坎、阿尔罕布拉和庞贝等世界名胜的参观对该住宅设计产生了强烈影响，尤其影响了室内房间的空间组织。房间的组织有两个结构性要素。首先是庭院。庭院是露天的，并且通过移动的玻璃门向周围空间开放——除了贴有装饰瓷砖的南面边界。第二个结构性要素是靠近庭院的长长的南北向视觉轴。轴线穿过房屋，从后院草坪（北）一直到街道（南），经过阳台、客厅/餐厅、入口、交通空间和一间办公室。理想情况下，所有这些空间都可以变成中庭和中轴线。

该住宅的内部组织体现了霍兰达的形态学观点，在非受限领域（人们可以进行非亲密互动的房间）提供开放性，在受限领域（亲密互动的房间）提供隐居的可能性，并建立共存/合作与独立之间的平衡。该住宅最大的特点是增强了不同类型空间（内部空间或外部空间）之间的可见性/可达性关系。基于空间句法工具的比较分析展示了该住宅与当前建筑生产（包括专业性和非专业性/社会性）之间的异同：（i）就平均整合度而言，该住宅更接近"社会认知"而非"专业认知"；（ii）就中产阶级住房而言，整合度的等级顺序与"社会性"和"专业性"认知都不同；（iii）"私人领域"的淡化是非常特别的，至少就巴西的室内空间而言是如此；（iv）空间的开放性并不是这栋房子独有的，但它是最开放的方案之一；

（v）没有正式的客厅使它有别于巴西普通的中产阶级住宅（Holanda，2021）。

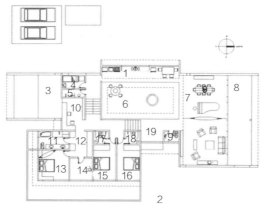

1 厨房
2 屋外
3 夹层
4 客卧
5 客卫
6 中庭
7 客厅
8 阳台（门廊）
9 洗手间
10 办公室 1
11 主卫
12 衣橱
13 主卧
14 办公室 2
15 卧室
16 卧室
17 洗手间
18 洗手间
19 门厅

图 7.9　巴西利亚的住宅

（来源：Oliveira，2021）

7.2.3　黄庄民宅——丁沃沃

中国在过去40年中发生的深刻变化使很多村庄消失。在这样的背景下，中国制定了乡村振兴战略，包括修复传统村落形态的许多规划和项目。江苏省的黄庄村（图7.10）就是

图 7.10 丁沃沃设计的黄庄村的房子

（来源：Oliveira，2021）

其中一个例子。黄庄项目由丁沃沃负责，2017 年开工，2019 年竣工。

黄庄具有该地区典型的村庄形态——条形村庄或庄台。村庄建在高台上，由两排房屋组成，中间有一条水道（水是日常生活的中心），两排房屋的前后都是农田。这种有规律的排列布局是该地区的一种特殊结构形式，村落形态与农耕社会的景观和生活方式密切相关。全村约有 170 户、750 名居民（1/3 的房屋常年有人居住，1/3 为临时住所，1/3 无人居住）。民宅以一种简单的建筑类型为基础，由一条走廊连接三四个房间而成。中间的堂屋是最重要的。大多数房子都是 1 层，主屋里没有卫生间和厨房，厨房是位于主屋南侧的一个小茅屋，而厕所则仅仅是主屋后面的一个小棚子。

丁沃沃的形态学观点促成了这一规划方案，明确了这个条形村落的形态生成机制。该方案包括水道排水和河岸清理，使河道再次成为居民生活的中心。它还包括改善基础设施体系和建设连接每个家庭的微型排污设施，以满足多样化人群的需求。村庄建筑改造以 4 所房子为例。第一阶段的主要目标是展示如何通过简单的改造使现有房子适应现代生活。为了满足不同人群的短期或长期住房需求，同时保持基本类型不变（基于类型学分析），丁沃沃和她的同事们为每栋房子提出了以下改造措施：（i）在主屋外面，即后面或者侧面，增加一个卫生间；（ii）对堂屋（包括长桌）进行维护与改造；（iii）通过一个简单的木质走廊连接厨房和主屋；（iv）地块外部空间的重新设计（Ding，2021）。

7.2.4 走向一体化

建筑设计的决策框架包括内部和外部因素。前者是特定城市景观的一部分，后者则整合了设计师的知识和价值观。与规划和城市设计相比，建筑设计中的决策通常由外部因素主导。这种设计方法受到建筑院校、建筑奖项、杂志和媒体的支持。"创造力"作为建筑实践的基本特征得到了广泛认可，这与建筑师在 20 世纪获得的广泛知名地位是一致的。在这里，我们提倡另一种方法，以建立一个更加平衡的决策框架。这些决策的具体内涵应该通过对每个项目的形态学分析来确定。通过城市景观研究所做出的内生决策更加强调结构性而弱化可见性（如泰尔尼墓地），或者注重特定的建筑形式和材料等细节（如黄庄民宅）。

虽然对于如何将新建筑融入既有景观并没有一个明确的答案，但上述这些例子（特别是最后一个）提供了有趣的讨论视角。黄庄村是一个特殊的聚落，它建立在水体和陆地的微妙平衡之上。建筑肌理由不到 200 栋建筑组成，用于居住和农业活动。形态学和类型学分析揭示了这一景观的结构特征：被两排房屋包围的运河起着中心作用，每个小地块包括一个主要建筑和厨房、卫生间等其他辅助建筑，主体建筑包括 3 个开间且以堂屋为中心。

该项目保留了所有这些结构性要素以及建筑形态和建筑材料（砖木），并有效回应了居民的当代需求，这是建筑遗产讨论的一个重要方面。该项目使普通建筑更具永久性，在建筑之间建立"微妙"联系，并通过对空间和材料的操作为主要建筑提供了新的用途。

最后，这 3 个项目虽然在规模和设计方面均有所不同，但是都具有某种程度的简单性，只是使用了不同的表达方式。泰尔尼墓地通过最基本的物质形态要素对城市本身进行类型学解释；巴西利亚住宅内不同房间的空间组构围绕一个庭院和一个纵向轴线进行布局；中国乡村的重建是基于对每个地块的微更新来保持自然环境与建筑形态、过去与现在之间的微妙平衡。

练习题

A. 知识测试

7.1　以下哪项关于城市景观领域研究与实践之间分歧的表述是正确的？

i. 研究与实践之间的分歧是新出现的，并没有发生在城市景观领域。

ii. 研究与实践之间的分歧并不新鲜，但它只存在于城市景观领域。

iii. 研究与实践之间的分歧既不新鲜，也不是城市景观领域独有的。

7.2　形态学研究能为专业实践提供什么？

i. 科学的规范和设计。

ii. 通过对城市形态动力机制的科学解释和描述来支持规范和设计。

iii. 一些形态学方面的理论、概念和方法。

7.3　专业实践能为形态学研究提供什么？

i. 严格的和既定的惯例。

ii. 关于城市形态的新的理解框架以及展现城市形态重要性的更为宏观的语境。

iii. 以规范和设计作为目的。

7.4　穆拉托里对威尼斯城市历史的研究为他的圣朱利亚诺巴雷拉规划方案提供了何种支持？

i. 穆拉托里基于威尼斯的城市历史，提出恢复其重要建筑风格。

ii. 穆拉托里根据威尼斯城市历史的 3 个主要时期及其结构要素，设计了 3 个方案。

iii. 穆拉托里在识别威尼斯城市历史 3 个主要时期的基础上，设计了一个融合 3 个时期主要结构元素的方案。

7.5 黄庄项目如何表达保护与改造之间的矛盾？

i. 该项目旨在改造黄庄村的城市景观。

ii. 该项目旨在保护自然景观和建筑形态之间的关系以及房屋的主要特征，同时引入一些变化以适应当代需求。

iii. 该项目旨在保护黄庄村所有的城市形态要素，使它们和 2017 年之前一样。

解答

7.1 - iii

7.2 - ii

7.3 - ii

7.4 - ii

7.5 - ii

B. 互动练习

练习 7.1 政策

该练习旨在锻炼学生对城市形态及其历时性演化的批判性思考。学生应该首先识别和思考其所在城市物质形态的主要优势和劣势。然后从这些劣势中选择一项进行深入思考。接下来的思考应该从"科学知识"转向"专业行动"——从理解这一劣势到制定一项政策来解决它。然后将这项政策转化为一个愿景和几个目标（比愿景低的层级）。每个目标都应有助于愿景的实现，而且必须与其他目标明确区分开来。如果可能的话，每个目标的实现都应该是可衡量的。这个练习可以在课堂上进行，包括绘制简单的图、展示介绍以及随后的讨论。

练习 7.2 规划

该练习旨在为某片城市地区的未来改造制定一套导则。因此，该练习比练习 7.1 更侧重领土维度。这个练习以学生的住房为出发点。学生应该基于街道、地块和建筑基底平面

（练习 2.3 中获取的知识），识别和绘制其住房所在的城市肌理，并指出该肌理的主要特征。基于这些特征来思考哪些城市肌理应该被保留、哪些可以在未来几年进行改造。然后定义一套有关城市形态主要元素的操作规则，模拟平面导控。该练习应作为家庭作业完成，制作一份幻灯片进行介绍（最多 5 分钟），包括一张地图、一张表格（城市肌理）和一段文字（导则）。

练习 7.3　项目

前两个练习"政策"和"规划"是与规划实践相关的，而这个练习的目的是模拟建筑实践，设计一座新建筑并将其融入现有的城市景观。学生首先从自己住房周边街道上找一块空地，就地块所在的城市肌理（街道、地块和建筑基底平面）绘制地图并提取其特征。根据地块的结构特征，学生应该决定是保持地块现状还是将其划分为更小的地块（在这种情况下，该练习的下一步应该只考虑其中一个小地块）。学生应该为该地块设计一座新建筑（体块和主立面），同时考虑其城市肌理的主要特征。该练习应作为家庭作业完成，制作一份幻灯片进行介绍，包括一张地图、一张表格（城市肌理）和一些草图及照片（新建筑和城市肌理）。

参考文献

Cataldi G (1998) Designing in stages. In: Petruccioli A (ed) Typological process and design theory. Aga Khan Program for Islamic Architecture, Cambridge, p 159–177

Cataldi G, Maffei GL, Vaccaro P (2002) Saverio Muratori and the Italian school of planning typology. Urban Morphol 6, 3–14

Ding W (2021) Morphology and typology: a village as a cultural and environmental process. In: Oliveira V (ed) Morphological research in planning, urban design and architecture. Springer, Cham, pp 117–139

Hall T (2008) The form-based development plan: bridging the gap between theory and practice in urban morphology. Urban Morphol 12:77–95

Hillier B, Greene M, Desyllas J, (2000) Self-generated neighbourhoods: the role of urban form in the consolidation of informal settlements. Urban Des Int 5:61–96

Holanda F (2021) Atrium-house: an exercise in self-analysis. In: Oliveira V (ed) Morphological research in planning, urban design and architecture. Springer, Cham, pp 217–239

Karimi K (2012) A configurational approach to analytical urban design: space syntax methodology. Urban Des Int 17:297–318

Karimi K, Parham E (2012) An evidence informed approach to developing an adaptable regeneration programme for declining informal settlements. In: Greene M, Reyes J, Castro A (eds) Proceedings of the 8th International Space Syntax Symposium. Pontificia Universidad Católica de Chile, Santiago de Chile, 3–6 January 2012

Karimi K, Amir A, Shafiei K, Raford N, Abdul E, Zhang J, Mavridou M (2007) Evidence-based spatial intervention for regeneration of informal settlements: the case of Jeddah central unplanned areas, In: Proceedings of the 6th international space syntax symposium. Istanbul Technical University, Istanbul, 12–15 June 2007

Kropf K S (1993) An inquiry into the definition of built form in urban morphology. Dissertation, University of Birmingham

Kropf KS (1996) Urban tissue and the character of towns. Urban Des Int 1:247–263

Kropf KS (ed) (2001) Stratford-on-Avon District Design Guide. Stratford-on-Avon District Council, Stratford-on-Avon

Larkham PJ, Chapman D, Morton N, Birkhamshaw AJ (2005) Stratford-on-Avon District residential character study. Stratford-on-Avon District Council, Stratford-on-Avon

Mairie d'Asnières-sur-Oise, Samuels I, Kropf K (1992) Plan d'Occupation des Sols. Mairie d'Asnières-sur-Oise, Asnières-sur-Oise

Maretto M (2013) Saverio Muratori: towards a morphological school of urban design. Urban Morphol 17:93–106

Menghini AB (2002) The city as form and structure: the urban project in Italy from the 1920s to the 1980s. Urban Morphol 6:75–86

Oliveira V (2021a) The relation between research and practice. In: Oliveira V (ed) Morphological research in planning, urban design and architecture. Springer, Cham, pp 1–15

Oliveira V (ed) (2021b) Morphological research in planning, urban design and architecture. Springer, Cham

Ross AO (1985) To form a more perfect union: it is time to stop standing still. Behavior Therapy 16:195–204

Samuels I (1993) The Plan d'Occupation des Sols for Asnières-sur-Oise: a morphological design guide. In: Hayward R, McGlynn S (eds) Making better places: urban design now. Butterworth, Oxford, pp 113–121

Samuels I (1999) A typomorphological approach to design: the plan for St Gervais. Urban Des Int 4:129–141

Samuels I (2013) ISUF task force on research and practice in urban morphology: an interim report. Urban Morphol 17:40–43

Samuels I (2021) Towards an eclectic urban morphology. In: Oliveira V (ed) Morphological research in planning, urban design and architecture. Springer, Cham, pp 71–96

Samuels I, Pattacini L (1997) From description to prescription: reflections on the use of a morphological approach in design guidance. Urban Des Int 2:81–91

Sobell LC (1996) Bridging the gap between scientists and practitioners: the challenge before us. Behav Ther 27:297–320

Stirman SW, Gutner CA, Langdon K, Graham JR (2016) Bridging the gap between research and practice in mental health services settings: an overview of developments in implementation theory and research. Behav Ther 47:920–936

Strappa G (2021) The Terni cemetery—Some considerations on the relationship between reading and design. In: Oliveira V (ed) Morphological research in planning, urban design and architecture. Springer, Cham, pp 141–163

Whitehand JWR (2006) Towards a more integrated approach. Urban Morphol 10:87–88

Whitehand JWR (2009) The structure of urban landscapes. Urban Morphol 13:5–27

Whitehand JWR (2010) The problem of separate worlds. Urban Morphol 14:83–84

Whitehand JWR (2021) Conzenian research in practice. In: Oliveira V (ed) Morphological research in planning, urban design and architecture. Springer, Cham, pp 19–42

第8章　与其他知识领域的关系

摘要： 第8章论述了城市形态对城市公共生活重要领域的贡献，尤其是社会、经济和环境这3个领域。以推动这3个领域的发展为目标，本章选择了5个具体议题：公共卫生、社会正义、遗产旅游、气候变化和能源问题，并探讨如何加强这些议题和城市形态学之间的内在联系。

关键词： 气候变化；能源；遗产旅游；社会正义；公共卫生

　　未来几年城市形态学面临的一个主要挑战是明确其对当代城市和社会最重要的形态学方面的具体贡献。事实上，目前迫切需要在研究和实践之间加强形态学维度的探讨（第7章的主题）。从这个意义上来说，城市形态学应该降低对已经成熟的概念、方法和技术的批判、修改和优化，而应该更加注重为城市形态学在日常生活中的应用创造条件。这一过程必然涉及一些简化，但并不一定意味着学科基础内容的丢失。

　　我们有必要在城市形态学与城市研究的不同知识体系之间建立重要的跨学科联系以推动相关研究的有效整合。尽管形态学知识具有在不同学科加以应用的潜在优势，但事实上这种应用非常有限。在城市形态学或者更加一般的社会科学和人文科学中，识别并建立跨学科联系的能力以及对其他学科相关研究的认知并不常见（Whitehand，2010）。最根本的现实挑战是在一体化和专业化这两极之间建立平衡。识别和构建跨学科联系的过程需要学者、从业者和公民的参与。每种特定联系的发展都以研究人员能够收集并汇总大量的观点、知识和技能为前提。因为即使在城市形态学领域，大多数研究人员接受的都是传统学科教育，他们必须学会运用不同的视角和方法，为其他学科领域提供完善的形态学视角将成为未来

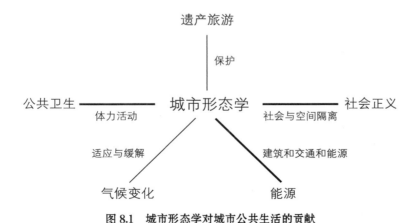

图8.1　城市形态学对城市公共生活的贡献

几年的重大突破。这可以为许多研究项目提供所期望的附加值，并最终进一步提升我们对城市的共同认识。

下面 3 节探讨了城市形态对 5 个具体议题的潜在贡献：公共卫生、社会正义、遗产旅游、气候变化以及与前几个议题相关的能源问题。这 5 个方面（当然也可以选择其他方面）选自日常生活中的具体问题，城市形态学可以为这些问题做出一定的贡献。图 8.1 综合表达了它们之间的关系，其中粗线代表最持续的关系，细线代表最初步的关系。

8.1 城市形态与社会

本章第一节重点关注两个重要的社会议题，即公共健康与社会正义，而城市形态学可以为这两个议题作出一定的贡献。在整合不同领域知识的过程中，体力活动和可步行性是第一个议题的关键词，而社会隔离和空间隔离是第二个议题的关键词。

8.1.1 公共卫生

缺乏体育运动是一种全球流行病，它引发多种非传染性疾病而导致每年 500 多万人死亡（Sallis et al.，2016）。公共卫生领域的一些研究表明，通过定期进行短时、适度的体育锻炼（如步行和骑自行车），人们可以获得显著的健康效益（Karmeniemi et al.，2018）。每天适度的体力活动可能比精心组织的、剧烈的运动形式（如慢跑和有氧运动）对健康更加有效，因为人们会提高对这些活动的坚持程度。事实上，研究表明，与剧烈的体育运动相比，人们可能更愿意并且更能够进行适度的体力活动，而且一旦进行这些活动就会长期坚持下去。还有越来越多的研究表明，城市形态对这类体力活动有显著的影响，因此也对公共卫生有影响。研究同样显示了相反的情形——城市形态如何阻碍体力活动。

低水平的体力活动直接或间接地威胁着我们的健康。久坐的生活方式是心血管疾病、中风和全因死亡的公认风险因素。此外，缺乏体力活动也是超重和肥胖的一个风险因素（Frumkin，2002）。

在过去 20 年里，劳伦斯·弗兰克（Lawrence Frank）和他的同事围绕这一议题进行了持续研究。他先后在佐治亚理工学院、英属哥伦比亚大学和加州大学圣地亚哥分校进行研究。弗兰克和恩格尔克（Frank and Engelke，2001）区分了限制体力活动的两类障碍：个人障碍，即限制个体运动动机和能力的主观因素；环境障碍，即对体力活动施加限制的现实条件。我们必须承认，后者可能会对人群中的不同亚群产生非常大的影响，尤其是老人和儿童等弱势群体。

　　那么，城市形态的不同要素如何影响步行和骑行呢？连接良好的街道网络和小街区（两个相互关联的方面）具有较多的交叉口，因此使得不同活动之间可以更直接地进行移动，减少了运动起点与目的地之间的距离，提供了可替代的移动路径，并且通过较近的交叉口间距限制了车辆行驶速度（Sallis et al.，2016）。街道的某些具体特征对于促进步行和骑行也非常重要。拥有足够步行道、自行车道和人行横道的街道被认为更加安全，它们为步行者和骑行者提供了通行空间并且对这些软交通模式产生积极影响（Moudon et al.，1997；Frank and Engelke，2001）。公园的数量也是需要考虑的一个重要因素（Sallis et al.，2016）。

　　不仅仅是街道，建筑也十分重要。建筑密度是一个关键特征（Sallis et al.，2016）。建筑的年代是另一个重要方面。一般来说，人们以游憩为目的的平均通行距离似乎随着建筑和社区年代的久远而减小。这意味着住在较老社区里的人更容易接近娱乐设施（Handy，1996）。另一个重要特征似乎是建筑在地块内的位置。面向街道和紧邻街道的建筑对可步行性具有积极的影响，而远离街道和面向停车场的建筑则似乎并不鼓励步行（Moudon et al.，1997）。研究还表明，住在混合用途社区中的人更有可能积极保持健康（Frank et al.，2005）。城市景观可步行性的适度变化可以对人们的健康活动产生重要影响。

8.1.2　社会正义

　　关于城市的社会正义维度，已有大量研究。戴维·哈维（David Harvey）和苏珊·法因斯坦（Susan Fainstein）是这一研究领域的两个杰出代表；后者的工作围绕公正城市（just city）的概念展开，更加明确地关注城市的物质形态。伦敦大学学院的劳拉·沃恩（Laura Vaughan）以社会隔离为主题，提出了社会正义与城市形态之间更为明确的联系。在过去20年里，继她的硕士和博士学位论文之后，沃恩一直围绕社会隔离和空间隔离之间的关系进行研究，她区分了城市中相对贫穷的空间隔离地区以及相对富足的空间融合地区。

　　对贫困地区的研究表明，尽管在20世纪进行了许多改善住房质量的尝试，但这些干预措施并没有实质性地改变贫困地区（Orford et al.，2002）。勒普顿（Lupton，2003）指出，物质空间特征会对人口结构产生影响，进而导致社区产生某些其他特征，如服务设施、社会声誉、社会秩序以及人与场所的社会互动模式。空间隔离地区的弱势个体之间会形成一套社会关系（加剧这些贫困个体的劣势），而在联系紧密的空间融合地区，弱势个体之间可能会形成另一套社会关系。例如，贫困可能导致就业机会不平等，从而导致某一地区的高失业率。此外，对于这些发现，沃恩建议：（i）贫困地区的长期持续存在可以从多个方面进行解释，包括一些空间因素的组合；(ii) 当这些地区靠近经济活跃、融合良好的街道时，这种空间格局可以作为少数群体社会融合的必要机制，将其作为城市环境中文化适应和融合这一自然过程的一部分（Vaughan，2007）。

分析发现，贫困地区通常有一定数量的移民存在。正是这些地区的地理位置和空间隔离使得它们更有可能成为较贫穷的移民定居点。移民区的形成过程是移民融入社会的重要阶段。一些关于所谓"贫民窟化"的案例研究对移民居住区将居民与社会隔绝开来这一看法提出了质疑。事实上，根据区位和对街道网络的利用方式，集聚能够强化社区活动、社会化、网络化和实现自给自足。分析表明，移民初始阶段的聚居（有时不止第一代人）是文化适应和融合过程的一部分。它还表明，对于移民来说，在能够促进经济活动的地点定居是移民过程中的一个必要步骤；通常情况下，在种族聚集的社区中创业往往不仅促进了社会融合和经济融合的过程，还加强了社会网络和互惠互利（Vaughan and Penn，2005；Vaughan，2007；Vaughan and Arbaci，2011）。然而，长期的少数族群聚集会产生负面影响，如阻碍社会流动、限制工作机会、助长犯罪行为或妨碍学业成就等。

关于城市形态和社会正义之间关系的另一个基本研究方向是由艾米莉·塔伦（Emily Talen）在 20 世纪 90 年代后期发展起来的，主要在伊利诺伊大学、亚利桑那州立大学和芝加哥大学进行。塔伦起初通过关注社会正义和公共设施（如学校、公园或游乐场）的空间可达性来探索这一联系，并使用当时新兴的 GIS 工具进行度量（Talen and Anselin，1998）。在 21 世纪 10 年代，她的研究兴趣转向多样性和一些重要的社会特征，比如收入、年龄、家庭结构和种族。该研究背后的观点是最成功的社区往往是那些最多样化的社区（Talen，2012）。这一研究体系的第 3 个关注点是社区邻里作为一个与人相关的空间单元——一个本地化的、基于场所的、有界限的城市区域，具有重要性、意义和一定程度的个人影响力（Talen，2019）。

8.2 城市形态与经济

本章第二节主要讨论城市形态与经济的关系，重点探讨遗产旅游问题。

关于城市形态与经济之间关系的研究大多采用宏观分析方法。近期，联合国人居环境署（United Nations Human Settlements Programme，UN-Habitat）发布了联合国人类住区项目框架报告，介绍了与城市形态相关的经济学研究（UN-Habitat，2015）。该报告从宏观尺度上分析了城市形态的两个主要特征，即密度和中心性（用作比较高密度和低密度以及单中心和多中心的极端情况），并且认为两者均与规模有关（按人口衡量）。关于密度和中心性，报告认为（不管是单中心还是多中心的）高密度城市形态在低交通设施成本、低环境影响和高创收能力之间取得了最佳平衡。此外，低密度发展的经济成本包括运输成本增加、人均温室气体排放量增加（下节主题）、肥胖率上升（下节主题）以及生产力下降。相反，与高密度发展相关的成本包括交通拥挤和土地价格高涨。最终，高密度地区的经济收益似乎高于经济成本。该报告认为，城市规模与城市的密度和中心性相互依存。城市规模的扩张可能与更高的工资、更高比例的受教育公民以及更高的生产率相关。这些都是集聚经济的结果，而集聚经济依赖于较大城市所提供的临近性和规模。报告认为，城市规模并不存在一个最佳值，但是城市规模的效率取决于地方特征和限制条件（Batty，2008 支持这一观点）。类似地，戈登和理查森（在 20 世纪 90 年代发表了一篇非常有影响力的论文来讨论紧凑型城市与蔓延型城市）认为，城市形态对经济增长至关重要。他们特别解释了隐藏在企业家成功背后的空间逻辑（Gordon and Richardson，2012）。

遗产旅游

第二次世界大战结束后，由于富裕程度提高、运输和电信技术前所未有的进步以及国际关系得到加强，旅游业开始蓬勃发展并蔓延到世界各个角落。自那时起，旅游业被证明是世界上最强大的经济动力之一。它直接或间接地影响每一个国家和社区，甚至影响国家和超国家层面的最高决策。由于旅游业具有全球意义，世界各地都希望旅游业成为经济发展的工具。作为这种趋势的一部分，旅游业被分为不同的类型，这在某种程度上体现出旅游不是一种同质化或无差异的现象。其中最重要的一个类型是遗产旅游。参观历史名胜的游客及其在住宿、饮食、门票和购物方面的消费支出，每年为全球经济贡献数十亿美元，并直接或间接地解决了数百万人的就业（Timothy and Boyd，2006）。

遗产旅游包括对历史名胜的参观访问，包括建成环境和城市地区、古代的纪念性建筑和住宅、乡村和农业景观、历史事件的发生地以及一些有趣而重要的文化场所。在遗产旅游中能够作为名胜的资源范围很广，类型和规模也多种多样。目前大多数研究集中在供给方面，主要包括对资源管理要素的解读、保护（从广义和非正统的意义上来说，是在遗产旅游与城市形态之间建立关联的关键词之一）或其他，以及为历史遗迹的访客提供服务支持。尽管关于需求方面的研究尚不成熟，但研究表明，与社会平均水平相比，进行遗产旅游的游客受教育程度更高、消费能力更强、更倾向于团体旅行且收入持平或高于社会平均收入（Timothy and Boyd，2006）。

城市保护是法国大革命后发展起来的现代思想。在 19 世纪和 20 世纪，不同地理环境的历史古迹成为保护的重点。在推动对这些特殊建筑进行保护的同时，该方法也允许出于健康、安全和美学等方面的考虑对相当一部分城市景观进行变动，某些情况下甚至支持这样做。与这一主流方法并行的另外一种新观点强调城市景观的作用，它在 20 世纪初开始出现，在 20 世纪 60 年代到 70 年代取得了一些重要进展，包括制定《威尼斯宪章》（*Venice Charter*）、成立国际古迹和遗址理事会（International Council on Monuments and Sites，ICOMOS）[以及随后签署《世界文化和自然遗产保护公约》（*Convention concerning the protection of world cultural and natural heritage*）和确立《世界遗产名录》（*World Heritage List*）]和制订首批以保护为中心的规划文件，特别是塞维拉蒂（Cervelatti）担任协调人的博洛尼亚规划（见第 3 章）。目前关于城市保护的争论包括：从狭隘的建筑学视角（包括外观和模仿）和综合性视角对遗产理解（Bold et al.，2017；Roders and Bandarin，2019）、规划的协同效应和紧张关系，以及过去作为生产地区而现在作为消费中心的地方发展矛盾等。

城市形态学研究者普遍认为城市必然要改变，但其中一个关键问题是如何应对这些改变，并同时对积累了几代人投入的老旧地区有所保留。20 多年来，在城市形态学领域关于城市保护议题较为持续的研究是由先后在伯明翰大学和伯明翰城市大学工作的彼得·拉克姆开展的。拉克姆（1996）在《保护与城市》（*Conservation and the city*）一书中试图理解这种变化是如何开始和进行的，它对保护区产生了什么影响，以及将来如何对其进行更好的管理。为此，他提出了一些基本的保护问题：（i）保护什么？（以及谁来判定值得保护的建筑和区域，这种判定是否获得在这些区域中居住、工作和游憩的人们的认可）；（ii）那些影响发展和受发展影响的人在何种程度上对发展提案持一致看法？（iii）如何进行保护：被判定为遗产保护的建筑和区域是否需要远离建设、使用、淘汰、衰落和摧毁的自然生命周期？（iv）就改变城市肌理的提案和实施过程而言，其本质是什么，规模如何？改变的性质和规模是什么？拉克姆研究保护的一个重要方面是关注那些直接或间接参与改变的人，也就是"形态演变的作用者"（本书第 3 章对此已进行阐述）。

（以城市形态为重要切入点）协调遗产旅游和城市形态保护是一项艰巨的任务。与纳赛尔（Nasser，2003）的观点相近，我们强调需要将遗产视作一种自然资源进行保护，如果过度开发的话会使其恶化；需要接受改变和发展以保证形态连续性；以及需要考虑当地社区和游客对遗产资源的公平获取。最后，值得一提的是，如图 8.1 所示，迄今为止城市形态学对于遗产旅游方面的贡献不如前文提到的公共卫生和社会正义领域那么持续。

8.3 城市形态学与环境

本节主要探讨城市形态学在应对环境挑战方面的贡献，着眼于两个相互关联的问题，即气候变化和能源。关于前者的研究在某种程度上影响了关于后者的研究。

8.3.1　气候变化

目前关于气候变化的科学研究已经非常成熟。2007 年诺贝尔和平奖授予国际气候变化委员会（International Panel on Climate Change，IPCC），标志着关于气候变化是否人为诱发以及是否真实存在这一争议的终结。关注点进而转移到我们应该采取哪些措施来应对气候变化。2015 年年底的巴黎气候会议上（官方名称为第二十一届缔约方会议，COP21），达成了 196 个缔约方之间的协议。该协议提出了将温度上升控制在 2℃（甚至 1.5℃）以内的途径和机制。COP21 还释放了投资低碳经济的市场信号。

与天气预测相关的事件，如海平面上升、暴风雨事件增加以及极端热浪等，意味着迫切需要新的聚居点设计方法，使人类和非人类物种能够适应这些日益增加的风险。适应气候变化和缓解气候变化正在成为部分国家和城市面临的最紧迫问题。缓解措施旨在减少当前和未来的温室气体排放，包括建成环境和运输部门产生的温室气体排放，而适应措施则试图调整建成环境和社会环境，以最大限度地减少不可避免的气候变化的负面影响。尽管通过适应和缓解的方法可以实现降低脆弱性和气候变化风险这一中间目标，但韧性社区才是终极目标（Hamin and Gurran，2009）。

布兰科等人（Blanco et al.，2011）认为，城市形态的主要要素（如街道和建筑）以及基础设施系统的组织方式可能引起温室气体的排放并加剧气候变化的影响。建筑和街道的结构、朝向及实际状况会提高对建筑制冷和供暖的要求，这与能源利用水平有关（这部分内容将在下一小节展开），且可能在城市温室气体排放量中占很大比例。街道景观区域和建筑物的不透水表面会使洪水加剧，也是城市热岛效应的直接决定因素（Stone et al.，2010；Yin et al.，2018）。常规的废水和排水系统会阻碍自然蒸发过程，并加剧洪水和干旱的影响。

8.3.2　能源

能源在当今世界中起着至关重要的作用。城市地区的建设方式对当前和未来的能源需求具有很大影响。对交通需求的影响主要体现在出行量，对建筑结构的影响则与供暖、制冷和照明等终端用途有关。

城市形态学关注城市的物质体量及其影响过程和参与者，有时会忽视城市流动的问题，而能源研究有时会从不同部门的视角来处理问题，无法有效处理包含不同层级的城市空间维度。大多数关于能源的文献从两个尺度进行分析。在城市尺度，相关研究一直在探索城市发展的紧凑模式和分散模式之间的二元关系、（建筑和人口）密度的变化，以及土地利用模式，并将这些方面与交通（包括系统管理和基础设施建设）联系起来。在建筑尺度，近期研究倾向于围绕 3 个主要领域：（从城市能源的角度）建立不同的框架对建筑形态进行分类；设计创新方法来估算建筑的能源消耗；最后，分析对建筑进行优化改造的潜力。尽管在两种分析尺度上均取得了显著进展，但两类研究群体之间似乎存在隔阂。

在过去几年里，许多学者已经开始进行中间尺度的研究，也就是介于作为整体的城市和作为个体的建筑之间的尺度，这一尺度可能由于环境问题的复杂性和数据缺乏而曾被忽视。奥斯蒙德（Osmond，2010）、博诺姆等人（2011）以及萨拉尔德等人（2011）提出了一系列工具，使研究人员和从业者能够在中观尺度研究能源消耗问题。其中的第一篇论文提出将城市结构单元作为一种描述性和解释性框架来综合考虑能源、信息和物质的储存和流动。第二篇论文提出了"城市形态和能源模型"（MUSE）来测量能源消耗模式，这种模式不仅受到交通和建筑特征的影响，还受到特定的城市微气候特征的影响。第三篇文章提出了一种既考虑城市形态特征又考虑城市可再生能源潜力的能源消耗测算模型。拉蒂等人（Ratti et al.，2005）和萨拉特（Salat，2009）进一步推进了这方面的研究。拉蒂等人（2005）使用数字高程模型以及照明和热量模拟工具分析了城市肌理对建筑能耗的影响。拉蒂和他的同事在分析中考虑了以下参数：建筑体量和建筑表皮、被动区和非被动区、立面朝向、城市水平夹角以及对天空视野的遮挡。萨拉特（2009）采用了类似的研究思路，使用了一些环境指标，如建筑形体和采用被动式能源的建筑体量，来分析城市不同区域的能源消耗。这两篇论文都介绍了这些方法在欧洲大城市中的应用。史等人（Shi et al.，2021）考虑了街道布局、建筑密度（建筑面积）和土地利用的影响，来研究高密度城市区域冷却系统效率，并根据 5 个成本指标进行了评估。席尔瓦等人（Silva et al.，2017）将研究继续推进，不仅考虑了建筑物的供暖和制冷（之前研究的关注点），还考虑了出行因素。该方法利用 GIS 进行空间显性特征分析，并基于一系列城市形态相关指标利用神经网络建立了能源需求模型。

新的理论、概念和方法的发展应该帮助人们更好地理解城市形态与能源消耗水平之间的相互关系（兼顾能源的数量和质量）。它还应该为当前城市发展战略的讨论提供参考，将资源、土地和能源作为实现长期繁荣的关键因素并促进其可持续利用。

在关于当代城市的各种讨论中，能源无疑是最重要的议题之一。不断上涨的能源价格、减少废气排放和缓解气候变化（上一小节的主题）的迫切需求，以及使设备和基础设施适应未来需要的大量投资，使得城市能源成为接下来几年的一项关键挑战。

练习题

A. 知识测试

8.1　城市形态与公共卫生有何关系？

i. 城市形态可以影响剧烈的身体活动，这对健康有显著的好处，可以避免心血管疾病和中风。

ii. 城市形态可以影响适度的身体活动，这对健康有显著的好处。

iii. 城市形态可以影响剧烈的身体活动，这对健康有显著的好处。

8.2　城市形态对促进城市社会正义有什么影响？

i. 修复过去的建筑风格可以弥补现代主义范式所带来的多方面的社会不公平。

ii. 城市形态的主要元素及其组合模式有助于城市居民和城市工作者的社会融合。

iii. 强有力的规划建议可以使城市肌理发生深刻转变，从而缩小贫富差距。

8.3　城市形态学对遗产旅游所引发的保护与改造之争有何影响？

i. 城市形态学可以防止历史区域的转变。

ii. 城市形态学可以成为对抗旅游业的工具。

iii. 城市形态学可以提供一个综合的框架来理解各种情况下应该改变什么和保留什么。

8.4　城市形态学对适应和缓解策略有何贡献？

i. 城市形态学为城市现象提供科学的描述和解释，能够对不同的情景进行评估，从而改善城市景观（适应）和减少污染排放（缓解）。

ii. 城市形态学在应对气候变化（包括适应和缓解策略）方面没有显著作用。

iii. 城市形态学有助于减少当前和未来的温室气体排放，包括建成环境和交通领域产生的排放。

8.5　城市形态如何影响城市的能源需求？

i. 工业是能源需求的最重要部门，城市形态对此没有显著影响。

ii. 城市形态最重要的影响是通过街道网络影响交通需求，主要表现为出行量。

iii. 主要有两方面的影响：街道网络对交通需求的影响，主要表现在出行量方面；以及建筑的终端利用，如供暖、制冷和照明。

解答

8.1 - ii

8.2 - ii

8.3 - iii

8.4 - i

8.5 - iii

B. 互动练习

练习 8.1　城市形态与健康

　　如第 8.1 节所述，该练习旨在探讨城市形态特征与适度体育活动和促进公共健康之间的关系。与之前的练习一样，该练习从学生的住房开始。学生应识别并绘制其住房周围的一个区域，该区域的物质环境结构特征（包括高密度的十字路口、街区、地块、建筑沿街面和地块的重合度）对步行（适度的体育活动）和公共健康具有积极影响。这个区域可能具有不规则的几何形状。然后，学生应该思考并绘制如何对该"步行友好区域"进行扩展（最好是通过其物质形态的连续性），同时进行城市形态的一些非结构性变化——比如营造活跃的地面层、强化树木绿化以及重新分配街道的步行空间和车行空间。该练习应该作为家庭作业完成并在课堂上展示。幻灯片（5～10分钟）应包括两张地图（原始区域和扩展区域），配以这两个区域的照片，以及城市形态现有特征和建议变化的列表。

练习 8.2　城市形态与社会正义

　　如第 8.1 节所述，该练习旨在探讨和分析城市形态和社会正义之间的关系。学生应该首先基于他对所在城市的了解，确定两个隔离区域，这两个区域应该位于不同的地理位置。首先，学生应该根据国家统计数据中常用的一些社会指标，如教育、就业和收入，简要描述这两个领域的社会特征。接着将这两个地区的各项指标与作为基准的城市平均水平进行比较。然后，学生应该分析这两个地区的物质形态特征，重点关注街道、街区、地块和建筑物，比较其社会特征和物质特征。虽然这个练习只是一个探索性分析，但它应该能够激发学生对空间和社会融合之间的关系进行反思。该练习应该作为家庭作业完成并在课堂上展示。幻灯片（5～10分钟）应包括这两个区域的特征，并辅以文字、绘图和照片。

练习 8.3　城市形态学与遗产旅游

最后一个练习旨在探讨城市形态学和遗产旅游之间的关系，重点关注城市形态的保护。学生应该着眼于他所在城市的历史中心，因为这个区域通常面临最大的遗产旅游压力。这个练习分为两部分。在第一部分，学生应该反思遗产旅游给城市带来的压力。然后，他应该分析历史核心区的物质形态特征（街道、街区、地块和建筑），确定遗产旅游带来的主要优势与劣势、机遇与挑战。在第二部分，学生应该简要制定一个保护政策，以游客的原真性旅游体验（authentic experience）为目标，来定义什么应该保护、什么可以改造（如之前的练习中所探讨的），同时确保满足居民和工作者的需求和愿望。该练习应该作为家庭作业完成并在课堂上展示。幻灯片（5～10 分钟）应包括对该历史区域的特征分析及主要的保护政策。幻灯片可以用文字、绘图和照片的形式来展示。

参考文献

Batty M (2008) The size, scale and shape of cities. Sci 319:769–771

Blanco H, McCarney P, Parnell S, Schmidt M, Seto KC (2011) The role of urban land in climate change. In: Rosenzweig C, Solecki WD, Hammer SA, Mehrotra S (eds) Climate change and cities: first assessment report of the urban climate change research network. Cambridge University Press, Cambridge, pp 217–248

Bold J, Larkham P, Pickard R (2017) Authentic reconstruction: authenticity, architecture and the built heritage. Bloomsbury, London

Frank LD, Engelke PO (2001) The built environment and human activity patterns: exploring the impacts of urban form on public health. J Plan Lit 16:202–218

Frank LD, Schmid TL, Sallis JF, Chapman J, Saelens BE (2005) Linking objectively measured physical activity with objectively measured urban form—findings from SMARTRAQ. Am J Prev Med 28:117–125

Frumkin H (2002) Urban sprawl and public health. Public Health Rep 117:201–217

Gordon P, Richardson HW (2012) Urban structure and economic growth. In: Brooks N, Donaghy K, Knaap G (eds) The Oxford handbook of urban economics and planning. Oxford University Press, New York, pp 98–122

Hamin EH, Gurran N (2009) Urban form and climate change: balancing adaptation and mitigation in the U.S. and Australia. Habitat Int 33:238–245

Handy S (1996) Understanding the link between urban form and nonwork travel behavior. J Plan Educ Res 15:183–198

IPCC, Intergovernmental Panel on Climate Change (2007) Climate change 2007: synthesis report, fourth assessment report. IPCC, Cambridge

Kärmeniemi M, Lankila T, Ikäheimo T, Koivumaa-Honkanen H, Korpelainen R (2018) The built environment as a determinant of physical activity: a systematic review of longitudinal studies and natural experiments. Ann Behav Med 52:239–251

Larkham PJ (1996) Conservation and the city. Routledge, London

Lupton R (2003) Neighbourhood effects: can we measure them and does it matter? London School of Economics, London

Moudon AV, Hess P, Snyder M, Stanilov K (1997) Effects of site design on pedestrian travel in mixed use, medium-density environments. Transp Res Rec 1578:48–55

Nasser N (2003) Planning for urban heritage places: reconciling conservation, tourism, and sustainable development. J Plan Lit 17:467–479

Oliveira V, Silva M (2013) Urban form and energy. Urban Morphol 17:181–182

Orford S, Dorling D, Mitchell R, Shaw M, Davey-Smith G (2002) Life and death of the people of London: a historical GIS of Charles Booth's inquiry. Health Place 8:25–35

Osmond P (2010) The urban structural unit: towards a descriptive framework to support urban analysis and planning. Urban Morphol 14:5–20

Ratti C, Baker N, Steemers K (2005) Energy consumption and urban texture. Energy Build 37:762–776

Roders A, Bandarin F (2019) Reshaping urban conservation: the historic landscape approach in action. Springer, Cham

Salat S (2009) Energy loads, CO2 emissions and building stocks: morphologies, typologies, energy systems and behaviour. Build Res Inf 37:598–609

Sallis J, Cerin E, Conway T (2016) Physical activity in relation to urban environments in 14 cities worldwide: a cross-sectional study. The Lancet 387:2207–2217

Silva M, Horta I, Leal V, Oliveira V (2017) A spatially-explicit methodological framework based on neural networks to assess the effect of urban form on energy demand. Appl Energy 202:382–398

Shi Z, Fonseca J, Schlueter A (2021) Floor area density and land uses for efficient district cooling systems in high-density cities. Sustain Cities Soc 65:1–16

Talen E (2012) Design for diversity: exploring socially mixed neighbourhoods. Architectural Press, Amsterdam

Talen E (2018) Neighborhood. Oxford University Press, New York

Talen E, Anselin L (1998) Assessing spatial equity: an evaluation of measures of accessibility to public playgrounds. Environ Plan A 30:595–613

Timothy D, Boyd S (2006) Heritage tourism in the 21st century: valued traditions and new perspectives. J Herit Tour 1:1–16

UN-Habitat (2015) The economics of urban form: a literature review. UN-Habitat, Nairobi

Vaughan L (2005) The spatial form of poverty in Charles Booth's London. Prog Plan 67:20–32

Vaughan L (2007) The spatial syntax of urban segregation. Prog Plan 67:1–67

Vaughan L, Penn A (2006) Jewish immigrant settlement patterns in Manchester and Leeds 1881. Urban Stud 43:653–671

Vaughan L, Arbaci S (2011) The challenges of understanding urban segregation. Built Environ 37:128–138

Whitehand JWR (2010) The problem of separate worlds. Urban Morphol 14:83–84

Yin C, Yuan M, Lu Y, Huang Y, Liu Y (2018) Effects of urban form on the urban heat island effect based on spatial regression model. Sci Total Environ 634:696–704

第9章 结语

摘要：第9章是本书的总结部分，汇总了前几章介绍的内容，并进行整体反思。本章还包括对城市形态学未来研究的一些建议。

关键词：城市；城市形态；城市形态学

关于城市形态的研究尚有空白。尽管已有许多关于城市形态的各个方面的优秀著作，在该领域却没有一本基础知识手册。本书填补了这一空白，旨在成为城市形态研究领域的一本基础手册。事实上，它为读者提供了该领域内精简但至关重要的一系列问题的概览。本书的内容结构吸取了我过去一年在建筑学专业开设城市形态课程的经验，这门课包含一学期15节课。作为一本入门指南，它"站在巨人的肩膀上"，介绍了探索每个主题必须了解的一些基本内容。在本书包含的大量参考资料中，最明显的可能是第6章列举的10本城市形态学和城市研究的经典著作，或者是第4章列举的两本分别由莫里斯和舍瑙尔（Schoenauer）所著的关于城市形态历史的著名书籍。

本书分为两部分。第一部分（第2章至第5章）聚焦城市的物质形态，第二部分（第6章至第8章）关注城市形态的研究者和从业者。这种对于"研究对象"和"研究者"（在某些情况下是"从业者"）的区分对于呈现本书的内容至关重要。在本书第一部分，我们试图理解构成城市物质形态的基本要素是什么；这些要素是如何被创造的（谁设计它们以及每个想法如何在实际中得到有效实施）；以及不同要素在城市历史的不同时期如何进行组织。在理解这一目标之后，我们把注意力集中在研究者（和从业者）方面。在本书第二部分，我们阐述了城市形态学研究者不断发展的用以理解城市物质形态的主要方法；从科学的描述和解释到专业实践的过程；以及城市形态学对与城市相关的其他知识领域的贡献。

下面每一段都包含了本书的一个基本思想。

所有城市（以及城市的所有不同部分）都是由有限的一组要素构成的——街道、街区、地块和建筑是最重要的几个要素。虽然这些要素在各个城市中都是相同的，但是它们的特征不同，并且通过不同的模式组合在一起从而形成了不同的城市肌理。我们坚信，我们有效分析现有城市形态和设计新城市形态的能力依赖于正确理解这些要素的特征及其组合方式。在20世纪，街道、街区和地块逐渐失去了在分析和设计过程中的重要性，取而代之的是建筑（尤其是特殊建筑）。我们主张改变关注点，以一种更加平衡的方式分析城市形态的不同要素。

本书的第二个基本观点是，我们的城市是由不同主体（具有不同的且时有冲突的利益）的各种贡献以及不同的演化过程所造就的。在建设城市的复杂过程中，开发者、建筑师、建造者、规划师和政治家以不同的方式相互作用。此外，我们的社会往往通过多种方式进行组织，以平衡城市的综合愿景（通常是规划愿景）和各种不同的贡献，最终与更高的自发性相关联。在我们分析和建设城市时，应该考虑到这些复杂的进程。

我们对城市历史的分析揭示了在不同城市的建设过程中所运用的城市形态要素具有明显的永久性。但是，每类要素的特征及它们在近 6000 年的组合方式，却都具有间断期和持续期。若采取简化的观点，我们可以说在 6000 多年历史中建立起来的所有城市格局可以分为"规则"或"不规则"两类。一方面，我们可以在中国、埃及、古希腊、古罗马和文艺复兴时期的城市中发现规则的布局，虽然在古希腊和古罗马我们也发现一些不规则的布局——雅典和罗马可能就是最著名的例子。另一方面，我们可以在苏美尔、印加、伊斯兰和中世纪的城市中发现不规则的布局，虽然在中世纪的欧洲我们也发现了规则的布局——比如法国的巴斯蒂德。正如我们所说的，不同要素的特征随时间发生变化。在美索不达米亚和中国的早期城市，以及不那么明显的古希腊城市中，街道只是"建筑之间的空间"；而在古罗马城市中，街道的重要性得以增强，或许是中世纪城市中最重要的城市形态要素。不同物质形态要素的深刻变化发生在中世纪，那时一些特殊建筑和基础设施被真正地赋予城市属性。阿尔勒和尼姆的圆形剧场，或者是斯普利特的宫殿就是这样的例子。城市形态要素的另一个重大变化是中世纪欧洲庭院式住宅的消失。虽然从早期城市到古罗马城市，庭院式住宅一直是主要的住宅建筑类型，但在中世纪时被一种新的住宅类型所取代并成为城市形态的重要元素。这种新的住宅类型面向街道，具有明显的城市立面，建筑底层通常具有一定的商业用途，并且在地块后部有一个外部开放空间。只有在伊斯兰城市中，庭院式住宅——一种有着 3000 年历史的住宅类型——才持续作为城市形态的重要元素。

我们的城市景观极具多样性和丰富性。其形态特征和组合模式的多样性体现了不同社会在地理、文化和经济方面的多样性，它们随时间推移而不断进行创造和改变。每座城市景观的形成过程都非常复杂，其中汇集交织了许多因素。2020 年的世界人口数据显示，超过一半的人口生活在城市，近 1/4 生活在人口不足 30 万的定居点，近 10% 生活在 35 个特大城市。这是一幅复杂的图景拼贴。然而，这种复杂性和多样性面临着全球化和同质化的趋势。在城市景观中，这一趋势表现为大量建造与周围环境无甚关联的奇特建筑（而与地球上其他地方的奇特建筑相关），以更具排他性的过程促进极端（规划的或非正式的）之间的分歧，以及减少可以参与城市动态发展的主体的多样性。伊斯坦布尔或许是第 5 章所介绍的 5 座城市中最具吸引力的城市历史，但在 20 世纪中叶之后逐渐丧失多样性的一个显著例子。在这种背景下，本书的一个主要观点，是认同和保护文化和建筑遗产的多样性是我们的共同责任。

城市形态学是一门有着一个多世纪历史的科学。在这段时期，它一直致力于建立理论和方法体系并完善其概念和技术，以了解城市形态的动力机制。当前，不同地区越来越多的研究者采用了一系列不同的形态学方法。在本书中，我们分析了其中的 4 种方法：历史地理学方法、过程类型学方法、空间句法和空间分析方法。虽然关于城市形态的讨论往往强调不同方法之间的差异，但本书却提出了相反的建议，号召在关注城市物质形态这一共识基础上进行合作研究。在此背景下，城市形态的比较研究应该成为未来几年形态学研究议程的一部分。

本书在分析理论 / 研究和实践之间的关系时，区分了两种不同的联系：一种是与规划实践和城市设计的联系，另一种是与建筑实践的联系（我们还提到这种简化在某种程度上模糊了各个国家相对复杂的专业背景）。我们已经证明了与规划和城市设计的联系比与建筑的联系更加持续，我们也对这种联系更加明确地予以关注。然而，我们认为，主流的规划实践并没有受到城市形态学的影响，也没有受到规划理论的影响。事实上，它确实缺乏一个完善的理论和方法体系来处理城市的物质形态。那么，如何加强城市形态学研究与主流规划实践之间的这种关系呢？与伊沃尔·萨穆埃尔斯的观点相近，我认为需要以下几点：(i)以简单直接的方式向规划从业者介绍城市形态学对实践的贡献；(ii)不断收集相关案例来了解如何成功运用城市形态学以及在哪里进行运用；(iii)编写关于城市形态学的有效指南；(iv)（从未来规划从业者的角度进行思考）了解高等院校正在讲授形态学方面的哪些内容，应该引入哪些内容，现在讲授的哪些内容应该改进。

对于普通公民（以及大多数学者）来说，城市形态学对城市日常生活的贡献并不明显。但是，第 8 章识别了这些研究可能具有至关重要影响力的一些基本方面，尤其是公共卫生、社会正义和城市能源方面。正如我们之前提到的，未来几年城市形态学面临的一个主要挑战是如何以系统的方式识别和传达其对当代城市和社会在形态学方面最重要的具体贡献。这必将推动城市研究的不同知识体系之间建立重要的跨学科联系，并促进有效的综合性研究。

这是一本关于城市的书，关于城市的物质形态以及城市形态学的研究者和从业者如何对物质形态进行描述、解释和操作。它也介绍了一个世纪以来所建立的卓越的相关知识体系。因此，它应该能够引领读者对城市形态学自 19 世纪末 20 世纪初在中欧诞生以来的许多有影响力的专著有所了解。它应该也会鼓励读者为使自己所在的城市变得更加美好而作出努力，并促使他们去了解和欣赏世界各地的其他城市。

参考文献

Rossi A (1966) L'architettura della città. Marsilio, Padova.

Schoenauer N (1981) 6000 years of housing. W W Norton and Company, New York.

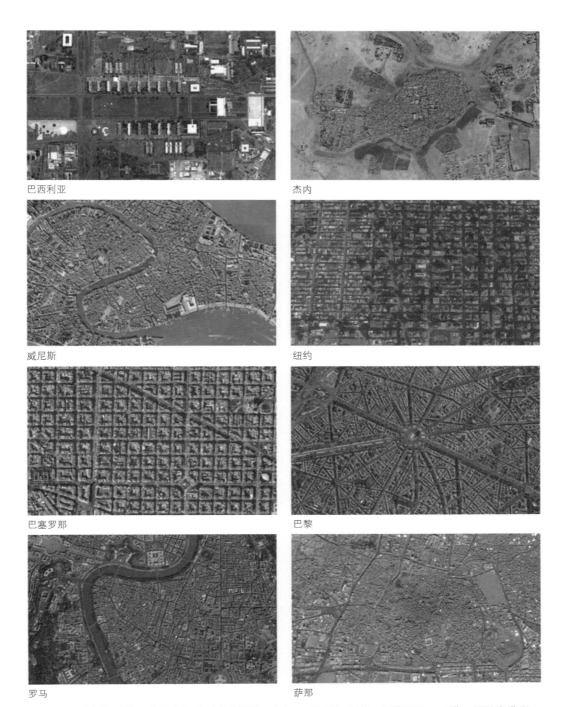

巴西利亚　　　　　　　　　　　杰内

威尼斯　　　　　　　　　　　纽约

巴塞罗那　　　　　　　　　　　巴黎

罗马　　　　　　　　　　　萨那

图 2.1　比例相近的 8 座城市肌理：巴西利亚、杰内、威尼斯、纽约、巴塞罗那、巴黎、罗马和萨那

（来源：谷歌地球）

华尔街

Soho 区

哈勒姆区

斯泰弗森特镇

图 2.2　相近比例的纽约城市肌理：市中心、Soho 区、哈勒姆区和斯泰弗森特镇

（来源：谷歌地球）

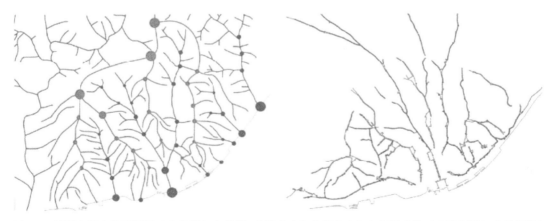

图 2.3　里斯本的自然地形图（山脊线与山谷线；分流中心与交汇中心）与街道系统（山脊街道与山谷街道）

（来源：Guerreiro，2011）

图 2.4　城市形态与自然环境的关系——地形：马丘比丘、梅察达、拉萨和圣米歇尔

[来源：(a) Filipa Neiva，(b) Urszula Zdzieborska，(c) Jan Reurink，(d) Cláudia Lira]

图 2.5　城市形态与自然环境的关系——水：威尼斯与瓦拉纳西

[来源：（a）Sara Guedes，（b）Jorge Correia]

图 2.6　不同城市的不同街道，比例大致相同：a. 纽约百老汇大街与第五大道的交叉口；b. 巴黎的香榭丽舍
大街；c. 锡耶纳的里纳尔迪尼大街；d. 阿姆斯特丹的修士运河街

（来源：鸟瞰图，谷歌地球；照片由作者拍摄）

图 2.7　不同城市的不同广场，比例大致相同：a、b：纽约时代广场；c、d：巴黎乔治·蓬皮杜广场；
e、f：锡耶纳的田野广场；g、h：伊斯法罕的伊玛目广场

[来源：谷歌地球；照片 b、d、f，由作者拍摄；照片 h，由豪尔赫·科雷亚（Jorge Correia）拍摄]

图 2.8 巴黎的广场，比例大致相同：a. 旺多姆广场；b. 孚日广场；c. 胜利广场；d. 太子广场

（来源：鸟瞰，谷歌地球；照片由作者拍摄）

图 2.9　罗马的广场，比例大致相同：a. 圣彼得广场；b. 卡比托利欧广场；c. 纳沃纳广场；d. 罗通达广场

（来源：鸟瞰，谷歌地球；照片由作者拍摄）

图 2.12　波尔图阿尔玛达街的地块

（来源：谷歌地球）

图 2.13　纽约州建筑高度与街道宽度的关系

（来源：照片由作者拍摄）

图 2.14　五大洲不同城市和村庄的不同建筑：a. 芝加哥；b. 内杰；c. 苏门答腊；d. 斯德哥尔摩；e. 陶马鲁努伊

[来源：a、d 由作者拍摄；b 由埃莉萨·达伊内塞拍摄；c 由詹托·马祖基拍摄；e 由布莱恩·伍德海德拍摄]

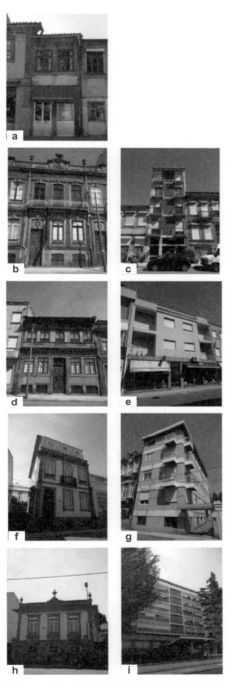

图 2.15 同一文化地区内建筑类型的延续性

（来源：Oliveira et al.，2015）

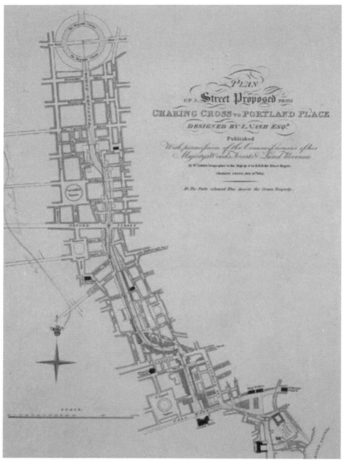

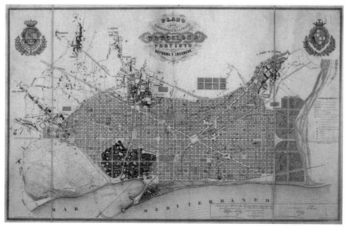

图 3.1　伦敦和巴塞罗那的规划方案

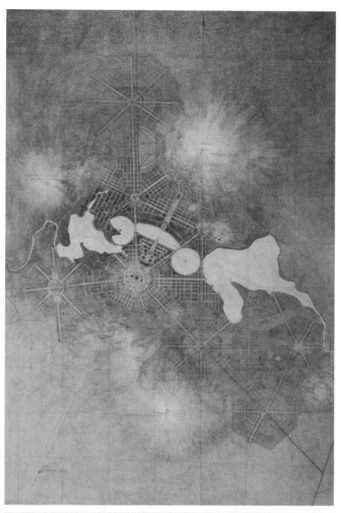

图 3.2　堪培拉和阿姆斯特丹的规划方案

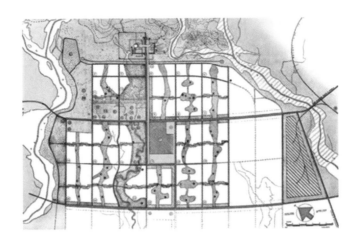

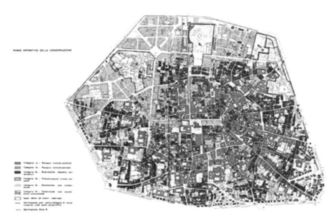

图 3.3　昌迪加尔、博洛尼亚和西塞德的规划

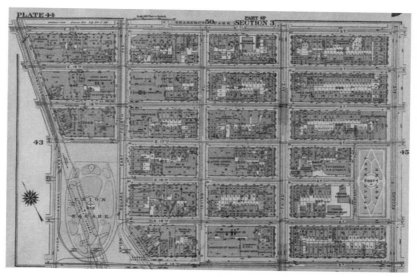

图 3.4　联合广场地区，1916 年

（来源：https://thegreatestgrid.mcny.org/greatest-grid/square-parks-and-new-avenues/229）

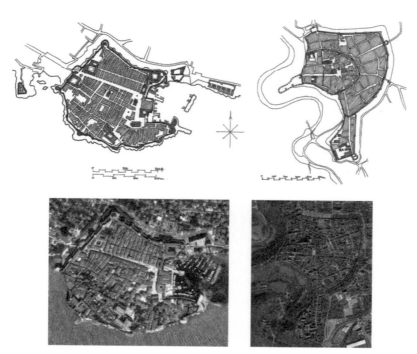

图 4.12　中世纪城市：杜布罗夫尼克和罗滕堡

（来源：绘图，Schoenauer，1981；鸟瞰图，谷歌地球）

图 4.13　文艺复兴城市：相同比例的新帕尔马（Palma Nova）和新布里萨克（Neuf-Brisach）

（来源：谷歌地球）

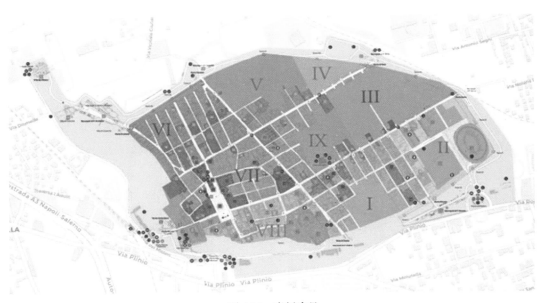

图 4.14　虚拟庞贝

（来源：http：//pompeiisites.org/）

图 5.5 《君士坦丁堡的景象》（*Representation of Constantinople*），克里斯托福罗·彭德蒙蒂
（Cristoforo Buondelmonti），1420 年

图 5.7 伊斯坦布尔的分区

[来源：伊斯坦布尔，（Büyüksehir Belediyesi）]

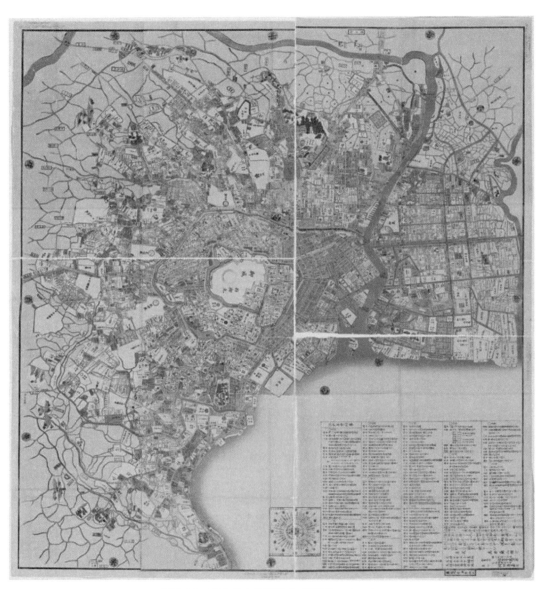

图 5.12　高井兰山绘制的东京地图，1859 年

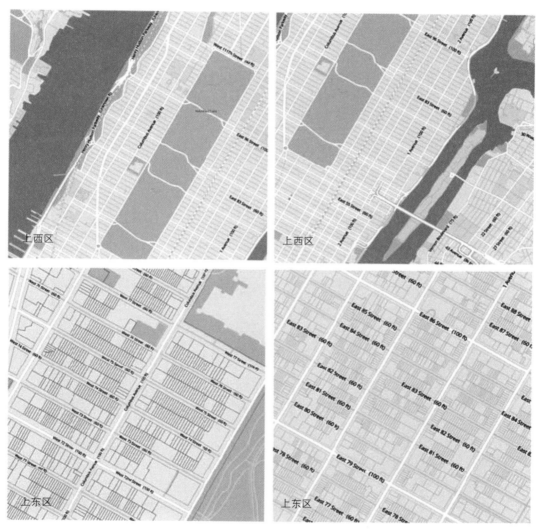

图 5.21　曼哈顿的上西区和上东区：街道、街区和地块

（来源：纽约市城市规划部）

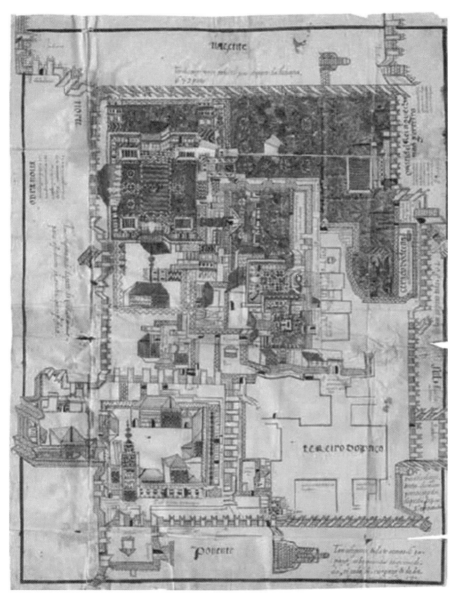

图 5.24　安东尼奥·达·孔西康（Antonio da Conceiçâo）的马拉喀什地图，1549—1589 年

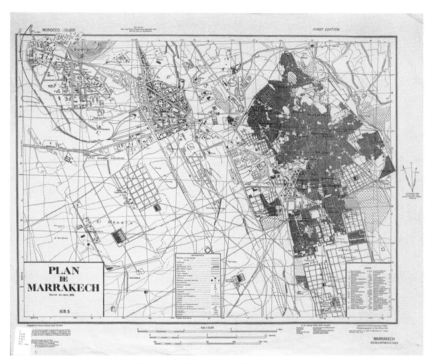

图 5.25　马拉喀什地图，1935 年

图 5.26　马拉喀什：错综复杂的狭窄街道和大型的祈祷广场

（来源：谷歌地球）

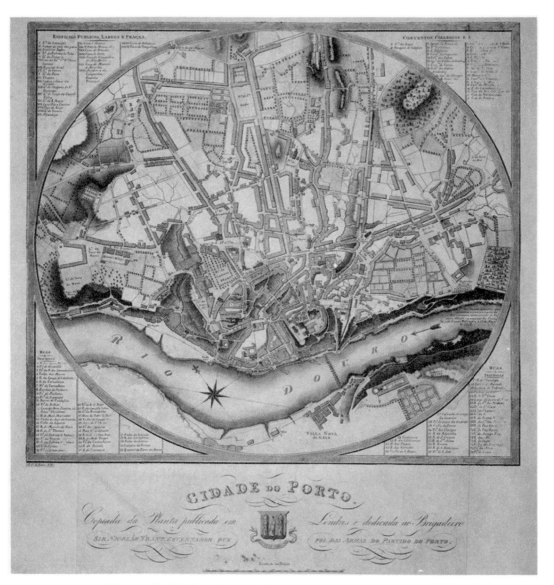

图 5.29 圆形地图，乔治·巴尔克（George Balck）绘制，1813 年

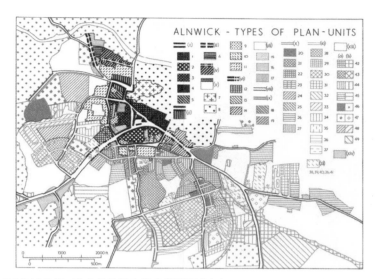

图 6.2 《城镇平面格局分析: 诺森伯兰郡安尼克案例研究》(*Alnwick, Northumberland—a study in town-plan analysis*), 平面单元的类型

（来源: Conzen, 1960）

图 6.7 但泽的平面图

（来源: Geisler, 1918）

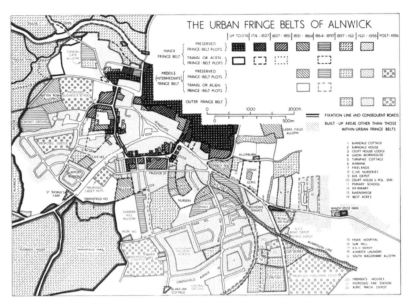

图 6.8　安尼克的城市边迹带

（来源：Conzen，1960）

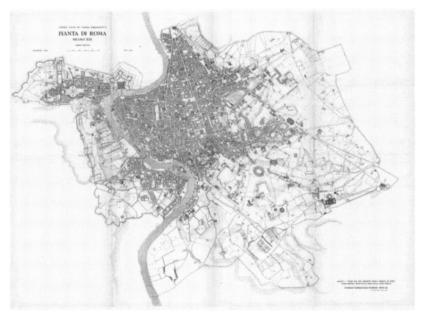

图 6.10　罗马城市历史的可操作性

（来源：Muratori et al.，1963）

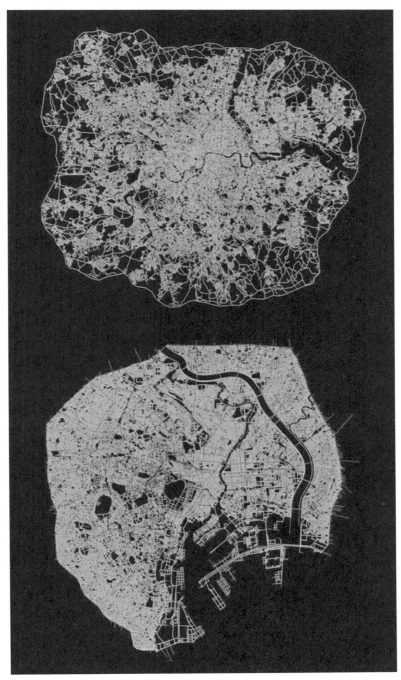

图 6.12　伦敦和东京的轴线地图

（来源：Hillier，2014）

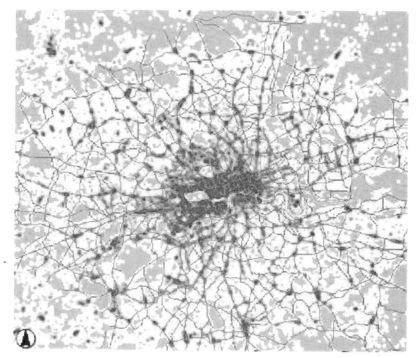

图 6.13　迈克尔·巴蒂绘制的伦敦中心地图

（来源：Hillier，2009）

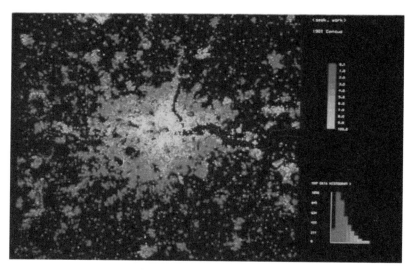

图 6.14　分形伦敦：就业密度

（来源：Batty and Longley，1994）

图 7.1　圣朱利亚诺巴雷拉（a）和'威尼斯历史地区'（b）

（来源：谷歌地球）

图 7.7　吉达的轴线地图：备选方案

（来源：Karimi，2012）